长江设计文库

长江河道演变的
防洪效应及泥沙调控研究

胡春燕 徐照明 王海 闻云呈 樊咏阳 唐金武 等 编著

长江出版社
CHANGJIANG PRESS

图书在版编目（CIP）数据

长江河道演变的防洪效应及泥沙调控研究 / 胡春燕等编著.
—武汉 ： 长江出版社，2022.10
ISBN 978-7-5492-8552-5

Ⅰ．①长… Ⅱ．①胡… Ⅲ．①长江－河道演变－防洪－研究
Ⅳ．① TV147 ② TV882.2

中国版本图书馆 CIP 数据核字 (2022) 第 181558 号

长江河道演变的防洪效应及泥沙调控研究
CHANGJIANGHEDAOYANBIANDEFANGHONGXIAOYINGJINISHATIAOKONGYANJIU
胡春燕等　编著

责任编辑： 郭利娜 许泽涛
装帧设计： 汪雪
出版发行： 长江出版社
地　　址： 武汉市江岸区解放大道 1863 号
邮　　编： 430010
网　　址： https://www.cjpress.cn
电　　话： 027-82926557（总编室）
　　　　　 027-82926806（市场营销部）
经　　销： 各地新华书店
印　　刷： 湖北金港彩印有限公司
规　　格： 787mm×1092mm
开　　本： 16
印　　张： 21.5
字　　数： 520 千字
版　　次： 2022 年 10 月第 1 版
印　　次： 2023 年 10 月第 1 次
书　　号： ISBN 978-7-5492-8552-5
定　　价： 148.00 元

长江是我国第一大河,自古以来就是我国政治、经济、文化、军事的重要地方,同时频繁而严重的洪涝灾害也威胁着流域内经济社会的发展。新中国成立以来,党和国家高度重视长江的防洪治理,除害兴利,经过多年建设,长江流域防洪工程体系逐步完善,防洪非工程措施建设取得长足进展,防洪能力显著提高。长江上游初步形成了由干支流水库、河道整治工程、堤防护岸等组成的防洪工程体系。长江中下游基本形成了以堤防为基础,三峡水库为骨干,其他干支流水库、蓄滞洪区、河道整治工程、平垸行洪、退田还湖等相互配合的防洪工程体系,有力保障了长江两岸经济建设的健康及可持续发展。

长江问题非常复杂,伴随着长江的治理与开发,长江流域已形成以三峡为核心的巨型水库群,在流域防洪方面发挥了巨大作用。水库群的运用改变了流域径流时空变化以及河流泥沙的时空分布,泥沙发生了显著的重分配现象。一方面,水库内泥沙累积性淤积,可能影响水库防洪效益的长期使用;另一方面,水库下泄输沙量明显减少,打破了长江中下游多年形成的相对平衡状态,在河床持续冲刷过程中,长江中下游不同河型河道的断面、平面及纵剖面等调整显著,对中下游河势、防洪、江湖关系带来长期的影响。同时长江中下游冲淤不平衡的现象对中下游超额洪量及分布的影响也是需要关注的问题。这些新问题的出现迫使我们不断地去探索、去解决。

本书依托国家重点研发计划"长江泥沙调控及干流河道演变与治理技术研究",重点围绕长江典型水库库区及中下游河道冲淤对防洪的影响以及对泥沙调控的需求,采用原型资料分析、类比分析、理论研究、数值模拟、概化模型试验等多种手段协同研究,揭示了典型河段泥沙因子与河道演变之间的关系,探明影响库区及坝下游河道防洪效应的驱动动力因子,阐明河流系统再造对防洪的影响,探索了基于长江防洪要求的泥沙调控方向与调控指标。研究成果可为实现多尺度、多目标和多过程的江河湖库调控技术提供支撑。本书主要认识与结论如下。

1)关于水库库区淤积对防洪影响方面的认识,开展了库区淤积对防洪影响研究。受来沙大幅减少的影响,三峡水库泥沙淤积远小于初步设计值,库尾洪水位未出现抬高现象,防洪库容可长期保持。

2)关于中下游河道泄洪能力对河道演变响应的认识,开展了中下游蓄泄能力变化的研究。中下游各站呈现枯水位明显下降、洪水位没有趋势性变化的特点;受河道冲刷及强度不均的作用,中下游河道槽蓄量增加,超额洪量减少且向下转移。

3)关于河道整治工程安全运行对泥沙调控响应方面的认识,开展了概化弯道水槽试验,提出了弯道壁面平均切应力与流量、坡角、弯道断面中心角的关系;揭示了土体内部孔隙水压力随渗与渗流井水头之间关系;依据水槽试验,建立了最大冲刷深度与含沙量、流量的关系。

4)关于泥沙调控需求及指标方面的认识,提出了基于防洪效应的泥沙调控方向与指标,泥沙调控主要通过流量调控实现;凝练总结了水库调度实践经验,水库排沙比主要取决于汛期场次洪水排沙比,汛期沙峰调度、消落期减淤调度可有效增加水库排沙比、改善淤积形态;提出了荆江河段持续冲刷是影响防洪安全的主要矛盾,揭示了荆江河段冲刷最为剧烈的流量级。

全书共分7章,第1章概述(执笔人:胡春燕、樊咏阳);第2章典型水库库区淤积对防洪的影响研究(执笔人:王海、胡挺);第3章长江中下游河道泄洪能力变化对河道演变的响应研究(执笔人:徐照明、徐兴亚、陈正兵);第4章水沙因子对河床冲淤调整及岸坡稳定作用机理研究(执笔人:闻云呈、尚倩倩、张士钊);第5章河道整治工程安全运行对河道演变的响应研究(执笔人:唐金武、江磊、何勇);第6章基于库区防洪安全的泥沙调控指标研究(执笔人:胡春燕、樊咏阳、胡挺);第7章基于长江中下游防洪安全的泥沙调控指标研究(执笔人:胡春燕、樊咏阳、江磊)。全书由胡春燕、樊咏阳统稿。

在本书成果形成过程中,得到了卢金友、陈立、夏云峰、姚仕明、许全喜、宁磊、王崇浩、张细兵、孙昭华等专家学者的帮助与指导,编写组谨此致谢。

本书是课题组全体成员辛勤劳动的结果,但由于泥沙冲淤变化及其对防洪的影响是一个长期的过程,特别是随着上游水库群的陆续运用,本书所涉及的一些问题仍需要深入研究。

由于作者水平有限,书中疏漏和不足之处在所难免,真诚地欢迎读者批评指正。

编　者

2023 年 1 月

目录

第1章 概　述 ··· 1

1.1 长江干流河道概况 ·· 1

1.2 长江干流水利工程建设情况 ·· 2

1.3 长江干流来水来沙情况 ··· 4

1.3.1 长江上游水沙特性 ·· 4

1.3.2 长江中下游水沙特性 ··· 5

1.4 长江防洪中泥沙关键问题研究 ··· 9

1.5 本书主要内容 ·· 10

第2章 典型水库库区淤积对防洪的影响研究 ···································· 11

2.1 长江上游典型水库基本情况 ·· 11

2.1.1 典型水库概况 ··· 11

2.1.2 水库调度运行方式 ·· 12

2.2 典型水库实测泥沙冲淤及分布规律研究 ······································ 18

2.2.1 溪洛渡库区泥沙冲淤及分布 ·· 18

2.2.2 三峡库区泥沙冲淤及分布 ··· 27

2.3 库区现状冲淤对防洪影响分析 ·· 49

2.3.1 防洪库容影响分析 ·· 49

2.3.2 库尾防洪影响分析 ·· 52

2.4 水库淤积对调蓄洪水能力影响研究 ·· 57

2.4.1 水沙数学模型 ··· 57

2.4.2 不同调度方案泥沙冲淤预测分析 ··· 72

2.4.3 泥沙冲淤对防洪库容影响预测分析 ······································ 78

2.4.4 泥沙冲淤对库区水面线影响预测分析 ··································· 80

2.4.5 水库调洪调度约束条件分析 ·· 93

2.5 小结 ··· 96

2.5.1 主要结论 ·· 96

第3章 长江中下游河道蓄泄能力对河道演变的响应研究 ·········· 98

3.1 长江中下游干流河道及两湖冲淤和河道形态变化研究 ·········· 98
3.1.1 长江中游干流河道冲淤变化 ·········· 98
3.1.2 荆江三口洪道冲淤变化 ·········· 99
3.1.3 洞庭湖冲淤变化 ·········· 99
3.1.4 鄱阳湖冲淤变化 ·········· 100
3.1.5 河道形态变化 ·········· 101

3.2 长江中下游干流河道蓄泄能力变化分析 ·········· 104
3.2.1 三峡水库运用后长江中下游蓄泄能力变化分析 ·········· 104
3.2.2 长江中下游河道演变与蓄泄关系变化预测 ·········· 112

3.3 长江中下游河道阻力变化分析 ·········· 117
3.3.1 基于水动力学模型的河道阻力变化分析 ·········· 117
3.3.2 考虑植被增加的河道阻力变化分析 ·········· 126

3.4 长江中游干流洪水传播特性变化分析 ·········· 131
3.4.1 基于相关图的演进规律分析 ·········· 131
3.4.2 基于涨差系数的洪水演进规律分析 ·········· 135
3.4.3 小结 ·········· 138

3.5 河道蓄泄能力变化对上游水库防洪调度的影响 ·········· 139
3.5.1 2032年长江河道泄流能力预测成果 ·········· 139
3.5.2 三峡水库的防洪调度方式 ·········· 141
3.5.3 河道蓄泄能力变化对三峡水库下泄流量的影响 ·········· 142
3.5.4 河道蓄泄能力变化对三峡水库拦蓄库容的影响 ·········· 146

3.6 蓄泄能力对长江中下游超额洪量空间分布影响研究 ·········· 149
3.6.1 超额洪量计算模型 ·········· 149
3.6.2 长江中下游现状蓄泄条件下超额洪量空间分布情况 ·········· 151
3.6.3 长江中下游预测蓄泄条件下超额洪量空间分布情况 ·········· 152

3.7 小结 ·········· 157

第4章 水沙因子对河床冲淤调整及岸坡稳定作用机理研究 ·········· 158

4.1 研究平台的建立 ·········· 158
4.1.1 数学模型建立及验证 ·········· 158
4.1.2 局部水槽模型建立 ·········· 169

4.2 水沙因子对弯道河床冲淤及河势调整作用机理 ·········· 171
4.2.1 弯道段水流动力特征分析 ·········· 171

4.2.2　弯道段河床冲淤与水沙和河道边界的响应研究 ·················· 174

4.3　水沙因子对岸坡稳定的作用机理研究 ························· 182

4.3.1　边壁切应力的水槽试验研究 ····························· 182

4.3.2　水沙因子对岸坡稳定的作用机理研究 ····················· 195

4.4　小结 ·· 202

第5章　河道整治工程安全运行对河道演变的响应研究 ··········· 204

5.1　泥沙调控下长江中下游河床冲淤规律及岸坡失稳宏观认识 ········ 204

5.1.1　长江中下游崩岸现状调查 ······························· 204

5.1.2　泥沙调控下长江中下游河床冲淤规律研究 ················· 207

5.1.3　泥沙调控下长江中下游岸坡失稳特性分析 ················· 210

5.2　河床冲淤、河势调整及岸坡变化对河道整治工程的响应研究 ······ 215

5.2.1　长江中下游河道整治工程现状 ··························· 215

5.2.2　护岸工程与河床冲淤、河势调整及岸坡稳定的响应研究 ······ 216

5.3　岸坡稳定调控需求分析 ······································· 240

5.3.1　三峡工程运用前后宜昌站退水期水位变化分析 ············· 240

5.3.2　荆江河段实测水位变化与崩岸的关系 ····················· 242

5.3.3　概化水槽岸坡失稳试验成果 ····························· 245

5.3.4　岸坡稳定指标初探 ····································· 247

5.4　主要结论 ·· 248

第6章　基于库区防洪安全的泥沙调控研究 ···················· 250

6.1　库区防洪安全对泥沙调控的需求分析 ·························· 250

6.1.1　防洪库容长期维持的需求分析 ··························· 250

6.1.2　库尾段洪水位不抬高的需求分析 ························· 250

6.2　三峡水库泥沙淤积对防洪影响分析 ··························· 251

6.2.1　泥沙淤积总量对防洪影响分析 ··························· 251

6.2.2　泥沙淤积分布对防洪影响分析 ··························· 252

6.2.3　水库冲淤变化对库尾洪水位的影响分析 ··················· 253

6.2.4　泥沙淤积对库区淹没防洪影响分析 ······················· 253

6.3　水库防洪安全的驱动动力因子分析 ··························· 254

6.3.1　汛期坝前水位变化与排沙比分析 ························· 255

6.3.2　汛期入库流量与排沙比 ································· 256

6.3.3　水库排沙比与汛期场次洪水排沙比 ······················· 257

6.4　三峡水库泥沙优化调度实践 ·································· 257

6.4.1　消落期库尾减淤调度 ·· 257

6.4.2　汛期沙峰排沙调度 ··· 258

6.5　基于库区防洪安全的泥沙调控指标 ·························· 261

6.5.1　汛期沙峰调度启用条件 ·· 261

6.5.2　消落期库尾减淤调度启用条件 ······························ 262

6.5.3　应对库区淹没的调控措施 ······································ 262

6.5.4　不同调控方式对中下游冲淤影响分析 ···················· 263

6.6　小结 ·· 265

第7章　基于长江中下游防洪安全的泥沙调控研究 ·············· 267

7.1　长江中下游防洪安全的需求分析 ····························· 267

7.1.1　基于不降低长江中下游泄流能力的需求分析 ··········· 267

7.1.2　基于减缓崩岸的泥沙调控需求分析 ······················ 267

7.1.3　基于减少荆江河段冲刷的泥沙调控需求分析 ··········· 268

7.2　泥沙调控对长江中下游防洪影响分析 ······················ 268

7.2.1　长江中下游河道冲刷对泄流能力影响分析 ·············· 268

7.2.2　长江中下游河道冲刷对槽蓄能力影响分析 ·············· 269

7.2.3　长江中下游河道冲刷对超额洪量的影响分析 ··········· 269

7.2.4　长江中下游河道冲刷对江湖关系的影响 ················· 270

7.3　长江中下游防洪安全的驱动动力因子分析 ················ 272

7.3.1　三峡水库运行前后宜昌站水沙特性变化 ················· 273

7.3.2　长江中下游主要水文站水沙协调性分析 ················· 278

7.3.3　长江中下游主要水文站输沙能力变化分析 ·············· 282

7.4　基于中下游防洪安全的泥沙调控 ····························· 290

7.4.1　三峡水库蓄水前后不同流量下河道冲淤情况 ··········· 291

7.4.2　典型河段对三峡水库调度的响应研究 ···················· 302

7.4.3　中下游河道防洪的泥沙调控指标 ·························· 304

7.5　水沙调控因子敏感性分析 ······································ 306

7.5.1　长江中下游一维水沙数模的建立与率验 ················· 306

7.5.2　不同流量级冲刷强度敏感性实验 ·························· 316

7.5.3　2008—2017系列年计算 ······································ 325

7.6　小结 ·· 330

参考文献 ·· 332

第 1 章 概 述

1.1 长江干流河道概况

长江,古称江,又叫大江,发源于唐古拉山脉各拉丹冬峰西南侧,于上海市崇明岛以东汇入东海,全长约 6300km,是世界第三长河。长江干流自江源至楚玛尔河口,称之为沱沱河;楚玛尔河口至巴塘河口,称之为通天河;巴塘河口至四川宜宾,称之为金沙江;宜宾以下,直至入海,称之为长江。

长江干流自西向东流经青海、西藏、四川、云南、重庆、湖北、湖南、江西、安徽、江苏、上海等 11 个省(直辖市、自治区)。自江源至宜昌为上游,长 4504km,流域面积约 100 万 km²;宜昌以下,干流进入中下游冲积平原,两岸地势平坦、湖泊众多,枝城以下沿江两岸均筑有堤防。宜昌—湖口段为中游,长 955km,流域面积约 68 万 km²。湖口以下为下游,长 938km,流域面积约 12 万 km²。长江上游流域范围示意图见图 1.1。

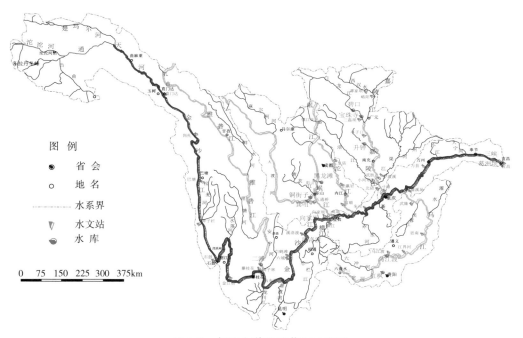

图 1.1 长江上游流域范围示意图

1

上游干流河段从江源—宜昌，汇入的主要支流有左岸的雅砻江、岷江、嘉陵江，右岸的乌江。长江上游干流流经地势高峻、山峦起伏的高山峡谷区，坡陡流急，总落差约 5100m，约占干流总落差的 95%，是世界水能第一大河，兴建近 50000 座水电枢纽。

中游干流河段从宜昌至湖口，长 955km，河道坡降变小、水流平缓，枝城以下沿江两岸均筑有堤防，并与众多大小湖泊相连，汇入的主要支流有右岸的清江、洞庭湖水系的"四水"（湘江、资水、沅江、澧水）、鄱阳湖水系的"五河"（赣江、抚河、信江、饶河、修水）和左岸的汉江。长江中下游干流河道示意图见图 1.2。枝城—城陵矶为著名的荆江河段，两岸平原广阔，地势低洼，其中下荆江河道蜿蜒曲折，素有"九曲回肠"之称，右岸有松滋、太平、藕池、调弦（已建闸）四口分别流入洞庭湖，由洞庭湖汇集"四水"调蓄后，在城陵矶注入长江，江湖关系最为复杂。城陵矶以下至湖口，主要为宽窄相间的藕节状分汊河道，总体河势比较稳定，呈顺直段主流摆动，分汊段主、支汊交替消长的河道演变特点。长江中游河段内洞庭湖、鄱阳湖两大通江湖泊与长江干流水系构成复杂的江湖关系，历来是长江流域重点防洪地区。

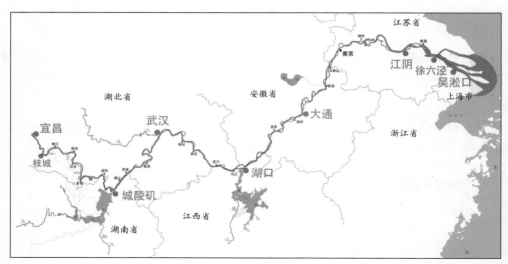

图 1.2 长江中下游干流河道示意图

湖口以下为下游，长 938km，流域面积约 12 万 km²。干流湖口以下沿岸有堤防保护，汇入的主要支流有右岸的青弋江水系、水阳江水系、太湖水系和左岸的巢湖水系，淮河部分水量通过淮河入江水道汇入长江。下游河段主要为多分汊河段，水深江阔，水位变幅较小，大通以下约 600km 河段受潮汐影响。

1.2 长江干流水利工程建设情况

长江干流上游高山险峻，峻岭巍峨，两岸的山岩形成了天然的防洪屏障，因此上游多为无堤段，同时，上游沿程巨大的水头差，造就了世界水能开发利用第一的河流，全国 12 座大型水电基地有 6 座分布于长江上游。除水电开发外，上游的水利枢纽同时承担着防洪的重要任务。目前长江上游干支流(宜昌以上)已建及在建主要防洪控制性水库 25 座(已建 23 座,在建 2 座),总防洪库容为 488.98 亿 m³。长江上游防洪控制性水库基本情况见表 1.1。其中位于湖北省宜昌市境内的三峡水库,水库控制流域面积约 100 万 km²,防洪库容为 221.5 亿 m³,可有效解除荆江河段遇特大洪水发生毁灭性灾害的威胁,改善了长江中下游防洪形势,是长江流域防洪体系的骨干工程。

表 1.1　　　　　　　　　　　长江上游防洪控制性水库基本情况

地区	水系名称	水库名称	所在河流	控制流域面积/万 km²	防洪库容/亿 m³	建设情况
上游地区	长江	三峡	干流	100.00	221.50	已建
	金沙江	梨园	干流	22.00	1.73	已建
		阿海		23.54	2.15	已建
		金安桥		23.74	1.58	已建
		龙开口		24.00	1.26	已建
		鲁地拉		24.73	5.64	已建
		观音岩		25.65	5.42	已建
		乌东德		40.61	24.40	已建
		白鹤滩		43.03	75.00	已建
		溪洛渡		45.44	46.50	已建
		向家坝		45.88	9.03	已建
上游地区	雅砻江	两河口	干流	5.96	20.00	在建
		锦屏一级		10.26	16.00	已建
		二滩		11.64	9.00	已建
	岷江	紫坪铺	干流	2.27	1.67	已建
		双江口	大渡河	3.93	6.63	在建
		瀑布沟		6.85	11.00	已建
	嘉陵江	碧口	白龙江	2.60	1.03	已建
		宝珠寺	白龙江	2.84	2.80	已建
		亭子口	干流	6.11	14.40	已建
		草街		15.61	1.99	已建
	乌江	构皮滩	干流	4.33	4.00	已建
		思林		4.86	1.84	已建
		沙沱		5.45	2.09	已建
		彭水		6.90	2.32	已建
上游干支流控制性水库合计					488.98	—

长江中下游是广阔的冲积平原,土地肥沃、水草丰美,历来是我国的重要粮食产区。长

江中下游平原的防洪依赖于堤防工程的建设。目前,长江中下游干流堤防工程已全部完成达标建设,累计建设堤防长度约3400km,保护了沿江城镇、人民、土地的安全。

长江水量巨大,宜昌站多年平均径流量约4300亿 m³,滚滚长江携带着巨大的能量,冲击两岸的滩地,威胁着堤防的安全,为了对局部冲刷严重的岸坡进行守护,长江中下游累计实施了1600余km的护岸工程,大规模护岸工程的实施,形成了保护堤防安全的屏障,稳定了岸线与河势,使汹涌奔腾的大江向着更加利国利民的方向流淌。

1.3 长江干流来水来沙情况

当上游来水来沙长期维持在一个相对稳定的水平时,河道会通过自身的冲淤调整,逐渐达到平衡,但当这一平衡被打破时,河道会在短期内出现剧烈的调整,此时往往会发生大冲大淤,会对河道的防洪产生难以忽视的影响,此时水沙特性的变化及这一变化的持续时间就尤为重要。近年来,随着长江上游梯级水库的建设,长江干流来水来沙条件发生了急剧的变化,这一变化是河道冲淤规律发生变化的最重要原因,也是长江干流防洪形势发生变化的重要原因。

1.3.1 长江上游水沙特性

长江上游是长江流域泥沙的主要来源区。长江上游水沙异源、不平衡现象十分突出,径流主要来自金沙江、岷江、嘉陵江和乌江等流域;而悬移质泥沙主要来源于金沙江和嘉陵江。三峡水库建成前,金沙江来沙量分别占宜昌站、寸滩站来沙总量的51.8%、59.0%;嘉陵江次之,分别占宜昌站、寸滩站来沙总量的23.8%、27.0%(1950—2002年)。

随着长江上游控制性水库的建成运用,长江上游的水沙地区组成发生了显著变化,支流及区间来沙成为泥沙的主要来源。以2003年和2012年为节点,其来水来沙组成变化特点主要表现为:2003—2012年占寸滩站来沙量比重最大的仍为金沙江,为75.9%(1950—1990年、1991—2002年分别为53.4%、83.4%)。2012年以后,受溪洛渡、向家坝水库蓄水拦沙影响,金沙江来沙量明显减少,输沙量的地区分布发生了很大的变化。在各分区径流量占比变化不大的情况下,金沙江输沙量所占比例减至2%,而其他支流占比均有所增大,尤其是沱江流域,其输沙量占比由2012年前的1%增大至2013—2020年的14%。1950—2020年长江上游来水来沙组成变化见表1.2,1950—2020年长江上游泥沙来源变化见图1.3。

表 1.2　　　　　　　　　　1950—2020 年长江上游来水来沙组成变化

时段	河名	站名	径流量/亿 m³	输沙量/万 t	径流量占比/%	输沙量占比/%
1950—2002 年	金沙江	屏山	1454	25500	42.0	59
	岷江	高场	862	4800	25.0	11

时段	河名	站名	径流量/亿 m³	输沙量/万 t	径流量占比/%	输沙量占比/%
1950—2002年	沱江	富顺	121	900	3.0	2
	嘉陵江	北碚	658	11700	19.0	27
	长江	寸滩	3476	43000		
2003—2012年	金沙江	屏山	1391	14200	42.0	76
	岷江	高场	789	2930	24.0	16
	沱江	富顺	102.5	210	3.0	1
	嘉陵江	北碚	659.8	2920	20.0	16
	长江	寸滩	3279	18700		
2013—2020年	金沙江	屏山	1395	153	40.0	2
	岷江	高场	866	2433	25.0	29
	沱江	富顺	137	1140	3.9	14
	嘉陵江	北碚	659	3395	19.0	40
	长江	寸滩	3476	8336		

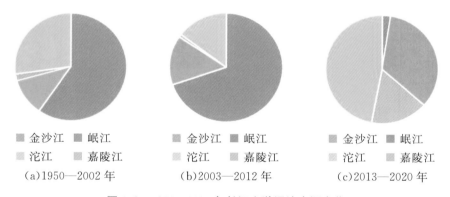

图 1.3　1950—2020 年长江上游泥沙来源变化

1.3.2　长江中下游水沙特性

（1）干流主要水文站水沙变化

长江中下游来水来沙受上游水库群建设影响较大。三峡水库蓄水运用前，坝下游干流宜昌站、汉口站、大通站多年平均径流量分别为 4369 亿 m³、7111 亿 m³、9052 亿 m³，输沙量分别为 4.92 亿 t、3.98 亿 t、4.27 亿 t。

随着以三峡为核心的梯级水库群的运用，在径流量变化不大的情况下，坝下游各站悬移质输沙量大幅减小，减幅沿程递减。2003—2012 年宜昌站、汉口站、大通站年均输沙量分别为 0.482 亿 t、1.140 亿 t、1.450 亿 t，较蓄水前分别减少了 90%、72%、66%；金沙江下游梯级电站相继建成运用后，输沙量进一步减少，2013—2020 年宜昌站、汉口站、大通站年均输沙量分别为 0.18 亿 t、0.75 亿 t、1.21 亿 t,较蓄水前减少了 96%、81%、72%。长江中下游主要水文站年均径流量和输沙量对比见表 1.3,长江中下游主要水文站不同时段年均径流量比较见图 1.4,长江中下游主要水文站不同时段年均输沙量比较见图 1.5。

表 1.3 长江中下游主要水文站年均径流量和输沙量对比

项目	时段	宜昌	枝城	沙市	监利	螺山	汉口	大通
径流量/亿 m³	2002 年前	4369	4450	3942	3576	6460	7111	9052
	2003—2012 年	3978	4093	3758	3631	5886	6694	8376
	2013—2020 年	4450	4520	4094	3965	6643	7224	9288
输沙量/万 t	2002 年前	49200	50000	43400	35800	40900	39800	42700
	2003—2012 年	4820	5840	6930	8360	9650	11400	14500
	2013—2020 年	1830	2180	3080	4940	6940	7490	12000
含沙量/(kg/m³)	2002 年前	1.130	1.120	1.100	1.000	0.633	0.560	0.472
	2003—2012 年	0.121	0.143	0.184	0.230	0.164	0.170	0.173
	2013—2020 年	0.0411	0.0482	0.0752	0.1250	0.1040	0.1040	0.1290

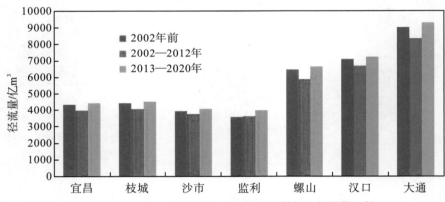

图 1.4 长江中下游主要水文站不同时段年均径流量比较

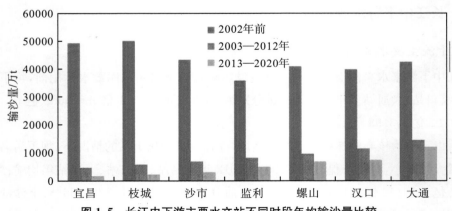

图 1.5 长江中下游主要水文站不同时段年均输沙量比较

由于大部分粗颗粒泥沙被拦截在三峡库区内,出库泥沙粒径明显偏细。2003—2020 年,宜昌站悬沙中值粒径由蓄水前的 0.009mm 变细为 0.006mm。坝下游河床沿程冲刷,悬沙粗颗粒泥沙含量明显增多,其中监利站最为明显,2003—2020 年中值粒径由蓄水前的 0.009mm 变粗为 0.047mm,粒径大于 0.125mm 的沙重比例也由 9.6% 增加至 38.0%。

(2)洞庭湖水沙变化

洞庭湖水沙主要来自荆江三口分流和洞庭湖"四水",经湖区调蓄后由城陵矶注入长江。洞庭湖"四水"入湖水量变化不大,沙量呈明显减小趋势(图 1.6 和图 1.7)。2003—2020 年洞庭湖"四水"与荆江三口分流年均入湖水量、沙量分别为 2150 亿 m³、1700 万 t,较三峡水库蓄水前年均值分别减少了 17%、89%;城陵矶年均出湖水量、沙量分别为 2482 亿 m³、1780 万 t,较三峡水库蓄水前年均值分别减少了 13%、56%。洞庭湖入、出湖水沙量时段变化统计见表 1.4。

1956—2020 年,洞庭湖区共淤积泥沙约 52.4 亿 t,年均淤积量 0.806 亿 t,其中,三峡水库蓄水前 1956—2002 年,湖区年均淤积量达到 1.11 亿 t;三峡水库蓄水后 2003—2020 年,由于入湖沙量大幅减少、出湖沙量变化相对较小,湖区出现向干流补给泥沙的现象,湖区年均冲刷量为 80 万 t。

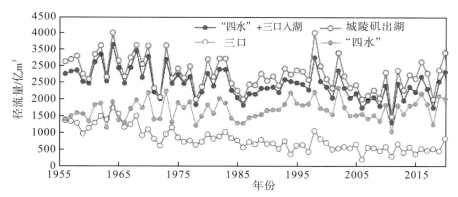

图 1.6　洞庭湖入、出湖年水量变化过程

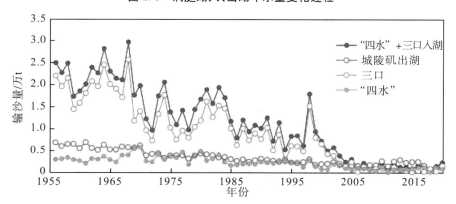

图 1.7　洞庭湖入、出湖年沙量变化过程

表 1.4　　　　　　　　　　洞庭湖入、出湖水沙量时段变化统计

项目	时段	荆江三口	湘江	资水	沅江	澧水	"四水"合计	入湖合计	城陵矶
径流量	1956—2002 年	904.9	657.9	228.4	640.0	147.1	1673.4	2578.3	2868.0
/亿 m³	2003—2020 年	497.8	645.5	215.8	646.4	144.5	1652.2	2150.0	2482.0
输沙量	1956—2002 年	12400	976	191	1080	572	2819	15219	4020
/万 t	2003—2020 年	873	478	56	129	167	830	1703	1780

（3）鄱阳湖水沙变化

鄱阳湖承纳赣江、抚河、信江、饶河、修水等河流的来水,经调蓄后由湖口注入长江。"五河"年均入鄱阳湖水量、沙量分别为 1085 亿 m³、585 万 t,与三峡水库蓄水前年均值相比,入湖水量基本持平,入湖沙量则偏少 59%;湖口出湖年均水量、沙量分别为 1510 亿 m³、1050 万 t,与三峡水库蓄水前年均值相比,出湖水量偏多 2%,沙量偏多 12%,鄱阳湖入、出湖水沙量时段变化统计见表 1.5。鄱阳湖入、出湖年水沙量变化过程见图 1.8 和图 1.9。

1956—2020 年,鄱阳湖区共淤积泥沙约 1.45 亿 t,年均淤积量 224 万 t,其中,三峡水库蓄水前 1956—2002 年,湖区年均淤积量为 485 万 t;三峡水库蓄水后 2003—2020 年,湖区由淤转冲,年均冲刷量为 459 万 t。

表 1.5　　　　　　　　　　鄱阳湖入、出湖水沙量时段变化统计

项目	时段	赣江	抚河	信江	饶河	修水	鄱阳湖"五河"	湖口
径流量	1956—2002 年	685.00	127.30	179.00	71.28	35.29	1097.87	1476
/亿 m³	2003—2020 年	680.20	118.70	180.60	69.78	35.78	1085.06	1510
输沙量	1956—2002 年	955.00	150.00	221.00	59.50	38.40	1423.90	938
/万 t	2003—2020 年	248.00	103.00	105.00	104.00	24.90	584.90	1050

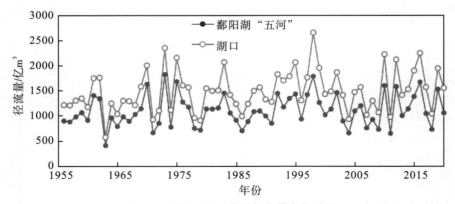

图 1.8　鄱阳湖入、出湖年水量变化过程

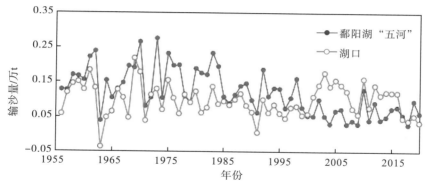

图 1.9 鄱阳湖入、出湖年沙量变化过程

1.4 长江防洪中泥沙关键问题研究

长江流域已形成以三峡为核心的巨型水库群,在流域防洪方面发挥巨大作用的同时,彻底改变了河流泥沙的时空分布,泥沙的重分配对上游库区及中下游河段的防洪安全产生了新的影响、提出了新的要求,因此泥沙问题是始终贯穿长江防洪中的重要问题之一。

河流上修建大型水库后,天然河流水沙条件与河床形态的相对平衡状态将遭到破坏。库区与坝下游河段呈现出不同的冲淤变化特点,由此引发的防洪安全问题、研究的关注点也呈现出不同的要求。

对于库区河段,由于建库后水位壅高,水深增加,水面比降与流速减小,促使大量泥沙淤积在库内,防洪库容的萎缩是否会影响水库防洪效应的长期发挥、泥沙淤积是否会导致库尾防洪水位抬升、增加库尾及上游河段防洪压力,泥沙淤积导致的库区淹没是否在可控范围内都是库区防洪中需要重点关注的问题。

对于坝下游河段,一方面由于建库后大量泥沙被拦截,坝下游清水下泄,带来了河道长距离长时间的冲刷调整;另一方面水库削峰补枯的调度方式使得径流的年内分配发生了较大的调整。泥沙减少与径流过程改变导致的坝下游局部河势的调整、河道蓄泄能力的变化、江湖关系的变化、超额洪量分布的调整、岸坡的失稳(图 1.10 和图 1.11)也是中下游防洪中需要重点关注的问题。

图 1.10 荆江河段北门口崩岸

图 1.11　荆江河段荆江门崩岸

因此,在人类活动的影响和水沙条件的变化下,河道的防洪形势出现了新的问题与挑战,只有对这些关键问题有了清楚的认识,才能直面新的挑战,使长江的防洪更加的稳固,沿江城镇的人民生活更加安定。

1.5　本书主要内容

本书采用原型资料分析、类比分析、理论研究、数值模拟、概化模型试验等多种方法协同研究,全书共分为 7 个章节。主要内容如下:

第 1 章概述,从总体上介绍了长江干流的河道概况,上游干支流控制性水库建设、长江干流、水沙特性,提出本书主要研究内容。

第 2 章选择典型水库,研究库区泥沙淤积量和淤积形态的分布规律,分析库区淤积对库区及上游防洪的影响以及对水库调洪调度的限制。

第 3 章采用原型资料分析和理论研究方法,研究中下游泄流能力对河道演变的响应规律,重点包括河道演变对水位—流量关系、河槽容积、洪水传播特性以及超额洪量空间分布等的影响。

第 4 章通过概化模型试验,剖析泥沙因子对河道冲淤、河势调整及岸坡稳定的作用机理,尝试建立典型河段泥沙因子与岸坡稳定之间定性或定量关系。

第 5 章通过原型观测资料结合概化模型试验,获取泥沙调控下岸坡失稳的一般规律,分析了河道整治工程对河道冲淤、河势调整响应的研究。

第 6 章与第 7 章在上述基础上,采用类比分析、理论研究、实测资料分析、数值模拟等多种方法,分析了基于库区防洪安全与中下游防洪安全的泥沙调控因子及调控指标,进行水库泥沙调蓄演算以及中下游河道冲淤计算,分析泥沙过程、径流过程调控等对水库、长江中下游河道防洪等的影响。

第 2 章　典型水库库区淤积对防洪的影响研究

2.1　长江上游典型水库基本情况

2.1.1　典型水库概况

2.1.1.1　溪洛渡水库

溪洛渡水库坝址上距白鹤滩水电站 195km,下距向家坝水电站 157km,控制流域面积 45.44 万 km²,占金沙江流域面积的 96%。水库正常蓄水位 600m,死水位 540m,防洪限制水位 560m,总库容 129.1 亿 m³,调节库容 64.6 亿 m³,防洪库容 46.5 亿 m³,具有不完全年调节能力。溪洛渡水电站于 2007 年 11 月截流。2013 年 5 月 4 日水库下闸蓄水,6 月 23 日首次蓄至死水位 540m,7 月首批机组发电,12 月 8 日蓄至 560m,2014 年汛后首次蓄至正常蓄水位 600m。

2.1.1.2　向家坝水库

向家坝水库控制流域面积 45.88 万 km²,占金沙江流域面积的 97%。水库正常蓄水位 380m,死水位 370m,调节库容 9.03 亿 m³,具有季调节性能;汛期防洪限制水位 370m,防洪库容 9.03 亿 m³。向家坝水库于 2012 年 10 月 10 日下闸蓄水,10 月 16 日水库蓄水至 353m,完成初期蓄水任务。2013 年 6 月上旬,水库库水位从 353m 左右逐步抬升,至 7 月初蓄水至 370m 左右,9 月 6 日库水位从 372m 开始抬升,至 9 月 12 日首次蓄水至 380m。

2.1.1.3　三峡水库

三峡水库坝址上距向家坝水电站 1073km,下距葛洲坝水电站 38km,坝址以上流域面积约 100 万 km²,占长江流域面积的 56%。水库正常蓄水位 175m,枯季消落低水位 155m,防洪限制水位 145m,总库容 393 亿 m³,兴利调节库容 165 亿 m³,防洪库容 221.5 亿 m³,具有季调节性能。三峡水库于 2003 年 6 月 10 日蓄水至 135m,进入围堰发电期;2006 年 10 月 27 日蓄至 156m,进入初期运行期;2008 年开始 175m 试验性蓄水,进入试验性蓄水期。2010 年 10 月 26 日,三峡水库首次蓄水至 175m。三峡水库 175m 试验性蓄水后,回水末端上延至江津附近(距坝约 660km),变动回水区为江津—涪陵段,长约 173.4km,占库区总长度的 26.3%;常年回水区为涪陵—大坝段,长约 486.5km,占库区总长度的 73.7%。

2.1.2 水库调度运行方式

2.1.2.1 溪洛渡水库

溪洛渡规划设计阶段拟定的调度原则为 6—9 月上旬在汛期防洪限制水位 560m 运行。汛期对川渝河段进行联合防洪调度,提高下游宜宾、泸州防洪标准至 50 年一遇,在遭遇除嘉陵江来大水,尽可能拦蓄将重庆市防洪标准提高到 100 年一遇,另外配合三峡水库对长江中下游进行防洪调度,其间汛限水位变幅按 2m 控制;9 月中旬开始蓄水,月末蓄至正常蓄水位 600m;12 月或次年 1 月水库开始供水,至 5 月底水库降至死水位 540m,6 月底回蓄水至 560m。目前,水库调度的主要依据为《金沙江溪洛渡水电站水库运用与电站运行调度规程(试行)(2013 年)》《长江防总批复的年度度汛方案》和《蓄水实施计划》等(图 2.1)。2014 年汛后首次蓄至正常蓄水位 600m 后,根据 2015 年和 2016 年《长江防总批复的蓄水实施计划》,溪洛渡水库依据长江中下游防洪形势、长江上游水雨情及其预测情况,于 9 月 1 日承接前期运行水位开始蓄水。溪洛渡水库近几年调度方式见表 2.1。

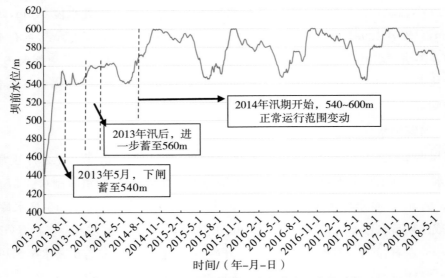

图 2.1 溪洛渡水库蓄水运用以来坝前水位变化过程

表 2.1

溪洛渡水库近几年调度方式

时间	调度方式	蓄水期			汛期		消落期		其他
		起蓄时间	起蓄水位/m	最高蓄水位/m	最小下泄流量/(m³/s)	防洪调度方式	水位变幅/m	下泄流量/(m³/s)	
2013 年	初期运行	5 月下闸蓄水	—	560	应急防洪调度				—
2014—2020 年	调度规程（试行）	9 月中旬	560	600	与向家坝联合满足其下游流量不小于 1200	为川江防洪，配合三峡	汛限水位 2m 范围浮动	与向家坝联合满足其下游流量不小于 1200	实施应急调度
	规程基础上优化	9 月 1 日	前期防洪运用水位	600	提高到 1600～1700	为川江防洪，配合三峡	汛限水位 2m 范围浮动	同上	实施应急调度；消落期分层取水、生态调度

2.1.2.2 向家坝水库

向家坝水库调度方式为：

1)汛期7月1日至9月10日水库水位按防洪限制水位370m控制运行；当需要水库防洪运用时，按防汛主管部门的调度指令，实施防洪调度。

2)一般情况下，水库自9月11日开始蓄水，9月底前可蓄至正常蓄水位380m。

3)10—12月，水库水位一般维持380m运行。

4)1月开始进入水库供水期，水库水位逐步消落，1—5月宜维持在376.5m以上，6月底消落至防洪限制水位370m。向家坝蓄水运用以来历年坝前水位变化过程见图2.2。

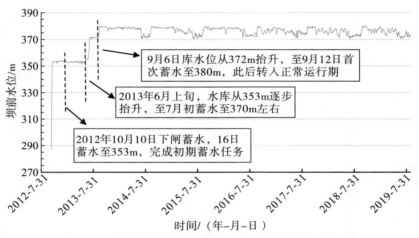

图2.2 向家坝蓄水运用以来历年坝前水位变化过程

2.1.2.3 三峡水库

初步设计阶段拟定调度原则为：

（1）汛期

6月中旬至9月底水库按防洪限制水位145m运用，在发生较大洪水需要对下游防洪调度运用期间，因拦蓄洪水允许库水位超过145m，洪水过后需复降至145m水位。

（2）蓄水期

水库采取"蓄清排浑"的调度原则，为有利于走沙，汛末10月初开始蓄水。蓄水期间，考虑下游航运和发电要求，下泄流量不低于葛洲坝庙嘴水位（39m）及电站保证出力（499万kW）相应的流量，库水位逐步上升至175m，少数年份，蓄水过程可延续到11月。

（3）消落期

11月至次年4月，尽量维持较高水位运行。之后根据来水量，按发电、航运需求逐步降低库水位，4月底前不低于枯期消落低水位155m，5月底降至155m，6月10日降至防洪限制水位145m。消落期间，三峡水库下泄流量满足葛洲坝下游（39m）最低通航水位及电站保证出力(499 万 kW)对应的流量要求。

三峡水库在经历 2003—2006 年围堰发电期,2006—2008 年初期运行期,2008 年汛后,三峡工程进入 175m 试验性蓄水运行期,运行水位为 145(汛限水位)～175m(最高蓄水位),工程开始全面发挥防洪、发电、航运、供水、生态环境等综合利用效益。随着外界需求与运行环境的变化,三峡水库调度运行方式与时俱进。

三峡水库蓄水运用以来,水库运行条件与初步设计相比发生了较大变化,主要体现在:①年均来水量较初步设计减少约 500 亿 m^3,来水分布呈现消落期 1—4 月偏多,汛期尤其是蓄水期 9 月、10 月来水偏少;②三峡来沙量大幅减少,年均入库沙量约为初步设计论证值的30%,这也为三峡水库实施优化调度创造了有利条件;③不同时期防洪、发电、航运、供水等对水库调度均提出了更高的需求,如汛期要求对一般中小洪水进行拦蓄、蓄水期和枯水期要求下泄更大的流量等。为此,2009 年国务院批准了《三峡水库优化调度方案》(以下简称《优化方案》)。与初步设计相比,《优化方案》实现了初步优化:①考虑库岸稳定和电网安全,于 5月 25 日消落至枯期消落低水位 155m;②考虑调度的灵活性,汛期汛限水位可有条件地上浮0.5m;③明确了 155m 以下 56.5 亿 m^3 库容兼顾对城陵矶地区进行防洪补偿调度;④考虑兼顾水库蓄水与下游供水,汛末 9 月 15 日开始蓄水,9 月底可蓄至 156～158m;⑤消落期,加大 1—2 月水库下泄流量(不低于 6000m^3/s)。

2009 年汛期应下游防洪与航运部门要求首次开展了中小洪水调度尝试,蓄水期间遭遇上下游来水偏枯的不利情况,水库未能蓄水至 175m。运行实践表明,《优化方案》确定的优化调度方式仍难以满足各方面对三峡水库调度的需求。为此,2010 年以后进一步深入开展三峡水库优化调度研究工作,并经防汛主管部门每年批准后进行实践。与《优化方案》相比,近几年调度方式进一步优化:①蓄水时间进一步提前至 9 月 10 日,加大了蓄水期间最小下泄流量标准(9 月不低于 10000m^3/s,10 月不低于 8000m^3/s),9 月上旬汛期水位可上浮至150～155m,经防汛主管部门同意后 9 月底最高可按 165m 控制;②除了对荆江河段和城陵矶河段进行防洪补偿,增加了中小洪水调度方式:当长江上游发生中小洪水,根据实时雨水情和预测预报,三峡水库尚不需要对荆江或城陵矶河段实施防洪补偿调度,且有充分把握保障防洪安全时,三峡水库可相机对中小洪水进行滞洪调度;③消落期最小下泄流量不低于6000m^3/s 的标准延长至 4 月。

2015 年 9 月,水利部正式批准了《三峡(正常运行期)—葛洲坝水利枢纽梯级调度规程》。该规程进一步明确了近几年在《优化方案》之上所作的优化研究并实践的调度方式。三峡水库历年调度方式见表 2.2。

表 2.2　三峡水库历年调度方式

时期	时间	调度方式	蓄水期						汛期		消落期	其他
			起蓄时间	起蓄水位/m	9月底水位/m	最高蓄水位/m	最小下泄流量/(m³/s)		防洪调度方式	水位变幅/m	下泄流量	
							9月	10月				
围堰发电期	2003—2006年汛前	围堰期调度规程	汛后	135	—	139.0	尽量不小于葛洲坝下游庙嘴水位38m对应的流量		应急防洪调度	134.9~135.7	尽量不小于葛洲坝下游庙嘴水位38m对应的流量	—
初期运行期	2006年汛后至2008年汛前	初期运行期调度规程	汛后	144~145	—	156.0	不小于保证出力(360万kW)以及葛洲坝下游庙嘴水位38.5m对应的流量		根据防洪能力考虑荆江河段及城陵矶地区防洪	144.9~146.0	不小于保证出力(360万kW)以及葛洲坝下游庙嘴水位38.5m对应的流量	—
175m试验性蓄水期	—	初步设计	10月1日	145	145	175.0	不小于保证出力(499万kW)以及葛洲坝下游庙嘴水位低于39m对应的流量		主要考虑对荆江河段进行防洪补偿调度	145.0	不小于保证出力(499万kW)以及葛洲坝下游庙嘴水位低于39m对应的流量	—
	2008年	基本同初步设计	9月28日	145.0	—	172.8	实时调度		同初步设计	144.9~146.0	同初步设计	—

续表

时期	时间	调度方式	蓄水期						汛期		消落期	其他
			起蓄时间	起蓄水位/m	9月底水位/m	最高蓄水位/m	最小下泄流量/(m³/s) 9月	最小下泄流量/(m³/s) 10月	防洪调度方式	水位变幅/m	下泄流量	
175m试验性蓄水期	2009年	三峡水库优化调度方案	9月15日	145	156~158	171.4	8000~10000	6500~8000	主要对荆江河段进行补偿,明确了运用155m水位以下56.5亿m³库容兼顾对城陵矶地区进行补偿进行补偿调度方式	144.9~146.5	1—2月6000m³/s左右	实施应急调度
	2010年			150	162	175.0						
	2011年	《优化方案》基础上进一步优化	9月10日	150~155	158~162	175.0	10000	8000	优化调度方案基础上,明确提出中小洪水调度方式	144.9~146.5	1—4月不小于6000m³/s	实施应急调度
	2012—2015年			前期防洪运用水位	165	175.0			同上			实施应急调度;消落期开展机库尾减淤调度和生态调度
	2016—2020年	正常期调度规程	9月10日	前期防洪运用水位一般不超过150m	162~165	175.0	10000	8000		144.9~146.5	1—2月6000m³/s控制,3—5月满足葛洲坝下游庙嘴水位不低于39m	同上

2.2 典型水库实测泥沙冲淤及分布规律研究

2.2.1 溪洛渡库区泥沙冲淤及分布

2.2.1.1 进出库水沙特性

溪洛渡水库自 2008 年开始进行泥沙监测工作,其中 2015 年前入库采用华弹+宁南(黑水河)+美姑(美姑河)实测资料,2015 年后入库采用白鹤滩+美姑;出库均采用溪洛渡站实测资料。

2008—2018 年工程建设期和运行期内,溪洛渡入库年径流量、输沙量与设计阶段相比均有较大的变化,尤其是沙量大幅减少。实测资料表明,水库蓄水运用以来 2013—2018 年年均径流量为 1257 亿 m³,相较于设计阶段采用值 1440 亿 m³ 偏少 12.7%;年均输沙量 0.8295 亿 t,相较于设计阶段采用值 2.47 亿 t 偏少 66.4%,水库排沙比仅为 3.3%。溪洛渡水库入、出库水沙情况见表 2.3 和图 2.3。

表 2.3 溪洛渡水库入、出库水沙统计

年份	入/出库控制站	径流量/亿 m³		输沙量/万 t		排沙比/%
		入库	出库	入库	出库	
2008		1416	1589	14146	16500	
2009		1312	1397	12823	12800	
2010	(华弹+宁南+美姑)/	1234	1319	10958	12700	工程建设期
2011	溪洛渡	965	1037	4613	6030	
2012		1353	1510	13020	17600	
2013		1077	695.2	5895	270	4.6
2014		1223	1356	7278	639	8.8
2015	(白鹤滩+美姑)/	1110	1288	8933	179	2.0
2016	溪洛渡	1311	1407	10003	125	1.3
2017	白鹤滩/溪洛渡	1315	1489	9440	167	1.8
2018	(白鹤滩+大沙店)/溪洛渡	1504	1635	8225	273	3.3
2008—2018	—	1256	1338	9576	6117	63.9
2013—2018	—	1257	1312	8295	275	3.3
设计阶段	屏山	1440		24700		—

注:2013 年水库蓄水,该年 9—12 月溪洛渡站无泥沙观测资料。

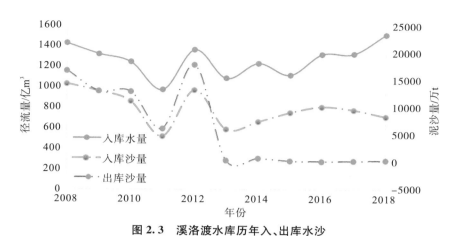

图 2.3　溪洛渡水库历年入、出库水沙

2.2.1.2　泥沙淤积总量及分布

2008 年 2 月至 2018 年 10 月，溪洛渡水库干、支流共淤积泥沙 5.558 亿 m^3，干流淤积 5.327 亿 m^3，支流淤积 0.231 亿 m^3。其中，变动回水区和常年回水区淤积泥沙分别为 3017 万 m^3 和 52567 万 m^3，分别占总淤积量的 5% 和 95%。从淤积部位来看，淤积在死水位 540m 以下的泥沙量为 4.694 亿 m^3，占总淤积量的 84.4%，占水库死库容的 9.3%，其余泥沙则淤积在高程为 540～600m 范围内的调节库容，占总淤积量的 15.6%，占水库调节库容的 2%。

（1）垂向分布

1）水库正常蓄水位（600m）以下干支流淤积。

2008 年 2 月至 2018 年 10 月，在水库正常蓄水位 600m 以下，溪洛渡库区干流累计淤积泥沙 53272 万 m^3。其中，变动回水区淤积量为 3017 万 m^3，占总淤积量的 6%，常年回水区淤积量为 50255 万 m^3，占总淤积量的 94%。溪洛渡水库 600m 水位以下干流冲淤量统计见表 2.4，2014 年 5 月至 2018 年 10 月溪洛渡 600m 以下库区河段冲淤累计分布图 2.4。

表 2.4　　　　　溪洛渡水库 600m 水位以下干流冲淤量统计　　　　　（单位：万 m^3）

项目	白鹤滩—西溪河口	西溪河口—对坪	对坪—田坝子	田坝子—下寨	下寨—美姑河口	美姑河口—坝址	白鹤滩—坝址
断面名称	JB218～JB199	JB199～JB179	JB179～JB127	JB127～JB092	JB092～JB041	JB041～JB001	JB218～JB001
河长/km	18.24	15.10	45.97	31.17	43.97	37.52	192.00
2008.2—2013.6	88	257	1034	965	1411	985	4740
2013.6—2018.10	1201	1471	14213	12678	13245	5724	48532
2017.11—2018.5	−264	45	386	−174	−98	−774	−880
2018.5—2018.10	468	248	2560	2343	2103	447	8170
2008.2—2018.10	1289	1728	15247	13643	14656	6709	53272

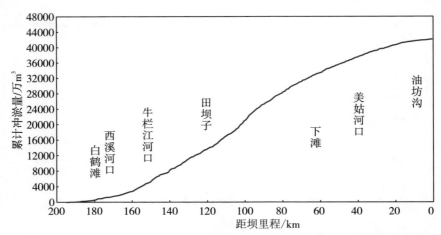

图 2.4　2014 年 5 月至 2018 年 10 月溪洛渡 600m 以下库区河段冲淤累计分布

2014 年 5 月至 2018 年 11 月，在水库正常蓄水位 600m 以下，溪洛渡库区各支流累计淤积泥沙 2310 万 m^3，其中支流牛栏江淤积 276 万 m^3、金阳河淤积 371 万 m^3、美姑河淤积 1204 万 m^3、西苏角河淤积 460 万 m^3。溪洛渡水库 600m 水位以下支流冲淤量统计见表 2.5。

表 2.5　　　　　　溪洛渡水库 600m 水位以下支流冲淤量统计　　　　（单位：万 m^3）

项目	牛栏江	金阳河	美姑河	西苏角河
断面名称	NL04.2～NL01	JH04～JH01	MG15～MG01	SJ06.1～SJ01
河长/km	3.86	3.93	15.23	7.67
2008.2—2014.5	—	202	254	225
2014.5—2018.11	276	169	950	235
2008.2—2018.11	276	371	1204	460

2）水库防洪限制水位（560m）以下干、支流淤积。

2008 年 2 月至 2018 年 10 月，在水库防洪限制水位 560m 以下，溪洛渡库区干流累计淤积泥沙 52576 万 m^3。从时间分布来看，2008 年 2 月至 2013 年 6 月淤积量为 4250 万 m^3，2013 年 6 月至 2018 年 10 月淤积量为 48326 万 m^3。其中，变动回水区淤积量为 2539 万 m^3，占总淤积量的 5%；常年回水区淤积量为 50037 万 m^3，占总淤积量的 95%。溪洛渡水库 560m 水位以下干流冲淤量统计见表 2.6。

2014 年 5 月至 2018 年 11 月，在防洪限制水位 560m 以下，溪洛渡库区各支流累计淤积泥沙 1677 万 m^3，其中支流牛栏江淤积 274 万 m^3、金阳河淤积 145 万 m^3、美姑河淤积 1124 万 m^3、西苏角河淤积 135 万 m^3。溪洛渡水库 560m 水位以下支流冲淤量统计见表 2.7。

表 2.6　　　　　　　溪洛渡水库 560m 水位以下干流冲淤量统计　　　　　（单位：万 m³）

项目	樊家岩—西溪河口	西溪河口—对坪	对坪—田坝子	田坝子—下寨	下寨—美姑河口	美姑河口—坝址	樊家岩—坝址
断面名称	JB212～JB199	JB199～JB179	JB179～JB127	JB127～JB092	JB092～JB041	JB041～JB001	JB212～JB001
河长/km	12.98	15.10	45.97	31.17	43.97	37.52	187.00
2008.2—2013.6	−402	261	1030	965	1411	985	4250
2013.6—2018.10	912	1627	13768	12709	13473	5836	48326
2017.11—2018.5	−191	113	458	−147	−96	−627	−491
2018.5—2018.10	339	208	2283	2162	1916	314	7222
2008.2—2018.10	510	1888	14798	13674	14884	6821	52576

表 2.7　　　　　　　溪洛渡水库 560m 水位以下支流冲淤量统计　　　　　（单位：万 m³）

项目	牛栏江	金阳河	美姑河	西苏角河
断面名称	NL04.2～NL01	JH02.2～JH01	MG12～MG01	SJ06.1～SJ01
河长/km	3.86	3.02	12.10	4.74
2017.12～2018.5	−4	8	5	−6
2018.5～2018.11	44	32	211	22
2014.5～2018.11	274	145	1124	135

3）水库死水位（540m）以下干支流淤积。

2008 年 2 月至 2018 年 10 月，在水库死水位 540m 以下，溪洛渡库区干流累计淤积泥沙 45572 万 m³。从时间分布来看，2008 年 2 月至 2013 年 6 月淤积量为 4115 万 m³，2013 年 6 月至 2018 年 10 月淤积量为 41457 万 m³。其中变动回水区淤积量为 1015 万 m³，占总淤积量的 2.4%；常年回水区淤积量为 40442 万 m³，占总淤积量的 97.6%。溪洛渡水库 540m 水位以下干流冲淤量统计见表 2.8，溪洛渡水库 540m 水位以下支流冲淤量统计见表 2.9。

表 2.8　　　　　　　溪洛渡水库 540m 水位以下干流冲淤量统计　　　　　（单位：万 m³）

项目	石门坎—大牛圈	大牛圈—田坝子	田坝子—下寨	下寨—美姑河口	美姑河口—坝址	石门坎—坝址
断面名称	JB194～JB181	JB181～JB127	JB127～JB092	JB092～JB041	JB041～JB001	JB194～JB001
河长/km	15.10	45.97	31.17	43.97	37.52	187.00
2008.2—2013.6	−276	1030	965	1411	985	4115
2013.6—2018.10	1015	12303	12187	11367	4586	41457
2017.11—2018.5	62	447	−149	−126	−534	−299
2018.5—2018.10	9	1783	2069	1791	233	5885
2008.2—2018.10	739	13333	13152	12778	5571	45572

表 2.9　　　　　　　　　　溪洛渡水库 540m 以下支流冲淤量统计　　　　　　（单位:万 m³）

项目	金阳河	美姑河	西苏角河
断面名称	JH01.1～JH01	MG10.1～MG01	SJ06.1～SJ01
河长/km	0.33	9.76	4.74
2017.12—2018.5	2	2	0
2018.5—2018.11	4	143	14
2014.5—2018.11	17	769	132

4)库区防洪库容内淤积。

2014 年 5 月至 2018 年 10 月,溪洛渡库区防洪库容淤积量为 160 万 m³,其中干流淤积量为 206 万 m³,支流冲刷量为 46 万 m³。从沿程分布来看,泥沙淤积主要分布在白鹤滩坝址(JB221)—西溪河口(JB199)、对坪(JB179)—田坝子(JB127)段,其淤积量分别为 295 万 m³ 和 237 万 m³,冲刷主要分布在下寨(JB092)—美姑河口(JB041)段、美姑河口—坝址段(JB001),其冲刷量分别为 214 万 m³ 和 113 万 m³。2014 年 5 月至 2018 年 10 月溪洛渡库区防洪库容各断面冲淤柱状图见图 2.5。

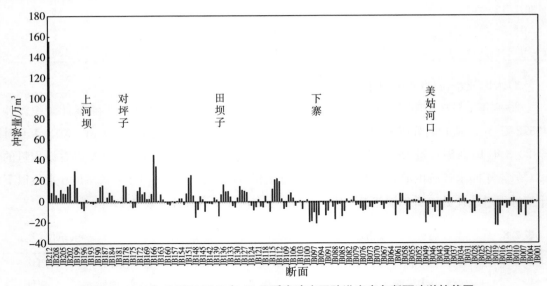

图 2.5　2014 年 5 月至 2018 年 10 月溪洛渡库区防洪库容各断面冲淤柱状图

(2)纵向分布

2008 年 2 月至 2018 年 10 月,白鹤滩—对坪河段年均淤积泥沙 298.6 万 m³,占库区总淤积量的 5.657%;对坪—田坝子河段年均淤积泥沙 1515.3 万 m³,占库区总淤积量的 28.68%;田坝子—美姑河口河段年均淤积泥沙 2808.3 万 m³,占库区总淤积量的 53.15%。对坪(JX86)—田坝子(JX60)淤积强度为 32.947 万 m³/(km·a),田坝子(JX60)—下寨(JX43)淤积强度为 37.39 万 m³/(km·a)(表 2.10、图 2.6、图 2.7)。

表 2.10　　　　　　　　　　　**库区干流各段年平均冲淤量统计**　　　　　　　　（单位：万 m³/a）

项目	白鹤滩—对坪	对坪—田坝子	田坝子—美姑河口	美姑河口—坝址	合计
河长/km	33.3	46.0	75.1	37.5	191.9
2008.2—2013.6	62.7	188.0	432.0	179.1	861.8
2013.6—2018.10	534.4	2842.6	5184.6	1144.8	9706.4
2008.2—2018.10	274.3	1386.1	2572.6	609.9	4842.9

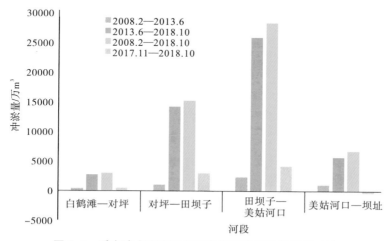

图 2.6　溪洛渡水库库区各时段各河段泥沙淤积量对比

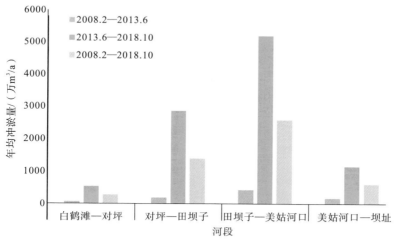

图 2.7　溪洛渡水库库区各时段各河段泥沙年均淤积强度对比

（3）横向分布

从时间分布来看，淤积主要发生在 2013 年 6 月至 2018 年 10 月，淤积量为 48532 万 m³。从淤积横向断面分布来看，淤积主要发生在主河槽，2008 年 2 月至 2018 年 10 月干流主槽淤积泥沙 44530 万 m³，占干流淤积总量的 83.6%。尤其是放宽段、弯道段附近，最大淤积幅度约 10m。溪洛渡库区干流河段主槽冲淤量见表 2.11。

表 2.11　　　　　　　　　　　溪洛渡库区干流河段主槽冲淤量　　　　　　　　　（单位:万 m³)

项目	白鹤滩—西溪河口	西溪河口—对坪	对坪—田坝子	田坝子—下寨	下寨—美姑河口	美姑河口—坝址	白鹤滩—坝址
断面	JB221～JB199	JB199～JB179	JB179～JB127	JB127～JB092	JB092～JB041	JB041～JB001	JB221～JB001
河长/km	21.0	15.0	46.0	31.2	44.0	37.9	195.1
2008.2—2013.6	−6	257	1034	965	1411	985	4646
2013.6—2018.10	1227	1405	13322	11158	9063	3709	39884
2017.11—2018.5	−266	59	484	−167	−221	−304	−415
2018.5—2018.10	463	224	2272	1910	1448	185	6502
2008.2—2018.10	1221	1662	14356	12123	10474	4694	44530

　　2013—2018 年溪洛渡库区白鹤滩—坝址河段河床冲淤厚度分布图可以看出,2013—2018 年泥沙淤积主要发生在樊家岩—大牛圈段,而白鹤滩—樊家岩段略有冲刷。白鹤滩—樊家岩段冲刷主要发生在主河槽,最大冲刷幅度约 14m(新田附近),樊家岩—大牛圈段淤积主要发生在主河槽,尤其是放宽段、弯道段附近,最大淤积幅度约 10m(JB199 断面附近)。2013—2018 年白鹤滩—上河坝河段河床冲淤厚度分布示意图见图 2.8,2013—2018 年上河坝—大牛圈河段河床冲淤厚度分布示意图见图 2.9。

图 2.8　2013—2018 年白鹤滩—上河坝河段河床冲淤厚度分布示意图

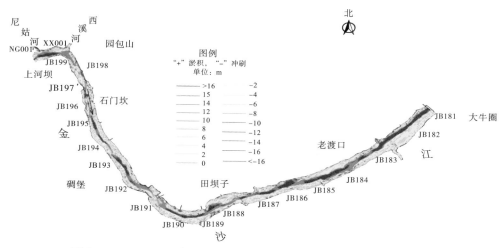

图 2.9　2013—2018 年上河坝—大牛圈河段河床冲淤厚度分布示意图

2.2.1.3　泥沙冲淤形态

（1）深泓纵剖面变化

溪洛渡库区以峡谷地形为主,天然河道比降 1.12‰,深泓纵剖面形态呈锯齿形。从 2008 年 2 月至 2014 年 5 月溪洛渡库区深泓点高程变化可见,库区深泓纵剖面形态呈锯齿形,深泓最高点高程为 572.3m（JX105 断面,距坝 195.4km）,最低点高程为 351.0m（JX01 断面,距坝 1.1km）,河床纵剖面最大落差为 221.3m。从深泓纵剖面变化来看,以淤积抬高为主。2008 年 2 月至 2014 年 5 月深泓点平均抬高 4.2m,最大抬高幅度 24.8m（距坝 15.7km）,最大下降幅度 3.1m（距坝 148.7km）;2014 年 5 月至 2018 年 10 月,深泓点平均抬高 14.1m,最大抬高幅度 33.6m（距坝 113km）,最大下降幅度 1.6m（距坝 195km）。

从深泓纵剖面分段变化来看,白鹤滩坝址—对坪镇,2008 年 2 月至 2014 年 5 月深泓平均抬高 1.38m,最大抬高 7.2m;2014 年 5 月至 2018 年 10 月深泓平均抬高 1.38m,最大抬高 7.2m;对坪镇—溪洛渡坝址,2008 年 2 月至 2014 年 5 月深泓平均抬高 4.87m,最大抬高 24.8m;2014 年 5 月至 2018 年 10 月深泓点平均抬高 15.3m,最大抬高 33.6m。

（2）典型横断面变化

溪洛渡库区河段以深切高山峡谷地形为主。根据 2008 年 2 月、2014 年 5 月、2017 年 11 月和 2018 年 10 月实测固定断面资料（图 2.10、图 2.11）,结合 2013 年 6 月地形切割的部分断面资料（图 2.12）,选取库区干流若干个典型断面,进行变化特性分析。结果表明,溪洛渡库区干流河段河道断面形态和岸坡基本稳定,断面变化主要表现为主河槽的淤积抬高,局部断面两侧向江心淤进,美姑河口—坝址的典型断面冲淤变化幅度相对较小。

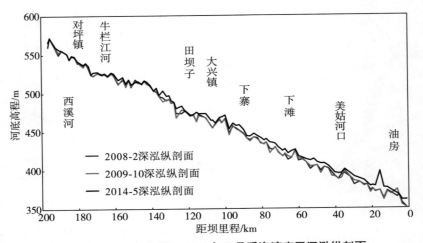

图 2.10　2008 年 2 月至 2014 年 5 月溪洛渡库区深泓纵剖面

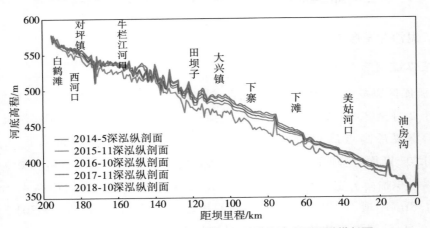

图 2.11　2014 年 5 月至 2018 年 10 月溪洛渡库区深泓纵剖面

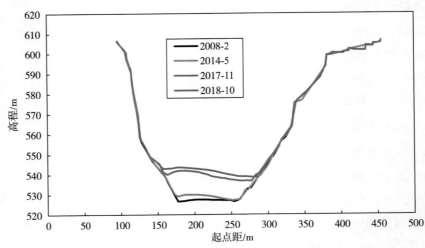

图 2.12　JB181(JX87)断面横断面变化

2.2.2　三峡库区泥沙冲淤及分布

2.2.2.1　进出库水沙特性

（1）径流量

在三峡工程论证阶段，入库采用长江干流寸滩站＋乌江武隆站资料，两站年均径流量之和为 3986 亿 m³。在初步设计阶段，两站年均径流量之和为 4015 亿 m³，数学模型计算和河工模型试验采用长江干流寸滩站＋乌江武隆站 1961—1970 系列年的水沙资料（简称"60 系列"）作为代表性的入库水沙条件，入库年均径流量为 4196 亿 m³。近 10 年来，入库径流量略有偏少。2003—2018 年三峡入库（朱沱＋北碚＋武隆，下同）年均径流量为 3645 亿 m³。寸滩、武隆两站年均径流量之和为 3739 亿 m³，较论证值 3986 亿 m³ 减少了 247 亿 m³，减幅 6.2％。三峡入库（朱沱＋北碚＋武隆）径流量变化情况见图 2.13，三峡入库（朱沱＋北碚＋武隆）水沙量统计见表 2.12。

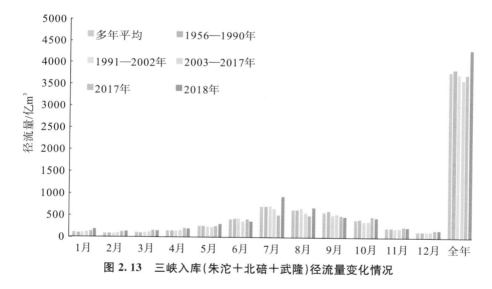

图 2.13　三峡入库（朱沱＋北碚＋武隆）径流量变化情况

（2）入库泥沙

在三峡工程论证和初步设计阶段，采用长江干流寸滩站＋乌江武隆站资料，入库年均输沙量之和为 4.94 亿 t，数学模型计算和物理模型试验采用 1961—1970 系列年的水沙资料作为代表性的入库水沙条件，年均入库沙量为 5.09 亿 t，水库运用前 10 年，库区年均淤积泥沙 3.28 亿～3.55 亿 t，水库排沙比在 35％左右。近几年来，由于入库泥沙大幅减小，2003—2018 年年均入库（朱沱＋北碚＋武隆，下同）沙量为 1.54 亿 t，寸滩、武隆两站年均沙量之和为 1.48 亿 t，较论证值减少了 70％。三峡入库（朱沱＋北碚＋武隆）输沙量变化情况见图 2.14。

表 2.12   三峡入库（朱沱＋北碚＋武隆）水沙量统计

项目	时段	1月	2月	3月	4月	5月	6月	7月	8月	9月	10月	11月	12月	全年
径流量/亿m³	多年平均	109.1	90.29	108.6	150.5	253.0	417.0	706.5	634.4	569.7	398.5	215.7	138.4	3791.69
	1956—1990年	100.4	83.25	98.67	144.4	261.5	428.9	707.5	637.5	608.5	419.5	217.3	135.6	3843.02
	1991—2002年	107.3	90.61	106.9	147.8	243.6	442.6	718.6	665.6	505.9	367.6	205.4	135.1	3737.01
	2003—2018年	128.4	104.7	130.9	164.2	242.6	371.4	672.5	569.9	534.8	369.4	211.7	144.3	3644.80
	2017年	135.6	130.4	167.2	206.6	254.0	415.7	508.5	504.3	504.6	479.7	249.3	172.4	3728.30
	2018年	181.2	137.2	154.7	201.1	305.8	368.1	933.2	682.2	478.8	451.6	230.3	170.1	4294.30
输沙量/万t	多年平均	36.8	24.8	38.7	219.0	1190.0	4490.0	12400.0	9450.0	6870.0	2020.0	345.0	75.6	37159.90
	1956—1990年	37.1	25.4	41.8	295.0	1770.0	5990.0	15600.0	12200.0	9370.0	2750.0	383.0	83.9	48546.20
	1991—2002年	41.0	30.0	36.4	194.0	722.0	4470.0	11800.0	9980.0	5520.0	1820.0	421.0	92.5	35126.90
	2003—2018年	33.1	19.8	33.8	76.1	313.6	1480.9	6200.0	3481.3	2791.9	713.0	212.4	44.7	15400.60
	2017年	14.1	9.25	19.0	47.7	65.1	623.0	310.0	1490.0	538.0	261.0	37.0	17.5	3431.65
	2018年	17.9	14.0	13.8	42.6	308.0	745.0	11000.0	1700.0	271.0	143.0	37.9	14.9	14308.10

注：径流量和输沙量多年均值统计年份为 1956—2018 年。

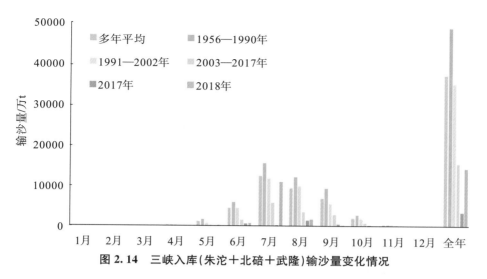

图 2.14 三峡入库(朱沱+北碚+武隆)输沙量变化情况

（3）出库泥沙

黄陵庙水文站位于三峡大坝下游约 13.5km,为三峡水库的出库控制站。2003—2018年,黄陵庙站多年年均径流量为 4061 亿 m^3,输沙量为 0.35 亿 t,远低于在三峡工程论证和初步设计阶段采用的输沙量值。黄陵庙站月平均输沙率变化见图 2.15,黄陵庙站多年径流量、输沙量统计见表 2.13。

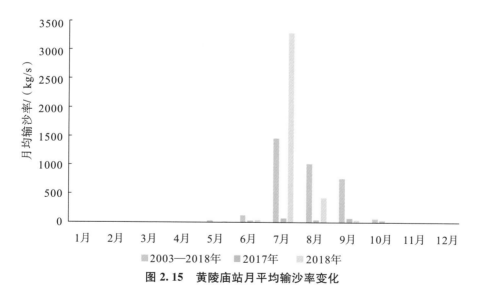

图 2.15 黄陵庙站月平均输沙率变化

表 2.13　　黄陵庙站多年径流量、输沙量统计

项目	时段	1 月	2 月	3 月	4 月	5 月	6 月	7 月	8 月	9 月	10 月	11 月	12 月	全年
径流量 /亿 m³	2003—2018 年	156.00	138.50	165.70	208.60	338.20	440.60	722.80	617.40	530.20	341.20	237.20	165.00	4061.40
	2017 年	176.70	167.10	213.70	281.20	409.30	496.60	595.40	513.40	492.00	561.40	261.50	196.60	4364.90
	2018 年	215.60	195.50	212.70	248.80	452.90	422.00	946.00	740.60	410.30	409.30	275.80	187.10	4716.60
输沙量 /万 t	2003—2018 年	5.40	4.20	5.50	14.50	37.30	127.80	1471.30	1029.90	765.10	64.80	12.40	4.60	3542.50
	2017 年	3.54	4.06	4.34	5.81	12.30	37.80	81.40	46.60	79.30	35.10	8.66	3.88	322.79
	2018 年	6.03	4.72	8.84	7.39	21.50	50.50	3290.00	429.00	45.90	10.40	2.93	3.72	3880.93

（4）排沙比

1）时历年排沙比。

按时历年,统计三峡水库出入库流量、坝前水位、出入库泥沙及排沙比情况,由表 2.14 可以看出:

①投入运行以来,水库多年平均排沙比为 23%。其中,2003—2005 年,由于水库初步投入运行,坝前水位较低,水库排沙比达到 30% 以上。

②随着坝前水位逐步抬高,水库排沙比均小于 30%。尤其 2006 年、2011 年、2017 年,由于来水极枯或来沙量极少,水库排沙比不到 10%。

③2012 年、2013 年、2018 年虽然坝前水位偏高,但由于当年实施了汛期沙峰排沙调度,水库排沙比相对 2008 年 175m 试验性蓄水以来有所提高,达到 20% 以上,最高达到 27%。

表 2.14　　　　　　　　　　　　　历年时历年排沙比变化

年份	平均流量/(m³/s)		平均库水位/m	泥沙/万 t		排沙比/%
	入库	出库		入库	出库	
2003	12820	12380	109.32	23598	8860	37.5
2004	13110	13120	137.47	19213	6374	33.2
2005	14480	14470	137.51	27807	10318	37.1
2006	9470	9190	141.45	11999	891	7.4
2007	12850	12870	150.12	23919	5093	21.3
2008	13570	13230	153.60	23149	3223	13.9
2009	12310	12290	159.18	18301	3598	19.7
2010	12900	12720	160.78	22909	3284	14.3
2011	10770	10770	161.90	10156	692	6.8
2012	14170	14200	164.17	21862	4532	20.7
2013	11660	11670	162.35	12683	3279	25.9
2014	13890	13940	162.27	5539	1054	19.0
2015	11980	11900	162.44	3205	425	13.3
2016	12920	12980	161.89	4213	884	21.0
2017	13360	13320	162.22	3442	323	9.4
2018	14490	14470	162.56	14284	3883	27.2
均值	12797	12720	153.08	15393	3545	23.0

注:入库沙量为朱沱＋北碚＋武隆 3 站之和,出库沙量为黄陵庙站。

2）水文年排沙比。

采用输沙量法,根据历年三峡水库不同的实际调度过程,分水文年(当年 6 月 10 日至次年 6 月 9 日)、汛期(6 月 10 日至开始蓄水日)、蓄水期(开始蓄水日至蓄满日)、消落期(蓄满日至次年 6 月 9 日),统计不同时段水库排沙比与水库出入库流量、坝前水位的关系(表 2.15 至表 2.18,图 2.16 至 2.19),可以得出如下结果。

表 2.15　　　　　　全年(6 月 10 日至次年 6 月 9 日)三峡水库历年水沙统计情况

年份	平均流量/(m³/s)		平均库水位/m	泥沙/万 t		排沙比/%
	入库	出库		入库	出库	
2003—2004	13650	13580	137.07	23978	8488	35.4
2004—2005	13340	13370	137.55	19799	6399	32.3
2005—2006	14050	14050	137.52	27153	10250	37.7
2006—2007	9030	8900	147.19	11907	870	7.3
2007—2008	13280	13290	150.44	23833	5105	21.4
2008—2009	13650	13620	157.92	22643	3239	14.3
2009—2010	11910	11890	157.71	18515	3582	19.3
2010—2011	12800	12820	162.81	22735	3278	14.4
2011—2012	11270	11250	162.78	10457	713	6.8
2012—2013	13910	13920	163.48	21465	4536	21.1
2013—2014	11920	11920	161.85	12747	3264	25.6
2014—2015	13980	13860	163.21	5381	1075	20.0
2015—2016	12760	12880	162.46	3579	436	12.2
2016—2017	12470	12480	161.38	3824	842	22.0
2017—2018	13540	13540	162.30	3661	347	9.5
均值	12771	12758	155.00	15445	3495	22.6

表 2.16　　　　　　　　　三峡水库汛期历年水沙统计情况

年份	平均流量/(m³/s)		平均库水位/m	泥沙/万 t		排沙比/%	日期/(月-日)
	入库	出库		入库	出库		
2003	24870	24780	135.18	22412	8345	37.2	6-10—10-15
2004	22640	22750	135.65	16459	6084	37.0	6-10—9-28
2005	26170	26170	135.48	23679	9780	41.3	6-10—9-28
2006	14030	14030	135.37	8491	790	9.3	6-10—9-17
2007	26340	26280	144.62	21032	4900	23.3	6-10—9-23
2008	23700	23600	145.61	18918	3075	16.3	6-10—9-27
2009	23460	23420	146.34	15203	3464	22.8	6-10—9-14
2010	26090	24990	151.54	19451	3104	16.0	6-10—9-9

年份	平均流量/(m³/s)		平均库水位/m	泥沙/万 t		排沙比/%	日期/(月-日)
	入库	出库		入库	出库		
2011	18370	17970	147.87	7462	607	8.1	6-10—9-9
2012	28400	27450	152.44	18156	4246	23.4	6-10—9-9
2013	22680	21960	149.05	12028	3175	26.4	6-10—9-9
2014	24970	23390	150.59	4054	723	17.8	6-10—9-14
2015	18730	18440	147.80	2390	293	12.3	6-10—9-9
2016	21620	21650	148.89	3259	778	23.9	6-10—9-9
2017	20460	19890	148.68	2586	205	7.9	6-10—9-9
2018	26460	25970	150.19	13473	3784	28.1	6-10—9-9
均值	23062	22671	145.00	13066	3335	25.5	

表 2.17　　　　　　　　　　　三峡水库蓄水期历年水沙统计情况

年份	平均流量/(m³/s)		平均库水位/m	泥沙/万 t		排沙比/%	日期/(月-日)
	入库	出库		入库	出库		
2003	9140	8680	137.54	384	42	10.9	10-16—11-26
2004	21850	19870	137.30	751	75	10.0	9-29—10-7
2005	23830	21380	137.19	918	101	11.0	9-29—10-5
2006	10450	8720	150.59	2367	45	1.9	9-18—11-28
2007	14240	12610	151.69	1646	148	9.0	9-24—10-31
2008	18180	12410	157.63	2399	82	3.4	9-28—11-4
2009	12280	9430	164.71	2636	71	2.7	9-15—11-24
2010	17640	14660	166.83	2477	131	5.3	9-10—10-26
2011	14500	10410	167.59	2007	31	1.5	9-10—10-30
2012	19310	16310	170.01	2907	214	7.3	9-10—10-30
2013	12960	10160	169.16	303	35	11.6	9-10—11-11
2014	21720	19700	171.05	1044	268	25.7	9-15—10-31
2015	19730	16120	167.52	552	43	7.8	9-10—10-28
2016	14500	9770	162.60	309	17	5.6	9-10—11-1
2017	23770	19050	167.46	565	61	10.8	9-10—10-21
2018	19010	15050	167.20	331	33	10.0	9-10—10-31
均值	17069	14021	159.00	1350	87	6.5	

表 2.18　　　　　三峡水库消落期历年水沙统计情况

年份	平均流量/(m³/s)		平均库水位/m	泥沙/万 t		排沙比/%	日期/（月-日）
	入库	出库		入库	出库		
2003—2004	7290	7320	138.20	1182	102	8.6	11-27—6-9
2004—2005	8810	8880	138.42	2590	240	9.3	10-8—6-9
2005—2006	8320	8400	138.45	2556	370	14.5	10-6—6-9
2006—2007	5920	6300	152.04	1049	35	3.3	11-29—6-9
2007—2008	6880	7200	153.01	1155	58	5.0	11-1—6-9
2008—2009	7770	8780	164.22	1326	82	6.2	11-5—6-9
2009—2010	6100	7090	160.79	676	47	7.0	11-25—6-9
2010—2011	6390	7480	166.56	807	43	5.4	10-27—6-9
2011—2012	7590	8670	167.83	988	75	7.6	10-31—6-9
2012—2013	6670	7760	166.55	402	76	18.9	10-31—6-9
2013—2014	6890	8060	165.27	416	53	12.8	11-12—6-9
2014—2015	7510	8430	167.08	283	84	29.9	11-1—6-9
2015—2016	8800	9900	167.36	637	100	15.7	10-29—6-9
2016—2017	8150	9290	166.31	255	47	18.4	11-2—6-9
2017—2018	8920	10010	166.78	510	81	15.8	10-22—6-9
均值	7467	8238	159.00	989	99	10.1	

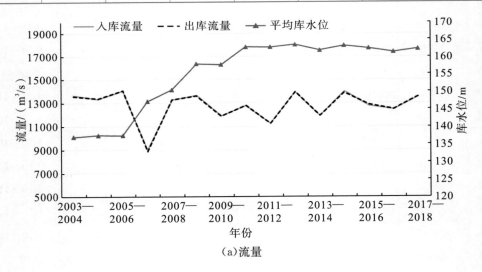

（a）流量

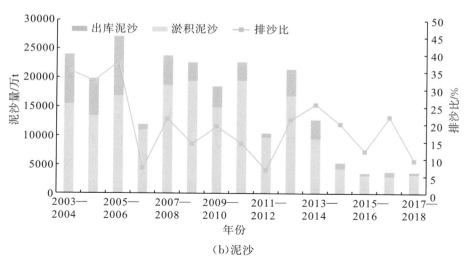

（b）泥沙

图 2.16　全年（水文年）历年水沙过程对比

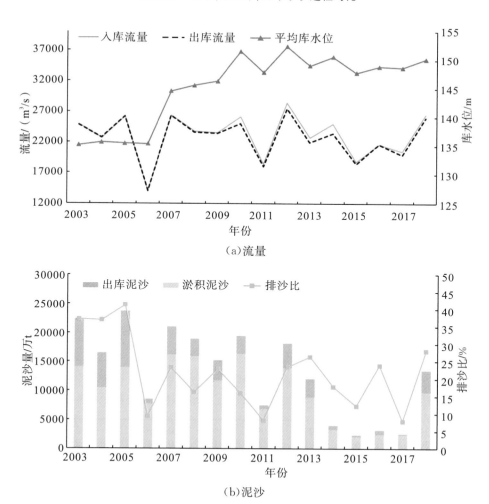

（a）流量

（b）泥沙

图 2.17　汛期历年水沙过程对比

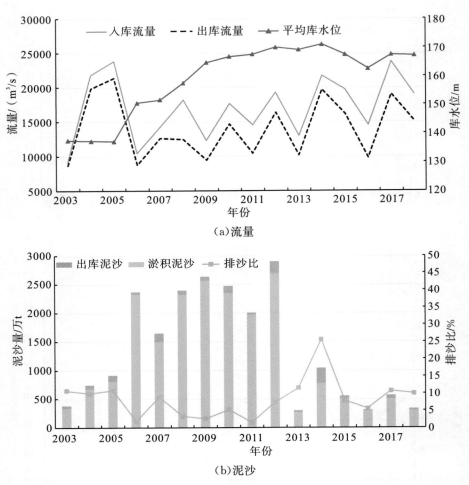

（a）流量

（b）泥沙

图 2.18　蓄水期历年水沙过程对比

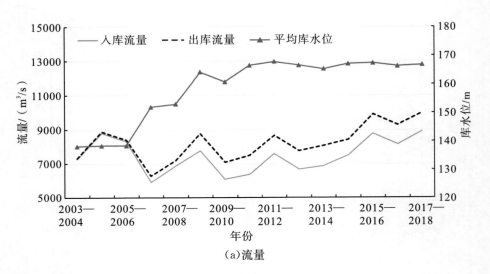

（a）流量

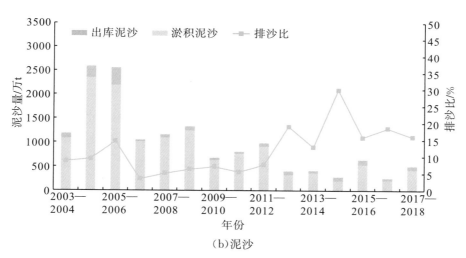

(b)泥沙

图 2.19　消落期历年水沙过程对比

①全年(水文年)。

从全年来看,虽然年均库水位逐步抬高,近几年稳定在 162m 左右,但是三峡水库排沙比未有明显减小,2012—2015 年、2016—2017 年等年度排沙比达到 20% 以上,较 2008 年 175m 试验性蓄水以来有所抬高。

②汛期。

2006 年以前,水库基本维持 135m 低水位运行,也未进行过防洪运用,水库排沙比均在 35% 以上;2006 年(历史长系列最枯来水年),库水位仍维持 135m,但该年为特枯年份,汛期平均入库 14000m³/s 左右,排沙比仅 9.3%;2007—2009 年,库水位有所抬升,至 145m 左右,来水也恢复到运行以来正常水平,基本未进行防洪拦蓄,排沙比提高到 16%～24%;2010 年及以后,水库实施中小洪水调度,汛期平均水位进一步抬高至 150m 左右,尤其 2012 年、2013 年、2018 年期间实施汛期沙峰排沙调度,2014 年 9 月中下旬出现最大洪峰实施大流量下泄,水库排沙比这几年有所提高,最高到 28%,2011 年、2015 年、2017 年来水偏枯,来沙也较少,排沙比又有所下降,至 13% 以下。

③蓄水期。

2006 年、2008 年汛后,水库抬高水位分别进入 156m 初期运行期和 175m 试验性蓄水期,水库回水范围进一步扩大,泥沙落淤范围更广,且前几年提前优化蓄水处于不断摸索中,2006—2012 年水库排沙比不超过 10%;此后从提前蓄水时间、承接防洪运用抬高起蓄水位等方式进一步优化蓄水方案,水库蓄水期出库流量有所增大,排沙比从 2011 年开始逐渐提高,最高达到 26%。

④消落期。

2003 年运行以来,消落期库水位逐步抬高,但水库消落补水量也逐步增加,排沙比自 2011 年后有显著提高。

综合来看,水库排沙比与来沙、库水位、来水、出库流量,以及水沙入库过程均有关系,较为复杂。当前来沙绝对值大量减少的情况下,水库排沙多少与来沙量关系更大,调度中的沙峰排沙调度等相关措施可有助提高排沙比。

3)典型场次洪水排沙比。

对 2004—2018 年以来三峡水库入库或者出库流量大于 25000m³/s 的共计 59 场洪水过程,及其相应的出入库泥沙过程进行对比统计分析。有些场次洪水过程并无明显对应的入库沙峰过程,有入库沙峰过程的一定对应有明显的场次洪水过程。从中统计分析的三峡工程投入运行以来排沙比较大的场次洪水情况可以看出:

①三峡水库入库沙峰、洪峰基本同时进入水库,但洪峰由于水压力波特性,提前反应至坝前。如 2004 年、2005 年,水库基本未拦蓄,洪峰、沙峰同时出现,但监测出库沙峰晚于入库沙峰 2~7d。

②场次洪水时间基本是泥沙集中入库时间,一场洪水的入库泥沙量一般占到全年入库泥沙的 20%~30%,有的甚至高达 70%~80%。

③2008 年以前,水库基本未拦蓄洪水,按出入库平衡控制,场次洪水排沙比较高达 40%以上。

④175m 试验性蓄水以后,通过滞后加大出库流量或维持较高出库流量一段时间的调洪方式,水库场次洪水排沙比明显较高,达到 25%以上,且出库沙量占到全年的 1/3 以上,最高达 82%,场次洪水的排沙作用明显。如 2018 年,三峡入库流量从 7 月 2 日的 28500m³/s 快速上涨至 51200m³/s,缓退后再次涨至 59600m³/s,连续两次洪峰过程基本同时伴随有两次较大入库沙峰过程。三峡水库滞后 1d 开始逐步加大出库流量,最大至 42000m³/s,并持续至沙峰到达坝前才开始缓慢减小出库流量。最大下泄流量快结束时段,出库沙量明显增多,出现出库沙峰过程。本次洪水排沙比达到 31%,且入库、出库沙量均占到全年的 80%左右,出库沙量达到 3195 万 t,基本达到 2015 年、2017 年全年入库沙量,排沙效果显著。

2.2.2.2 泥沙淤积量及分布

(1)输沙量法

根据三峡水库主要控制站——朱沱站、北碚站、寸滩站、武隆站、清溪场站、黄陵庙站(2003年 6 月至 2006 年 8 月三峡入库站为清溪场站,2006 年 9 月至 2008 年 9 月为寸滩+武隆站,2008 年 10 月至 2016 年 12 月为朱沱+北碚+武隆站)水文观测资料统计分析,2003 年 6 月至 2018 年 12 月,三峡入库悬移质泥沙 23.355 亿 t,出库(黄陵庙站)悬移质泥沙 5.622 亿 t,不考虑三峡水库区间来沙,则水库淤积泥沙 17.733 亿 t,近似年均淤积 1.138 亿 t,仅为论证阶段(数学模型采用 1961—1970 年预测成果)的 34%左右,水库排沙比为 24.1%。历年场次洪水排沙比见表 2.19。

表 2.19　历年场次洪水排沙比

| 年份 | 时间段 | 入库流量/(m³/s) | | 库水位区间/m | 出库流量/(m³/s) | | 入库沙量 | | 出库沙量 | | 场次洪水排沙比/% |
		均值	区间		均值	区间	沙量/万 t	占全年入库百分比/%	沙量/万 t	占全年出库百分比/%	
2004	9.4—9.18	35000	[19700,59100]	[135.39,136.28]	35000	[19800,55200]	5391	29.3	4122	64.7	76.5
2005	8.9—8.26	36900	[24800,42800]	[135.44,135.57]	37000	[24800,42500]	6235	22.7	3987	38.6	63.9
2007	7.3—7.15	36300	[18300,50500]	[143.99,145.97]	36100	[18000,45400]	8223	37.3	3224	63.3	39.2
2008	8.8—8.21	31900	[21000,40200]	[145.30,145.86]	31500	[21300,37900]	4062	18.8	1513	47.0	37.3
2009	7.31—8.9	38500	[22200,55600]	[144.84,152.77]	33700	[23400,39200]	4158	23.8	1688	46.9	40.6
2012	6.27—7.15	37600	[16100,55400]	[145.35,158.71]	34300	[15600,41400]	5422	25.6	1440	31.8	26.6
	7.15—8.5	38600	[25700,67900]	[155.96,162.95]	38100	[27600,45200]	6671	31.5	1639	36.2	24.6
2013	6.30—7.27	31600	[13400,48400]	[145.38,155.79]	29000	[13900,34500]	10126	83.3	2550	77.8	25.2
2014	8.26—9.5	35200	[24800,48300]	[154.04,163.09]	29900	[25900,39800]	328	5.6	224	21.3	68.3
2016	6.22—7.5	30000	[17600,47600]	[145.61,151.47]	28000	[18800,31600]	1546	34.2	403	45.6	26.1
2018	7.2—7.21	41500	[28500,59600]	[145.18,156.73]	37800	[26100,42000]	10338	76.7	3195	82.3	30.8

在水库淤积分布上，水库淤积主要集中在清溪场以下的常年回水区内，其淤积量占总淤积量的93%，朱沱—寸滩、寸滩—清溪场库段淤积量仅分别占总淤积量的2%和5%；在淤积泥沙粒径上，整个库区淤积以粒径小于0.062mm悬移质泥沙为主，约占总淤积量的86.3%；在淤积年内分布上，库区淤积以汛期6—9月为主。不同年份三峡水库库区分段淤积量统计见表2.20。

表2.20　　　　　　　　不同年份三峡水库库区分段淤积量统计

时段	入库沙量/万t	出库沙量/万t	库区总淤积量/万t	库区分段淤积量/万t,占库区总淤积量百分比/%				水库排沙比/%
				朱沱—寸滩	寸滩—清溪场	清溪场—万州区	万州区—大坝	
2003年6—12月	20821	8400	12421			4950	7460	37.5
						40	60	
2004年	16600	6370	10230			3630	6600	33.2
						35	65	
2005年	25400	10300	15100			4890	10210	37.1
						32	68	
2006年	10210	891	9319		590	4790	3940	7.4
					6	51	42	
2007年	22040	5090	16950		370	9610	6970	21.3
					2	57	41	
2008年	21780	3220	18560		2870	8420	7270	13.9
					15	45	39	
2009年	18300	3600	14700	860	−756	7700	6900	19.7
				6	−5	52	47	
2010年	22900	3280	19620	1220	2260	7900	8220	14.3
				6	12	40	42	
2011年	10200	692	9508	850	483	5740	2398	6.8
				9	5	60	25	
2012年	21900	4530	17370	780	2118	7600	6870	20.7
				4	12	44	40	
2013年	12700	3280	9420	490	94	3610	5210	25.8
				5	1	38	55	

时段	入库沙量/万 t	出库沙量/万 t	库区总淤积量/万 t	库区分段淤积量/万 t,占库区总淤积量百分比/%				水库排沙比/%
				朱沱—寸滩	寸滩—清溪场	清溪场—万州区	万州区—大坝	
2014 年	5540	1050	4490	−280	234	3250	1290	19.0
				−6	5	72	29	
2015 年	3200	425	2775	−206	−112	2390	705	13.3
				−7	−4	86	25	
2016 年	4220	884	3338	−363	448	2160	1088	20.9
				−11	13	65	33	
2017 年	3440	323	3117	−172	570	1960	757	9.4
				−6	18	63	24	
2018 年	14300	3880	10420	740	349	3100	6220	27.1
				7	3	30	60	
累计	233551	56215	177336	3919	9518	81700	82106	24.1
				2	5	46	46	

（2）地形法

根据实测固定断面资料分析,2003—2018 年水库 175m 水面线以下干、支流累计淤积 16.909 亿 m³,其中变动回水区冲刷 0.807 亿 m³,常年回水期淤积 17.72 亿 m³（表 2.21、表 2.22 和图 2.20）。

1）175m、145m 水面线下库区干流。

2003 年 3 月至 2018 年 10 月库区干流（江津—大坝段）累计淤积泥沙 15.559 亿 m³。其中,变动回水区（江津—涪陵段）累计冲刷 0.783 亿 m³,常年回水区淤积 16.342 亿 m³。大坝—铜锣峡河段累计淤积泥沙 16.1484 亿 m³,其中淤积在 145m 水面线以下的水库库容内的泥沙有 15.6711 亿 m³,占总淤积量的 97.0%;淤积在 145m 水面线以上河床的泥沙为 0.4773 亿 m³,占总淤积量的 3.0%。此外,库区淤积量的 94.0%集中在宽谷段,且以主槽淤积为主,窄深段淤积相对较少或略有冲刷。

表2.21　三峡水库进出库泥沙与水库淤积量

年份	三峡水库坝前平均水位(汛期)5~10月)/m	入库					出库(黄陵庙)					水库淤积			
		水量/亿m³	各粒径级沙量/亿t				水量/亿m³	各粒径级沙量/亿t				各粒径级沙量/亿t			
			$d\leq$ 0.062	0.062<d ≤0.125	$d>$ 0.125	小计		$d\leq$ 0.062	0.062<d ≤0.125	$d>$ 0.125	小计	$d\leq$ 0.062	0.062<d ≤0.125	$d>$ 0.125	小计
2003年 6~12月	135.23	3254	1.850	0.110	0.120	2.082	3386	0.720	0.030	0.090	0.840	1.130	0.080	0.030	1.240
2004	136.58	3898	1.470	0.100	0.090	1.660	4126	0.607	0.006	0.027	0.637	0.863	0.094	0.063	1.020
2005	136.43	4297	2.260	0.140	0.140	2.540	4590	1.010	0.010	0.010	1.03	1.250	0.130	0.13	1.510
2006	138.67	2790	0.948	0.040	0.032	1.021	2842	0.088	0.0012	0.00027	0.0891	0.860	0.039	0.032	0.932
2007	146.44	3649	1.923	0.149	0.132	2.204	3987	0.500	0.002	0.007	0.509	1.423	0.147	0.125	1.695
2008	148.06	3877	1.877	0.152	0.149	2.178	4182	0.318	0.003	0.001	0.322	1.559	0.149	0.148	1.856
2009	154.46	3464	1.606	0.113	0.111	1.830	3817	0.357	0.002	0.001	0.36	1.249	0.111	0.110	1.470
2010	156.37	3722	2.053	0.132	0.103	2.290	4034	0.322	0.005	0.001	0.328	1.731	0.127	0.102	1.960
2011	154.52	3015	0.924	0.057	0.036	1.020	3391	0.065	0.003	0.001	0.069	0.860	0.054	0.034	0.948
2012	158.17	4166	1.844	0.169	0.177	2.190	4642	0.439	0.010	0.005	0.453	1.405	0.159	0.172	1.737
2013	155.73	3346	1.155	0.059	0.056	1.270	3694	0.322	0.005	0.001	0.328	0.834	0.0540	0.0550	0.942
2014	156.36	3820	0.489	0.035	0.030	0.554	4436	0.100	0.003	0.002	0.105	0.389	0.0317	0.0281	0.449
2015	154.87	3358	0.282	0.018	0.020	0.320	3816	0.038	0.002	0.002	0.0425	0.244	0.0153	0.0184	0.277
2016	153.44	3719	0.370	0.027	0.024	0.422	4247	0.082	0.004	0.003	0.0884	0.288	0.0229	0.0216	0.333
2017	155.42	3728	0.312	0.018	0.014	0.344	4365	0.030	0.002	0.001	0.0323	0.282	0.0165	0.0135	0.312

续表

年份	三峡水库坝前平均水位(汛期5—10月)/m	入库					出库(黄陵庙)					水库淤积			
		水量/亿m³	各粒径级沙量/亿t $d\leqslant0.062$	$0.062<d\leqslant0.125$	$d>0.125$	小计	水量/亿m³	各粒径级沙量/亿t $d\leqslant0.062$	$0.062<d\leqslant0.125$	$d>0.125$	小计	各粒径级沙量/亿t $d\leqslant0.062$	$0.062<d\leqslant0.125$	$d>0.125$	小计
2003年6月至2017年12月		54103	19.364	1.319	1.235	21.925	59565	4.998	0.088	0.151	5.234	14.368	1.230	1.083	16.692
2018	155.81	4294	1.310	0.066	0.054	1.430	4717	0.378	0.007	0.003	0.3880	0.932	0.0592	0.0505	1.042
总计		58398	20.674	1.385	1.289	23.355	64282	5.375	0.095	0.155	5.622	15.300	1.289	1.133	17.734

注:1. 入库水沙量未考虑三峡区间来水来沙;2006年1—8月入库控制站为清溪场,2006年9月至2008年9月入库控制站为寸滩+武隆,2008年10月至2018年12月入库控制站为朱沱+北碚+武隆。

2. 2010年、2018年长江干流各主要测站的悬移质泥沙颗粒分析均采用激光粒度仪。

表2.22 变动回水区及常年回水区冲淤量 (单位:亿m³)

时间	变动回水区					常年回水区			合计
	江津—大渡口	大渡口—铜锣峡	铜锣峡—涪陵	涪陵—丰都	小计	丰都—奉节	奉节—大坝	小计	
2003.3—2006.10	—	0.098	—0.017	0.020	—0.017	2.698	2.735	5.453	5.436
2006.10—2008.10	—	0.008	0.008	—0.003	0.107	1.294	1.104	2.396	2.502
2017.10—2018.10	—0.006	—0.029	—0.007	0.006	—0.042	0.440	0.321	0.767	0.725
2008.10—2018.10	—0.405	—0.282	—0.185	0.397	—0.873	5.893	2.204	8.493	7.621
2003.3—2018.10	—0.405	—0.184	—0.194	0.414	—0.783	9.885	6.043	16.342	15.559

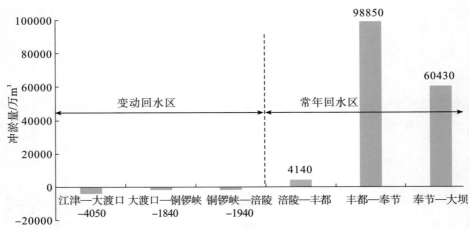

图 2.20　三峡库区累计冲淤量沿程分布

2)高程 175m、145m 下库区干支流。

2003—2018 年,高程 175m 下库区江津—大坝段干、支流累计淤积 17.43 亿 m³(干、支流分别淤积 15.173 亿 m³、2.257 亿 m³)。垂向分布上,16.127 亿 m³ 淤积在高程 145m 以下,占高程 175m 下库区总淤积量的 92.5%;1.303 亿 m³ 淤积在水库防洪库容内,占库区总淤积的 7.5%,占防洪库容 221.5 亿 m³ 的 0.56%,且主要集中在奉节—大坝库段。高程 175m、145m 以下库区干流各河段冲淤量见表 2.23。

表 2.23　　　　　　　　高程 175m、145m 以下库区干流各河段冲淤量　　　　　　　　(单位:万 m³)

时段	不同高程	大坝—铜锣峡	铜锣峡—大渡口	大渡口—江津	合计
2003.3—2011.10	高程 175m 以下	123381	−186	−499	122697
	高程 145m 以下	108150	−59	2	108093
2011.10—2012.10	高程 175m 以下	10151	−177	156	10130
	高程 145m 以下	9247	12	16	9275
2012.10—2013.10	高程 175m 以下	12101	−559	−1384	10158
	高程 145m 以下	11390	−124	0	11266
2013.10—2014.10	高程 175m 以下	1766	−428	−662	676
	高程 145m 以下	1702	6	−2	1706
2014.10—2015.10	高程 175m 以下	−1170	−24	−449	−1644
	高程 145m 以下	−676	60	1	−614
2015.10—2016.11	高程 175m 以下	2823	−206	−1738	879
	高程 145m 以下	2326	16	−8	2334
2016.11—2017.11	高程 175m 以下	1914	−132	−191	1591
	高程 145m 以下	1147	5	5	1157

时段	不同高程	大坝—铜锣峡	铜锣峡—大渡口	大渡口—江津	合计
2017.11—2018.10	高程 175m 以下	7582	−276	−65	7241
	高程 145m 以下	6663	8	1	6672
2003.3—2018.10	高程 175m 以下	158548	−1988	−4832	151728
	高程 145m 以下	139950	−76	15	139889

注:2003 年 3 月至 2011 年 10 月大坝—铜锣峡干流段冲淤量采用《三峡水库库容复核计算》(2014 年)中地形法计算成果,其余均采用断面法计算成果。

3)纵向淤积分布。

围堰发电期丰都—李渡镇库段冲淤基本平衡,奉节—丰都段年均淤积泥沙 6746 万 m^3/a,占库区总淤积量的 49.6%;奉节—大坝段年均淤积量 6839 万 m^3/a,淤积量占库区总淤积量的 50.3%(表 2.24、表 2.25 和图 2.21、图 2.22)。

初期运行期,丰都—铜锣峡库段年均淤积泥沙 520 万 m^3/a,占库区总淤积量的 4%;奉节—丰都段年均淤积泥沙 6471 万 m^3/a,占库区总淤积量 51.7%;奉节—大坝段年均淤积量为 5522 万 m^3/a,其淤积量占库区总淤积量的 44.1%。

表 2.24　三峡不同运用期库区干流各段冲淤量情况　(单位:万 m^3)

库区分段名称	大坝—庙河 (15.1km)	庙河—奉节 (156km)	奉节—丰都 (260.3km)	丰都—铜锣峡 (166.5km)	合计 (597.9km)	备注
2003.3—2006.10	7418	19936	26982	28	54365	围堰发电期
2006.11—2008.10	3179	7863	12941	1039	25020	初期运行期
2017.11—2018.4	−751	−1227	−1789	−692	−4459	175m 试验蓄水期
2018.4—2018.10	2289	2895	6194	686	12064	
2017.11—2018.10	1538	1668	4404	−7	7603	
2008.10—2018.10	6875	15154	58934	1136	82099	

表 2.25　三峡不同运用期库区干流各段年均冲淤量情况　(断面法,单位:万 m^3/a)

库区分段名称	大坝—庙河	庙河—奉节	奉节—丰都	丰都—铜锣峡	合计	备注
2003.3—2006.10	1853	4984	6746	7	13591	围堰发电期
2006.10—2008.10	1590	3932	6471	520	12511	初期运行期
2008.10—2018.10	688	1515	5893	114	8210	175m 试验蓄水期

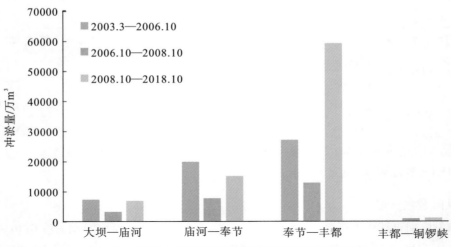

图 2.21　三峡水库库区各时段各河段泥沙淤积量对比

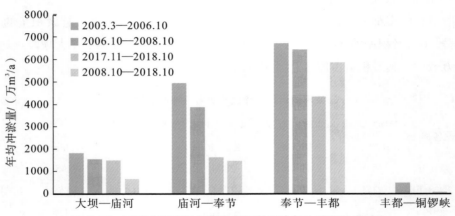

图 2.22　三峡水库库区各时段各河段泥沙年均淤积强度对比

175m 试验性蓄水期,2008 年汛末至 2018 年 10 月,丰都—铜锣峡段年均淤积泥沙 113.6 万 m³,占库区总淤积量的 1.38%;奉节—丰都段年均淤积 5893.4 万 m³,占库区总淤积量的 71.78%;奉节—大坝段年均淤积泥沙 2202.9 万 m³,占库区总淤积量的 26.83%。随着回水范围向上游延伸,奉节—丰都段泥沙淤积占总淤积量的比例逐渐增加,大坝—奉节段泥沙淤积占总淤积量的比例则逐渐减小,库区泥沙淤积逐渐向上游发展。

2.2.2.3　泥沙冲淤形态

(1)深泓纵剖面变化

库区深泓纵剖面呈锯齿状分布,以淤积抬高为主。三峡水库蓄水前,2003 年 3 月由固定断面资料统计的库区大坝—李渡镇段深泓最低点位于距坝 52.9km 的 S59-1 断面,其高程为−36.1m,最高点位于距坝 468km 的 S258 断面,其高程为 129.6m,两者高差为 165.7m;2006 年由固定断面资料统计的李渡镇—铜锣峡段最低点位于距坝 526.5km 的 S287+1 断面,其高程为 77.2m,最高点位于距坝 592.3km 的 S320 断面,其高程为 148.2m,两者高差为 71.0m。三峡水库蓄水后,泥沙淤积使纵剖面发生了一定变化,大坝—李渡镇河段深泓点平均淤积抬高 7.8m,最深点和最高点的高程分别淤高 10.3m 和 1.9m,李渡镇—铜锣峡河段深泓点平均冲刷 0.28m,最深点淤高 2.2m,最高点冲刷 0.2m。三峡库区李渡—大坝干流段深泓纵剖面见图 2.23,三峡库区李渡—大坝干流段深泓高差沿程变化见图 2.24。

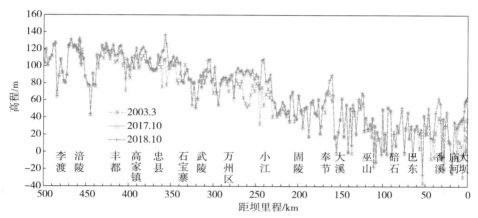

图 2.23　三峡库区李渡—大坝干流段深泓纵剖面

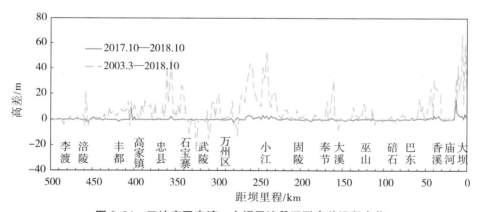

图 2.24　三峡库区李渡—大坝干流段深泓高差沿程变化

近坝段河床淤积抬高最为明显,变化最大的深泓点为 S34 断面(位于坝上游 5.6km),淤高 66.8m,淤后高程为 37.8m;其次为近坝段 S31+1 断面(距坝 2.2km)的深泓点,淤高 59.8m,淤后高程为 59.2m;第三为近坝段 S31 断面(距坝 1.9km),其深泓最大淤高 57.9m,淤后高程为 59.6m。据统计,铜锣峡—大坝段深泓淤高 20m 以上的断面有 38 个,深泓淤高 10~20m 的断面有 38 个。这些深泓抬高较大的断面多集中在近坝段、香溪宽谷段、臭盐碛河段、黄花城河段等淤积较大的区域。深泓累积出现抬高的断面共有 253 个,占统计断面数的 80.8%,铜锣峡—李渡段深泓除牛屎碛放宽段 S277+1 处抬高 15.9m 外,其余位置抬高幅度一般在 6m 以内。三峡库区铜锣峡—李渡干流段深泓纵剖面变化见图 2.25,三峡库区铜锣峡—李渡干流段深泓高差沿程变化见图 2.26。

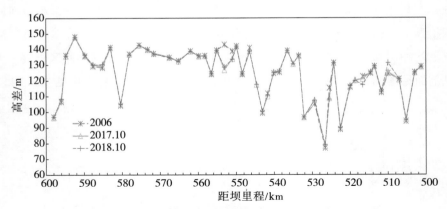

图 2.25   三峡库区铜锣峡—李渡干流段深泓纵剖面变化

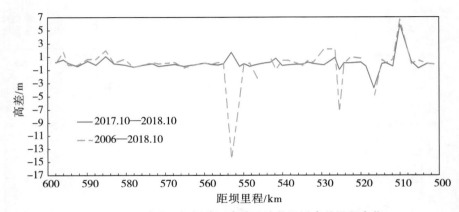

图 2.26   三峡库区铜锣峡—李渡干流段深泓高差沿程变化

(2)典型横断面变化

三峡库区两岸一般由基岩组成,岸线基本稳定,断面变化主要表现为河床的垂向冲淤。自蓄水以来,三峡库区淤积形态主要有如下特征。

1)主槽平淤,此淤积方式分布于库区各河段内,如坝前段、臭盐碛河段、黄花城河段等。

2)沿湿周淤积,此淤积方式也分布于库区各河段内。

3)以淤积一侧为主的不对称淤积,此淤积形态主要出现在弯曲型河段,以土脑子河段为典型。

冲刷形态主要表现为主槽冲刷和沿湿周冲刷,一般出现在河道水面较窄的峡谷段和回水末端位置,如三峡河段、洛碛河段等。

近坝区河段淤积形态主要有平淤和沿湿周淤积。平淤主要出现在窄深型河段,如断面 S31+1 断面(图 2.27);沿湿周淤积一般出现在宽浅型、滩槽差异较小的河段,主槽在前期很快淤平,之后淤积则沿湿周发展,如断面 S32+1(图 2.28)。

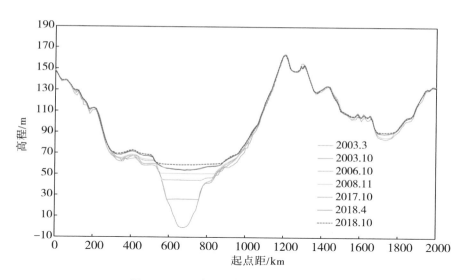

图 2.27　S31+1(距坝里程 2.1km)断面

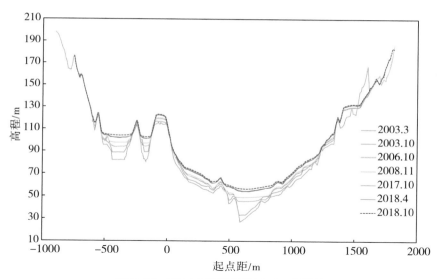

图 2.28　S32+1(距坝里程 3.4km)断面

2.3　库区现状冲淤对防洪影响分析

2.3.1　防洪库容影响分析

2.3.1.1　溪洛渡水库

溪洛渡坝址初步设计多年平均(1964—1973 年)悬移质、推移质泥沙输沙量 2.49 亿 t，占宜昌河段的 47%，控制了金沙江的主要产沙区。初步设计水库运行 80 年，库区悬移质泥沙冲淤接近平衡，水库总淤积量 82 亿 m³，近似年均淤积 1.025 亿 m³。其中淤积在 540m 死库容以下 50.7 亿 m³,占总淤积量的 61.8%,死库容 51 亿 m³ 几乎全部丧失;淤积在 540m 以上防洪库容内 31.3 亿 m³,近似年均淤积 0.391 亿 m³,调节库容还剩余 33.3 亿 m³。

自监测以来,水库及水位 540～600m 范围内年均淤积的泥沙远小于设计计算值,尤其淤积在 540～600m 有效库容内的泥沙极少。2013 年蓄水运用以来,2013 年 6 月至 2018 年 10 月水库累计总淤积 5.016 亿 m³,其中 4.749 亿 m³ 泥沙淤积在 540m 以下死库容内,占水库死库容的 9.2%;0.267 亿 m³ 泥沙淤积在高程为 540～600m 范围内的调节库容内,占水库调节库容的 0.41%。

实测资料表明,2014 年 5 月至 2018 年 10 月,溪洛渡库区防洪库容淤积量为 160 万 m³,占防洪库容的 0.034%;干流淤积量为 206 万 m³,支流冲刷量为 46 万 m³。从沿程分布来看,泥沙淤积主要分布在白鹤滩坝址(JB221)—西溪河口(JB199)、对坪(JB179)—田坝子(JB127)段,其淤积量分别为 295 万 m³ 和 237 万 m³。2014 年 5 月至 2018 年 10 月溪洛渡库区防洪库容各断面冲淤柱状图见图 2.29。

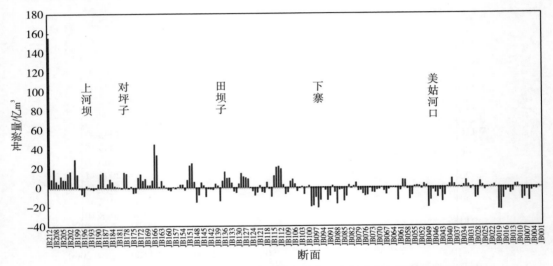

图 2.29　2014 年 5 月至 2018 年 10 月溪洛渡库区防洪库容各断面冲淤柱状图

可见目前泥沙冲淤变化下,溪洛渡水库泥沙淤积占防洪库容比例极小(表 2.26),在设计范围以内,初步分析对防洪影响不大。

表 2.26　　　　　　　　　　　不同方案溪洛渡水库年均淤积情况　　　　　　　　　　　(单位:亿 m³)

方案	水库总淤积		540～600m 内淤积	
	累计值	年均值	累计值	年均值
初步设计值(运行 80 年)	82.000	1.025	31.300	0.391
2008.2—2018.10(监测以来)	5.558	0.505	0.864	0.078
2013.6—2018.10(蓄水运用以来)	5.016	1.003	0.267	0.053

2.3.1.2　三峡水库

2003—2018 年,高程 175m 下三峡水库库区干、支流累计淤积 17.43 亿 m³(干、支流淤积分别为 15.173 亿、2.257 亿 m³),近似年均淤积 1.089 亿 m³。其中,16.127 亿 m³ 淤积在高程 145m 以下,占总淤积量的 92.5%;1.303 亿 m³ 淤积在水库防洪库容内,占总淤积量的 7.5%,占防洪库容 221.5 亿 m³ 的 0.589%。防洪库容内干流泥沙冲淤分布上,江津—铜锣峡冲刷 0.676 亿 m³,铜锣峡—大坝淤积 1.860 亿 m³。从沿程淤积分布看,侵占防洪库容的泥沙主要淤积于涪陵—云阳河段,占李渡镇—大坝段总淤积量的 68%。2003—2018 年防洪库容内泥沙沿程淤积分布(断面法)见图 2.30。

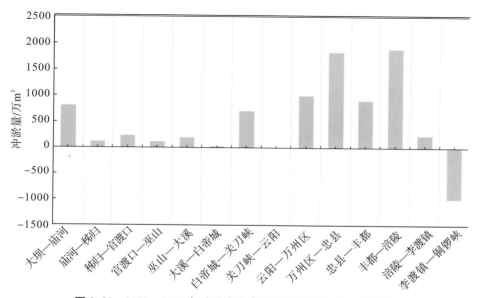

图 2.30　2003—2018 年防洪库容内泥沙沿程淤积分布(断面法)

三峡水库初步设计及论证阶段多年平均输沙量 5.09 亿 t(60 系列,1961—1970 年),预期水库运用 100 年后接近冲淤平衡,届时水库累计淤积 166.56 亿 m³,防洪库容可保持 86%(防洪库容损失约 31 亿 m³),调节库容保留 92%,其中运行前 10 年年均淤积 3.42 亿 t。

"十五"研究期间,考虑入库水沙条件变化,长江科学院(简称"长科院")及中国水利水电科学研究院(简称"水科院")采用 90 系列(1991—2000 年),坝前水位采用分期蓄水方案,进行了水库淤积计算。前者计算表明,水库运行至 20 年、100 年末,库区泥沙总淤积 35.04 亿 m³ 和 132.93 亿 m³;后者计算表明,水库运行至 20 年、100 年末,库区泥沙总淤积 40.83 亿 m³ 和 125.43 亿 m³。

三峡水库实际总体淤积均小于各方案计算值,尤其 145～175m 内淤积速度远小于初步设计值,淤积占防洪库容比例极小,对防洪库容损失影响不大。三峡水库年均淤积对比情况见表 2.27。

表 2.27   三峡水库年均淤积对比情况   （单位：亿 m^3）

方案	水库总淤积		145～175m 内淤积	
	累计值	年均值	累计值	年均值
初步设计值 （60 系列,运行 100 年）	166.560	3.420（前 10 年均值）	31.010	0.310
90 系列计算值 （长科院,运行 100 年）	132.930	1.752（前 20 年均值）		
90 系列计算值 （水科院,运行 100 年）	125.430	2.042（前 20 年均值）		
2003—2018 年 （蓄水投入运行以来）	17.430	1.089	1.303	0.081

2.3.2   库尾防洪影响分析

2.3.2.1   重庆主城区泥沙冲淤分析

关于洪水位抬高问题,在初步设计阶段主要是论证水库运行后,随着库尾淤积,在遇到较大洪水的情况下,会不会影响重庆防洪安全。泥沙专家组认为:175～145～155m 方案,水库运用 100 年,如遇 100 年一遇洪水流量,重庆市朝天门水位约为 199m,如考虑上游干支流水库拦沙作用,上述计算水位可降低 1.7～3.7m。

根据原型观测资料分析,三峡水库围堰蓄水期和初期蓄水期,重庆主城区河段尚未受三峡水库壅水影响,围堰发电期冲刷 447.5 万 m^3,初期蓄水期则淤积 366.8 万 m^3。2008 年试验性蓄水以来至 2018 年,重庆主城区河段虽然受到三峡水库蓄水影响,但仍冲刷了 2073 万 m^3,其中主槽冲刷 2250 万 m^3,边滩淤积 177 万 m^3。三峡水库 175m 试验性蓄水后,重庆主城区河段的冲淤规律发生了变化,天然情况下是汛后 9 月开始走沙,试验性蓄水后主要以消落期走沙为主。由于来沙大幅度减少,三峡工程运用后重庆主城区河段总体表现为冲刷(含河道采砂影响),汛期同流量条件下水位还没有出现明显变化,水库泥沙淤积尚未对重庆洪水位产生影响。

2.3.2.2   寸滩水位流量关系分析

(1)寸滩河段泥沙冲淤

寸滩河段(CY07～CY10,羊坝滩—黑石子)位于大弯道中段,右岸有母猪碛长边滩,深槽傍左岸,河段长约 2.58km。天然情况下,河段洪水期河宽 800m 左右、中水期 500～700m、枯水期 300～500m,表现为汛淤枯冲。受水库蓄水运用影响,寸滩河段汛后的冲刷作用较天然情况下降低,甚至转为淤积,可能会引起河段的累积性淤积。

根据 2008—2016 年监测结果,考虑施工、采砂影响,寸滩河段累计淤积 15.7 万 m^3,平均淤积厚 0.08m,最大淤积厚 2.4m,位于 CY09 断面深槽右侧。据不完全统计,采砂引起的该河段局部地形变化量约 16.7 万 m³,故该河段实际淤积量约 32.4 万 m³。从年内分布来看,寸滩河段汛期仍以淤积为主;蓄水前期由于水位较低,水流还有一定流速,容易产生冲刷;蓄水后期流速明显降低,各年水沙过程的不同使得各年蓄水期总体冲淤情况各异;寸滩河段需要到 5 月底才完全脱离回水范围,处于回水范围时段较长,消落期寸滩河段多表现为淤积,但近两年受上游来沙大幅减少影响也表现为冲刷。

三峡水库试验性蓄水期寸滩河段冲淤量情况见表 2.28,寸滩河段 CY09 断面冲淤变化见图 2.31。

表 2.28　　　　　　　　三峡水库试验性蓄水期寸滩河段冲淤量情况　　　　　　（单位:万 m³）

时段	总冲淤量 （不考虑施工、采砂）	总冲淤量 （考虑施工、采砂）	备注
2008.9—2008.12	−4.2	−4.2	2008 年试验性蓄水期
2008.12—2009.6.11	5.5	5.5	2009 年消落期
2009.6.11—2009.9.12	1.6	1.6	2009 年汛期
2009.9.12—2009.11.16	5.6	5.6	2009 年试验性蓄水期
2009.11.11—2010.6.11	12.2	25.0	2010 年消落期
2010.6.11—2010.9.10	14.4	14.4	2010 年汛期
2010.9.10—2010.12.16	−18.9	−18.9	2010 年试验性蓄水期
2010.12.16—2011.6.17	2.5	2.5	2011 年消落期
2011.6.17—2011.9.18	−2.4	−2.4	2011 年汛期
2011.9.18—2011.12.19	2.5	2.5	2011 年试验性蓄水期
2011.12.19—2012.6.12	5.4	5.4	2012 年消落期
2012.6.12—2012.9.8	13.9	13.9	2012 年汛期
2012.9.8—2012.10.15	−12.5	−12.5	2012 年试验性蓄水期
2012.10.15—2013.6.13	4.3	5.5	2013 年消落期
2013.6.13—2013.9.10	−8.8	−8.8	2013 年汛期
2013.9.10—2013.12.9	4.8	4.8	2013 年试验性蓄水期
2013.12.10—2014.06.1	−7.8	−7.8	2014 年消落期
2014.6.01—2014.9.5	8.2	9.2	2014 年汛期
2014.9.5—2014.12.18	−8.0	−8.0	2014 年试验性蓄水期
2014.12.18—2015.6.17	8.5	5.7	2015 年消落期
2015.6.17—2015.9.16	−1.6	6.5	2015 年汛期
2015.9.16—2015.12.18	−9.9	−15.0	2015 年试验性蓄水期
2015.12.18—2016.6.16	−6.9	−6.9	2016 年消落期
2016.6.16—2016.10.4	5.6	5.1	2016 年汛期
2016.10.4—2016.12.15	1.7	3.7	2016 年试验性蓄水期
2008.9—2016.12.15	15.7	32.4	175m 试验性蓄水期

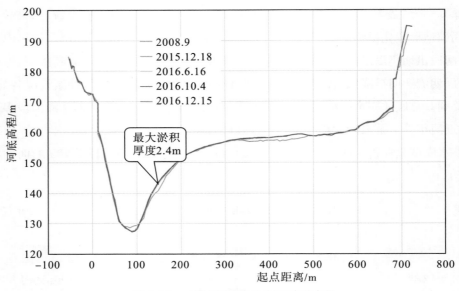

图 2.31　寸滩河段 CY09 断面冲淤变化

（2）三峡库水位对寸滩站水位流量关系影响

1）三峡水库影响临界水位。

绘制寸滩站近几年、多年综合及 2017 年水位流量关系，可见，当 2017 年三峡水库库水位低于 155m 时，寸滩水位流量关系中轴线与 1981 年、2010 年、2012 年中轴线以及多年综合线基本吻合，水位流量关系连时序线呈绳套关系，且随着流量增加绳套关系越明显；当三峡水库库水位高于 155m 时，寸滩水位流量关系明显偏左，且随着三峡水库库水位上升，偏左的幅度越大，受三峡水库库水位顶托影响越明显。长江寸滩站水位流量关系见图 2.32。

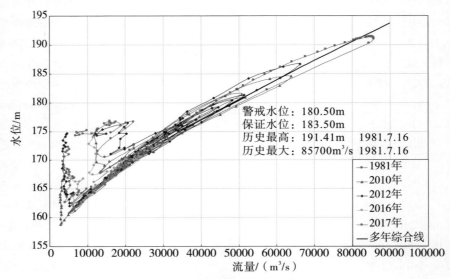

图 2.32　长江寸滩站水位流量关系

采用 MIKE11 模型,分别计算三峡水库不同库水位等级下各恒定入流(寸滩站以不同恒定流作为输入,分别取 8000m³/s、10000m³/s、15000m³/s、20000m³/s、25000m³/s、30000m³/s、35000m³/s、40000m³/s、45000m³/s 及 50000m³/s)的寸滩水位,据此建立以三峡水库库水位作为参数的寸滩水位流量关系图(图 2.33),并在图上补充 2017 年寸滩实测点据,实测点据分布规律与所建立的相关图基本吻合。据图分析,当三峡水库库水位低于155m 时,各水位级(三峡水库库水位取值 145m、150m 及 155m 时)的寸滩水位流量关系线间距较小,可忽略不计,各关系线基本重合,表明三峡水库库水位对寸滩水位顶托影响可忽略;当三峡库水位高于 155m 时,各水位级(三峡水库库水位取值 160m、165m、170m 及175m 时)的寸滩水位流量关系线间距较大,且间距随着三峡水库库水位的增大而增大,表明三峡水库库水位对寸滩水位顶托逐步明显。

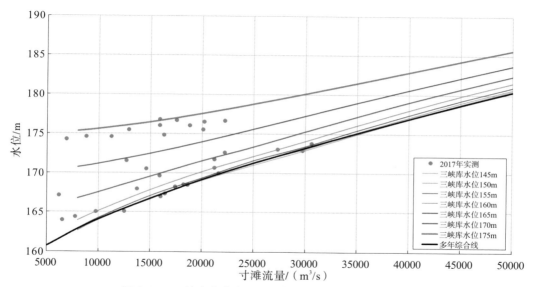

图 2.33　三峡水库库水位作为参数的寸滩水位流量关系

2)三峡库水位 155m 以下时寸滩站水位流量关系。

考虑三峡水库 175m 试验性蓄水运行初期(2008 年)、2010 年发生大洪水年以及长江上游溪洛渡、向家坝等大型水利枢纽工程建成投入运行后(2017 年)不同年份三峡水库库水位155m 以下时的寸滩站水位流量关系的变化情况(图 2.34),可知三峡水库建成蓄水后 155m以下水位时寸滩站水位流量关系较为稳定,变化不大,同流量下寸滩水位的小差异可能是不同年份断面的冲淤变化所引起的。

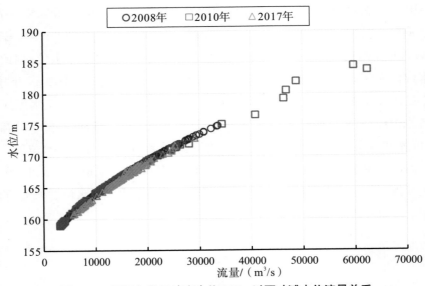

图 2.34　不同年份三峡库水位 155m 以下寸滩水位流量关系

（3）寸滩站水位流量关系变化分析

寸滩水文站位于重庆市江北区寸滩乡，东经 $106°36'$，北纬 $29°37'$，在长江与嘉陵江汇合口下游约 7.5km 处，河段较顺直，断面基本稳定，为长江与嘉陵江汇合后的控制站，同时也是三峡水库的入库控制站，集水面积 $866559km^2$，资料序列较长，精度较高。寸滩站的水位流量关系较为复杂，一方面受洪水涨落影响呈现明显的绳套曲线，另一方面三峡水库建成蓄水后库区回水对断面又有顶托影响。

选择近年来寸滩发生较大洪水的年份（1981 年、1987 年、1998 年、2004 年、2010 年）与历年综合水位流量关系线进行对比分析，可以看出：

1）1981 年、1987 年水位流量关系线位于综合线附近，2004 年三峡水库蓄水至 135m 左右，寸滩站水位流量关系线与综合线比较也没有太大变化。但从图 2.35 可知，在中高洪水时，寸滩受洪水涨落率影响，其水位流量关系线呈明显的绳套关系，且幅度较大，高水位同水位下流量涨落相差在 $10000m^3/s$ 左右。

2）1998 年，寸滩连续多次发生洪水过程，水位流量绳套关系逐渐偏左，可见寸滩站如果出现复式洪水过程，受前一次洪水抬高河流底水影响，第二次洪水同流量级别下水位会有一定升高。根据 1998 年资料分析，影响寸滩站水位的最大范围为 0.8～1.0m。

3）2010 年 7 月中下旬，寸滩发生两次洪水过程。第一次洪水过程涨水时由于三峡水库库水位较低（低于 152m），寸滩水位流量关系与近年涨水过程水位流量关系差别不大；退水时，三峡水库库水位已逐渐蓄至 152～158m，对退水过程寸滩水位有一定影响。第二次洪水过程涨水时由于三峡水库库水位已较高，寸滩复式峰来水过程及三峡水库蓄水对寸滩水位流量关系均有一定影响，故第二次寸滩洪峰水位有一定程度抬高。

从水位流量关系分析来看,当三峡库水位较低时,寸滩水位流量关系与历年关系相比没有太大变化;当三峡库水位较高时,三峡库水位对寸滩水位流量关系有一定影响。

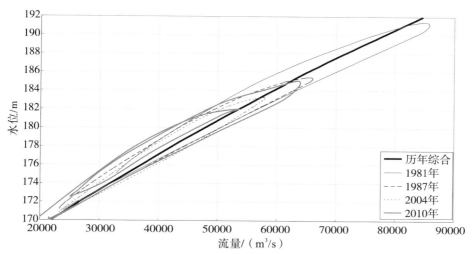

图 2.35　三峡建库前后大水年份寸滩站水位流量关系

2.4　水库淤积对调蓄洪水能力影响研究

2.4.1　水沙数学模型

本研究采用三峡水库干支流河道一维非恒定流水沙数学模型计算,该模型已成功应用于包括"十一五"三峡工程泥沙问题研究、"十一五"和"十二五"国家科技支撑计划项目、三峡水库试验性蓄水阶段泥沙问题研究及三峡水库科学调度研究等多项三峡水库泥沙问题研究项目。

三峡库区支流众多,将水库干支流河道分别视为单一河道,河道汇流点称为汊点,则水沙数学模型应包括单一河道水沙运动方程、汊点连接方程和边界条件 3 部分。

2.4.1.1　模型方程

(1)单一河道水沙运动方程

模型计算选用的描述水沙运动的基本方程为:

1)水流连续方程。

$$\frac{\partial A_i}{\partial t} + \frac{\partial Q_i}{\partial x} - q_{Li} = 0 \tag{2-1}$$

2)水流运动方程。

$$\frac{\partial Q_i}{\partial t} + \frac{\partial}{\partial x}\left(\frac{Q_i^2}{A_i}\right) + gA_i\left(\frac{\partial Z_i}{\partial x} + \frac{|Q_i|Q_i}{K_i^2}\right) + \frac{Q_i}{A_i}q_{Li} = 0 \tag{2-2}$$

3)悬移质泥沙连续方程。

$$\frac{\partial Q_i S_i}{\partial X} + \frac{\partial A_i S_i}{\partial t} + \alpha_i \omega_i B_i (S_i - S_{*i}) - S_{Li} q_{Li} = 0 \tag{2-3}$$

4)悬移质河床变形方程。

$$\rho' \frac{\partial A_d}{\partial t} = \alpha_i \omega_i B_i (S_i - S_{*i}) \tag{2-4}$$

式中,ω——泥沙沉速;

i——断面号;

Q——流量;

A——过水面积;

t——时间;

x——沿流程坐标;

Z——水位;

K——断面流量模数;

S——含沙量;

S_*——水流挟沙力;

ρ'——淤积物干容重;

B——断面宽度;

g——重力加速度;

α——恢复饱和系数;

A_d——悬移质河床冲淤面积;

d——粒径;

U——流速;

A_b——推移质河床冲淤面积;

q_L、S_L——河段单位长度侧向入流量及相应的含沙量。

(2)汊点连接方程

1)流量衔接条件。

进出每一汊点的流量必须与该汊点内实际水量的增减率相平衡,即

$$\sum Q_i = \frac{\partial \Omega}{\partial t} \tag{2-5}$$

式中,Ω——汊点的蓄水量。

如将该点概化为一个几何点,则 $\Omega = 0$。

2)动力衔接条件。

如果汊点可以概化为一个几何点,出入各个汊道的水流平缓,不存在水位突变的情况,则各汊道断面的水位应相等,即

$$Z_i = Z_j = \cdots\cdots = \overline{Z} \tag{2-6}$$

2. 4. 1. 2　数值方法

水流方程(2-1)、方程(2-2)采用四点隐式差分格式离散。四点隐式差分格式即 Preissmann 格式,这是对邻近四点平均(或加权平均)的向前差分格式。对 t 的微商取相邻结点上向前时间差商的平均值,对 x 的微商则取相邻两层向前空间差商的平均值或加权平均值(图 2.36)。对于网格中的 M 点:

令

$$f(M) = \frac{(1-\theta)(f_i^n + f_{n+1}^n) + \theta(f_i^{n+1} + f_{i+1}^{n+1})}{2} = f_{i+1/2}^{n+\theta} \tag{2-7}$$

$$\frac{\partial f(M)}{\partial t} = \frac{f_i^{n+1} + f_{i+1}^{n+1} - f_i^n - f_{i+1}^n}{2\Delta t} \tag{2-8}$$

$$\frac{\partial f(M)}{\partial x} = \frac{\theta(f_{i+1}^{n+1} - f_i^{n+1}) + (1-\theta)(f_{i+1}^n - f_i^n)}{\Delta x_i} \tag{2-9}$$

式中,f——任一函数;

　　f_i^n——$f(x_i, t_n)$;

　　θ——权因子,其值为小于或等于 1 的正数。

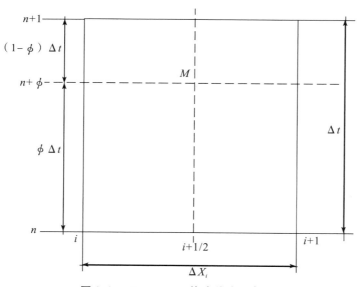

图 2.36　Preissmann 格式差分示意图

2. 4. 1. 3　模型求解

(1)水流方程求解

采用三级解法对水流方程进行求解,首先对水流方程(2-1)和方程(2-2)采用普列斯曼的四点隐式差分格式进行离散,可得差分方程如下:

$$B_{i1}Q_i^{n+1} + B_{i2}Q_{i+1}^{n+1} + B_{i3}Z_i^{n+1} + B_{i4}Z_{i+1}^{n+1} = B_{i5} \tag{2-10}$$

$$A_{i1}Q_i^{n+1} + A_{i2}Q_{i+1}^{n+1} + A_{i3}Z_i^{n+1} + A_{i4}Z_{i+1}^{n+1} = A_{i5} \tag{2-11}$$

式中,系数均按实际条件推导得出。

假设某河段中有 mL 个断面,将该河段中通过差分得到的微分方程(2-10)和方程(2-11)依次进行自相消元,再通过递推关系式将未知数集中到汊点处,即可得到该河段首尾断面的水位流量关系:

$$Q_1 = \alpha_1 + \beta_1 Z_1 + \delta_1 Z_m \tag{2-12}$$

$$Q_{mL} = \theta_{mL} + \eta_{mL} Z_1 + \gamma_{mL} Z_{mL} \tag{2-13}$$

式中,系数 α_1、β_1、δ_1、θ_{mL}、γ_{mL} 由递推公式求解得出。

将边界条件和各河段首尾断面的水位流量关系代入汊点连接方程,就可以建立起以三峡水库干支流河道各汊点水位为未知量的代数方程组,求解此方程组得到各汊点水位,逐步回代可得到河段端点流量以及各河段内部的水位和流量。

(2)悬移质泥沙方程求解

对悬移质泥沙连续方程(2-3)用显格式离散得:

$$S_i^{j+1} = \frac{\Delta t \alpha_i^{j+1} B_i^{j+1} \omega_i^{j+1} S_{*i}^{j+1} + A_i^j S_i^j + \dfrac{\Delta t}{\Delta x_{i-1}} Q_{i-1}^{j+1} S_{i-1}^{j+1} + \Delta t (S_L q_L)_i^{j+1}}{A_i^{j+1} + \Delta t \alpha_i^{j+1} B_i^{j+1} \omega_i^{j+1} + \dfrac{\Delta t}{\Delta x_i} Q_i^{j+1}} \tag{2-14}$$

将方程(2-3)代入方程(2-4),然后对河床变形方程(2-4)进行离散得:

$$\Delta A_{d\,i} = \frac{\Delta t (Q_{i-1}^{j+1} S_{i-1}^{j+1} - Q_i^{j+1} S_i^{j+1})}{\Delta x \rho'} + \frac{A_i^j S_i^j - A_i^{j+1} S_i^{j+1}}{\rho'} \tag{2-15}$$

式中,Δx——空间步长;

Δt——时间步长;

$\Delta A_{d\,i}$——悬移质河床变形面积;

j——时间层。

在求出干支流河道所有断面的水位与流量后,即可根据式(2-14)自上而下依次推求各断面的含沙量,汊点分沙计算采用分沙比等于分流比的模式,最后根据式(2-15)进行河床变形计算。

(3)有关问题的处理

1)床沙交换及级配调整。

关于床沙交换及级配调整,本模型采用三层模式,即把河床淤积物概化为表、中、底3层,表层为泥沙的交换层,中间层为过渡层,底层为泥沙冲刷极限层。规定在每一计算时段内,各层间的界面都固定不变,泥沙交换限制在表层内进行,中层和底层暂时不受影响。在时段末,根据床面的冲刷或淤积向下或向上输送表层和中层级配,但这两层的厚度不变,而底层厚度随冲淤厚度的变化而变化。

2）水流挟沙力计算。

水流挟沙力公式：

$$S_* = k \frac{u^{2.76}}{h^{0.92}\omega_m^{0.92}} \tag{2-16}$$

$$\omega_m^{0.92} = \sum_{L=1}^{8} p_L \omega_L^{0.92} \tag{2-17}$$

式中，p_L——第 L 组泥沙的级配；

ω_L——第 L 组泥沙的沉速；

S_*——水流总挟沙力；

k——挟沙力系数，水库为 0.03，天然河道为 0.02。

3）糙率系数 n 的确定。

糙率系数是反映水流条件与河床形态的综合系数，其影响主要与河岸、主槽、滩地、泥沙粒径、沙波以及人工建筑物等有关。阻力问题通过糙率系数反映，河道发生冲淤变形时，床沙级配和糙率都会作出相应的调整。当河道发生冲刷时，河床粗化，糙率增大；反之，河道发生淤积，河床细化，糙率减小。长系列年计算中需要考虑在初始糙率的基础上对糙率系数进行修正。本模型根据实测水位流量资料进行初始糙率率定，各河段分若干个流量级逐级试糙。

4）节点分沙。

进出节点各河段的泥沙分配，主要由各河段邻近节点断面的边界条件决定，并受上游来沙条件的影响。本模型采用分沙比等于分流比的模式：

$$S_{j,out} = \frac{\sum Q_{i,in} S_{i,in}}{\sum Q_{i,in}} \tag{2-18}$$

2.4.1.4　模型验证

（1）模型计算范围

计算范围为干流朱沱—三峡坝址，长约 760 km。考虑嘉陵江、乌江、綦江、木洞河、大洪河、龙溪河、渠溪河、龙河、小江（支流小江又包含南河、东河、普里河、彭家等支流）、梅溪河、大宁河、沿渡河、清港河、香溪河共 14 条支流，模型计算范围为树状河网（图 2.37）。

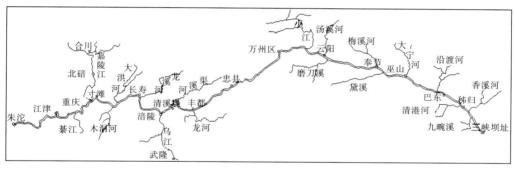

图 2.37　三峡水库库区示意图

（2）验证水文条件

1）起始计算地形。

朱沱—李渡为 1996 年实测地形（李渡位于涪陵上游约 10km 处），李渡—三峡坝址为 2003 年三峡水库蓄水前实测地形，断面平均间距约 2km。

2）验证计算进出口水沙条件。

进口采用干流朱沱站、嘉陵江北碚站、乌江武隆站 3 站于 2003 年 6 月 1 日至 2015 年 12 月 31 日逐日平均流量和含沙量（表 2.29）。出口控制水位采用水库坝前逐日平均水位。区间来流量在计算河段内通过分配到入汇支流上加入。图 2.38 为三峡水库蓄水运用以来坝前水位过程。

表 2.29　　　　　2003 年 6 月 1 日至 2015 年 12 月 31 日计算河段来水来沙量统计

年份	朱沱		北碚		武隆		朱沱＋北碚＋武隆	
	水量 /亿 m³	沙量 /亿 t	水量 /亿 m³	沙量 /亿 t	水量 /亿 m³	沙量 /亿 t	水量 /亿 m³	沙量 /亿 t
2003	2205	1.891	597.0	0.304	335.8	0.126	3137.8	2.322
2004	2676	1.640	516.0	0.175	510.0	0.108	3702.0	1.923
2005	2994	2.310	810.0	0.423	373.0	0.044	4177.0	2.777
2006	2009	1.130	381.0	0.030	288.0	0.030	2678.0	1.190
2007	2384	2.015	665.0	0.273	524.8	0.104	3573.8	2.392
2008	2751	2.133	586.0	0.143	491.5	0.038	3828.5	2.314
2009	2430	1.519	672.0	0.296	361.4	0.014	3463.4	1.829
2010	2544	1.613	762.0	0.622	415.0	0.056	3721.0	2.291
2011	1934	0.646	767.0	0.355	314.0	0.015	3015.0	1.016
2012	2920	1.886	760.0	0.288	485.0	0.012	4165.0	2.186
2013	2296	0.683	718.0	0.576	331.0	0.009	3345.0	1.268
2014	2637	0.346	636.5	0.145	549.0	0.063	3822.5	0.554
2015	2387	0.212	504.3	0.095	466.5	0.013	3357.8	0.320
合计	32167	18.024	8374.8	3.725	5445.0	0.632	45986.8	22.381
年平均	2474	1.386	644.2	0.286	418.8	0.049	3537.4	1.722

注：表中 2003 年为 2003 年 6 月 1 日至 2003 年 12 月 31 日。

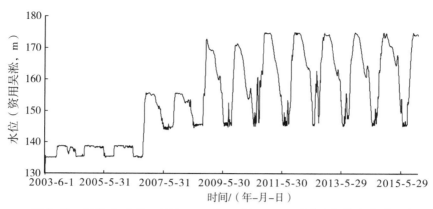

图 2.38　2003 年 6 月 1 日至 2015 年 12 月 31 日三峡水库坝前水位过程

（3）水位流量过程验证

选用三峡库区沿程各主要水文（水位）站 2009—2015 年实测水位流量过程与模型的计算结果进行了比较，结果见图 2.39。由图 2.39 可见，模型计算的沿程各水位站、水文站洪水演进传播过程及水位变化过程与实测情况基本一致，最高洪峰水位的出现计算值与实测值几乎同步，模型验证结果与实测值符合较好。水位验证误差一般在 30cm 以内，少数时刻误差最大可达 1m，一般出现在洪峰时刻。

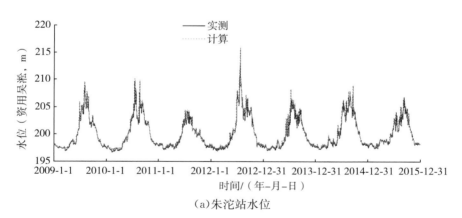

（a）朱沱站水位

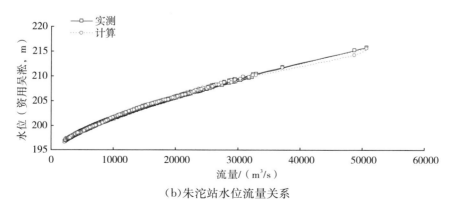

（b）朱沱站水位流量关系

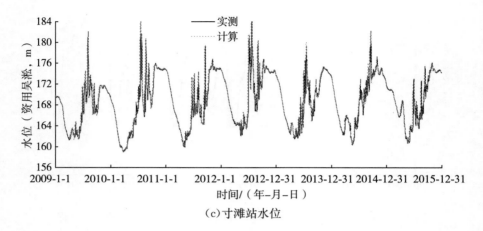

(c)寸滩站水位

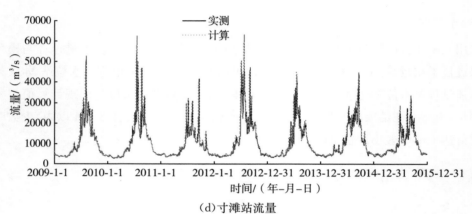

(d)寸滩站流量

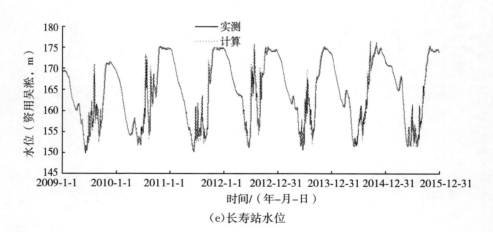

(e)长寿站水位

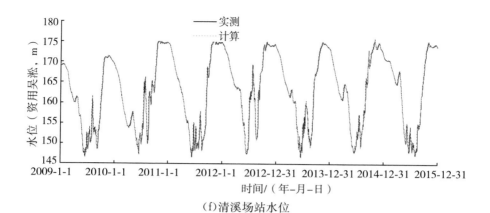

（f）清溪场站水位

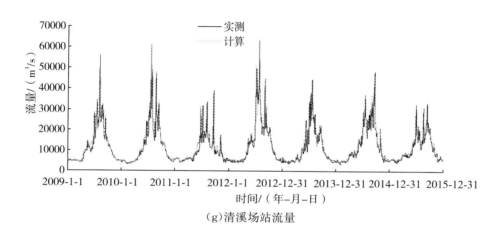

（g）清溪场站流量

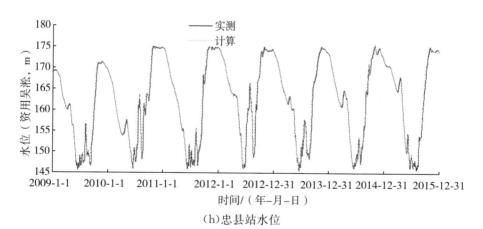

（h）忠县站水位

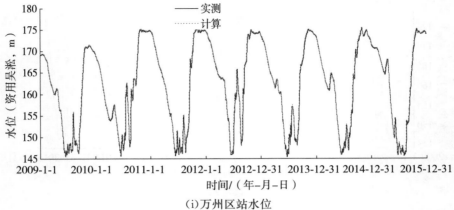

（i)万州区站水位

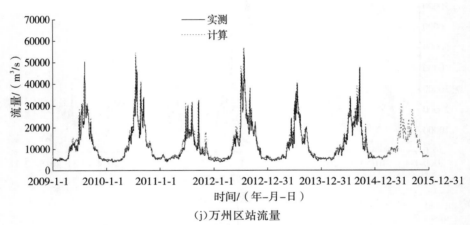

（j)万州区站流量

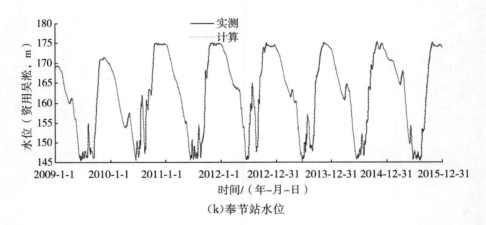

（k)奉节站水位

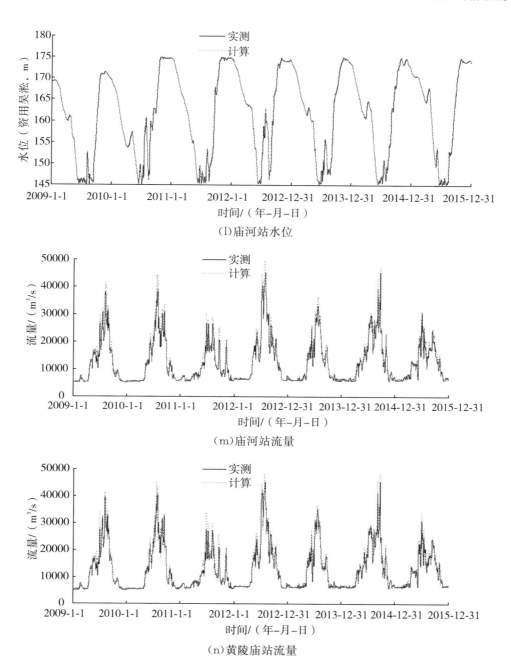

（l）庙河站水位

（m）庙河站流量

（n）黄陵庙站流量

图 2.39　2009 年 1 月 1 日至 2015 年 12 月 31 日三峡库区主要水水文站水沙过程验证结果

（4）输沙量验证

三峡库区部分主要水文站 2003—2015 年含沙量过程验证结果见图 2.40。由图 2.40 可见，各站计算结果与实测值基本一致，但含沙量峰计算值比实测值小，而中小流量计算值又稍有偏大，由于多数时期计算值与实测值相近，互有大小，因此全年累积输沙量与实测值还是比较接近的（表 2.30）。

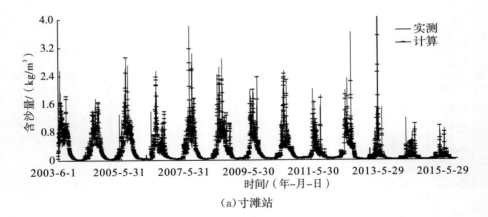

（a）寸滩站

（b）清溪场站

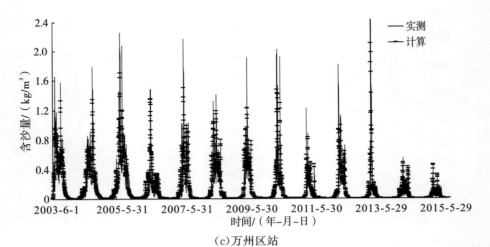

（c）万州区站

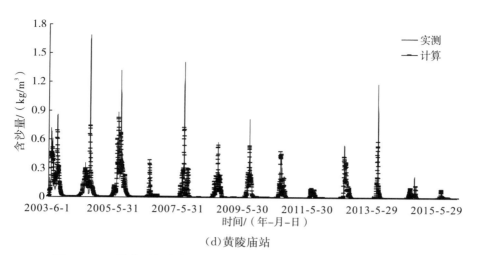

(d)黄陵庙站

图 2.40　三峡库区部分主要水文站 2003—2015 年含沙量过程验证结果

表 2.30 　　　　　　　　　　　　主要站输沙量验证结果　　　　　　　　　　（单位:亿 t）

时段	寸滩		清溪场		万州区		黄陵庙	
	实测	计算	实测	计算	实测	计算	实测	计算
2003	2.033	2.194	2.080	2.238	1.585	1.701	0.841	0.875
2004	1.734	1.813	1.660	1.842	1.288	1.319	0.637	0.595
2005	2.700	2.731	2.538	2.702	2.051	1.989	1.032	1.038
2006	1.086	1.146	0.962	1.068	0.483	0.665	0.089	0.103
2007	2.099	2.29	2.167	2.242	1.206	1.411	0.509	0.498
2008	2.126	2.295	1.893	2.183	1.051	1.263	0.322	0.355
2009	1.733	1.822	1.824	1.871	1.054	1.101	0.360	0.336
2010	2.111	2.225	1.942	2.193	1.150	1.261	0.328	0.309
2011	0.916	1.007	0.883	1.030	0.309	0.467	0.069	0.049
2012	2.103	2.18	1.902	2.129	1.144	1.183	0.453	0.39
2013	1.207	1.252	1.206	1.393	0.849	0.777	0.328	0.221
2014	0.519	0.496	0.561	0.683	0.234	0.395	0.105	0.087
2015	0.328	0.309	0.741	0.372	0.113	0.213	0.042	0.030
总计	20.695	21.76	20.359	21.946	12.517	13.745	5.115	4.886

注:2003 年为 6 月 1 日至 12 月 31 日。

（5）淤积量及排沙比验证

1）淤积量及分布（断面法）。

根据实测资料分析结果,三峡水库蓄水运用至 2015 年,库区（铜锣峡—大坝）干流总淤积量实测值为 14.912 亿 m³（表 2.31）,其中变动回水区铜锣峡—涪陵河段实测淤积量为

—0.142亿m³,常年回水区涪陵—忠县、忠县—云阳、云阳—白帝城、白帝城—巫山、巫山—庙河、庙河—大坝实测淤积量分别为2.881亿m³、6.173亿m³、1.333亿m³、0.674亿m³、2.376亿m³、1.617亿m³。从计算结果看,铜锣峡—涪陵、涪陵—忠县、忠县—云阳、云阳—白帝城、白帝城—巫山、巫山—庙河、庙河—大坝各段淤积量计算值分别为0.088亿m³、3.130亿m³、6.893亿m³、1.475亿m³、0.625亿m³、2.088亿m³、2.587亿m³,误差相对较大的主要位于变动回水区的铜锣峡—涪陵段和位于坝前的庙河—大坝段,其他各段相对误差基本在12%以内;库区干流铜锣峡—大坝段模型计算值为16.886亿m³,与实测值相比偏大1.974亿m³,与实测值相比相对误差为13.2%。

表2.31   **2003—2015年三峡库区干流淤积量及分布验证(断面法)**

河段	河长/km	实测/亿m³	计算/亿m³	误差/亿m³
铜锣峡—涪陵	111.4	−0.142	0.088	0.230
涪陵—忠县	113.9	2.881	3.130	0.249
忠县—云阳	66.7	6.173	6.893	0.720
云阳—白帝城	67.8	1.333	1.475	0.142
白帝城—巫山	35.5	0.674	0.625	−0.049
巫山—庙河	106.3	2.376	2.088	−0.288
庙河—大坝	15.1	1.617	2.587	0.970
铜锣峡—大坝	597.9	14.912	16.886	1.974

2)淤积量及过程(输沙量法)。

三峡水库2003年6月1日蓄水,水库运用至2015年底,水库总体处于淤积状态。以朱沱—坝址为库区淤积统计范围,输沙量法库区总淤积量实测值为17.275亿t(表2.32),模型计算值为17.544亿t,计算值偏大0.269亿t,相对误差为1.6%。从淤积过程来看,各年淤积量误差除2013年稍大外,其他各年误差均较小,其他各年淤积量实测值与计算值绝对误差均在0.07亿t以内,相对误差均在4.7%以内。可见模型计算的总淤积量及过程与实测结果基本相符。

表2.32   **三峡水库蓄水后库区淤积量及过程验证(输沙量法)**

时段	实测值/亿t	计算值/亿t	绝对误差/亿t	相对误差/%
2003	1.481	1.447	−0.034	−2.3
2004	1.284	1.327	0.043	3.3
2005	1.745	1.745	0.000	0.0
2006	1.111	1.097	−0.014	−1.3
2007	1.883	1.898	0.015	0.8
2008	1.992	1.962	−0.030	−1.5

时段	实测值/亿 t	计算值/亿 t	绝对误差/亿 t	相对误差/%
2009	1.469	1.496	0.027	1.8
2010	1.963	1.989	0.026	1.3
2011	0.947	0.970	0.023	2.4
2012	1.733	1.802	0.069	4.0
2013	0.940	1.052	0.112	11.9
2014	0.449	0.468	0.019	4.2
2015	0.278	0.291	0.013	4.7
合计	17.275	17.544	0.269	1.6

注:2003 年为 6 月 1 日至 12 月 31 日。

3)排沙比。

排沙比验证分别以计算河段入库总沙量(朱沱+北碚+武隆)和入库控制站输沙量(清溪场或寸滩+武隆)进行统计比较。排沙比计算值与实测值对比见表 2.33。从统计结果来看,以朱沱、北碚、武隆三站输沙量之和为入库沙量计,2003 年 6 月 1 日至 2015 年 12 月 31 日水库排沙比实测值为 22.8%,模型计算值为 21.8%,两者仅差 1.0 个百分点;以入库控制站输沙量为入库沙量计,2003 年 6 月 1 日至 2015 年 12 月 31 日水库排沙比实测值为 24.2%,模型计算值为 23.1%,两者相差 1.1 个百分点。实测资料统计和数学模型计算中均没有考虑区间入库沙量,如果考虑区间入库沙量影响,则水库实际排沙比与实测资料统计的排沙比相比将会有所减小,因此排沙比的数学模型计算值与实测资料统计值相比有所偏小是更符合实际的。

表 2.33　　　　　　　　　　排沙比计算值与实测值对比

时段	入库沙量/亿 t		出库沙量/亿 t		$\dfrac{出库沙量}{a}\times100\%$		$\dfrac{出库沙量}{b}\times100\%$	
	$a=$朱沱+北碚+武隆	$b=$入库控制站输沙量	实测	计算	实测值/%	计算值/%	实测值/%	计算值/%
2003 年 6—12 月	2.322	2.080	0.841	0.875	36.2	37.7	40.4	42.1
2004 年	1.921	1.660	0.637	0.595	33.2	31.0	38.4	35.8
2005 年	2.777	2.540	1.032	1.038	37.2	37.4	40.6	40.9
2006 年	1.200	1.021	0.089	0.103	7.4	8.6	8.7	10.1
2007 年	2.392	2.204	0.509	0.498	21.3	20.8	23.1	22.6
2008 年	2.314	2.178	0.322	0.355	13.9	15.3	14.8	16.3

时段	入库沙量/亿t		出库沙量/亿t		$\dfrac{出库沙量}{a}\times100\%$		$\dfrac{出库沙量}{b}\times100\%$	
	$a=$朱沱+北碚+武隆	$b=$入库控制站输沙量	实测	计算	实测值/%	计算值/%	实测值/%	计算值/%
2009 年	1.829	1.829	0.360	0.336	19.7	18.4	19.7	18.4
2010 年	2.291	2.291	0.328	0.309	14.3	13.5	14.3	13.5
2011 年	1.016	1.016	0.069	0.049	6.8	4.8	6.8	4.8
2012 年	2.186	2.186	0.453	0.39	20.7	17.8	20.7	17.8
2013 年	1.268	1.268	0.328	0.221	25.9	17.4	25.9	17.4
2014 年	0.554	0.554	0.105	0.087	19.0	15.7	19.0	15.7
2015 年	0.320	0.320	0.042	0.03	13.1	9.4	13.1	9.4
2003 年 6 月 1 日至 2015 年 12 月 31 日	22.390	21.147	4.968	4.886	22.8	21.8	24.2	23.1

注:入库沙量 b 为三峡入库控制站输沙量统计值,其中 2003 年 6 月至 2006 年 8 月三峡入库控制站为清溪场,2006 年 9 月至 2008 年 9 月三峡入库控制站为寸滩+武隆站,2008 年 10 月至 2015 年 12 月三峡入库控制站为朱沱+北碚+武隆站。

上述结果表明,本模型计算的排沙比与实测情况基本吻合。

2.4.2 不同调度方案泥沙冲淤预测分析

为分析三峡不同调度方式泥沙淤积对防洪的影响,本研究拟定了 3 种计算方案,分别为初步设计方案、规程方案与联合方案。其中规程方案以 2015 年水利部批准的正常期调度规程为准,考虑到上游水库群联合调度影响及近年来三峡水库实际调度探索,联合方案在规程方案的基础上进一步进行了小幅优化,主要是将规程方案汛期的特征控制水位 155m 改为158m,将规程方案蓄水期 9 月 10 日控制水位由不超过 150m 改为不超过 160m。

2.4.2.1 计算方案拟定

(1)初步设计方案(方案 1)

1)汛期(6 月 11 日至 9 月 30 日):初始水位控制 145m,具体调度方式如下:

①当 $Z_库=145$m 时,$Q_入<55000\text{m}^3/\text{s}$,$Q_出=Q_入$;$Q_入\geqslant55000\text{m}^3/\text{s}$,$Q_出=55000\text{m}^3/\text{s}$。

②当 $145\text{m}<Z_库\leqslant167$m 时,$Q_出=55000\text{m}^3/\text{s}$。

③当 $167\text{m}<Z_库<175$m 时,$Q_入<55000\text{m}^3/\text{s}$,$Q_出=55000\text{m}^3/\text{s}$;$55000\text{m}^3/\text{s}<Q_入<83700\text{m}^3/\text{s}$,$Q_出=58000\text{m}^3/\text{s}$;$83700\text{m}^3/\text{s}<Q_入$,$Q_出=78000\text{m}^3/\text{s}$。

④当 $Z_库 \geqslant 175m$ 时,$Q_出 = Q_{max}$。

2)蓄水期(10 月 1 日至蓄满)。

10 月 1 日起蓄水位按承接前期防洪调度控制(一般按汛限水位 145m 控制);10 月底按 175m 控制,视情况 11 月继续蓄水。

9、10 月出库流量按保证出力 499 万 kW 以及葛洲坝下游庙嘴水位不低于 39m(约 5500m³/s)对应的流量中较大值控制。

3)消落期(蓄满后至 6 月 10 日)。

11 月至次年 4 月尽量维持高水位,4 月底前按保证出力 499 万 kW 以及葛洲坝下游庙嘴水位不低于 39m(约 5500m³/s)对应的流量中较大值控制。

4 月底库水位不低于 155m,至 5 月底均匀消落至 155m,6 月 10 日消落到 145m。中间均匀过度。

(2)规程方案(方案 2)

以 2015 年水利部批准的正常期调度规程为准。

1)汛初、主汛期(6 月 10 日至 9 月 10 日),初始水位控制 146m,具体控制方式如下:

①当 $Z_库 < 150m$ 时,$Q_入 < Q_满$,$Q_出 = Q_入$;$Q_入 \geqslant Q_满$,$Q_出 = Q_满$(约 31000m³/s)。

②当 $150m \leqslant Z_库 < 155m$ 时,$Q_入 < 42000m³/s$,$Q_出 = Q_满$;$Q_入 \geqslant 42000m³/s$,$Q_出 = 42000m³/s$。

③当 $155m \leqslant Z_库 < 171m$ 时,$Q_入 < 42000m³/s$,$Q_出 = 42000m³/s$;$Q_入 \geqslant 42000m³/s$,$Q_出 = 55000m³/s$。

④当 $171m \leqslant Z_库 < 175m$ 时,$Q_入 < 55000m³/s$,$Q_出 = 55000m³/s$;$55000m³/s \leqslant Q_入 < 83700m³/s$,$Q_出 = 60000m³/s$;$Q_入 \geqslant 83700m³/s$,$Q_出 = 78000m³/s$。

⑤当 $Z_库 \geqslant 175m$ 时,$Q_出 = Q_入$

2)蓄水期(9 月 10 日至 10 月底)。

9 月 10 日水位按不超 150m 控制。

9 月 30 日水位按 165m 控制,10 月底水位按 175m 控制。

9 月出库流量不小于 10000m³/s,10 月出库流量不小于 8000m³/s。

3)消落期(蓄满后至 6 月 10 日)。

11 月至次年 4 月,出库流量按不小于 6000m³/s 控制;5 月 25 日库水位按不超 155m、6 月 10 日库水位按 146m 控制,中间均匀过度

(3)联合方案(方案 3)

考虑联合调度,在规程方案基础上进行了少许优化。

1)汛初、主汛期(6 月 10 日至 8 月底以前),初始水位控制 146m,具体控制方式为:

①当 $Z_库 < 150m$ 时,$Q_入 < Q_满$,$Q_出 = Q_入$;$Q_入 \geqslant Q_满$,$Q_出 = Q_满$(约 31000m³/s)。

②当 $150m \leqslant Z_库 < 158m$ 时,$Q_入 < 42000m³/s$,$Q_出 = Q_满$;$Q_入 \geqslant 42000m³/s$,$Q_出 =$

$42000\text{m}^3/\text{s}$。

③当 $158\text{m} \leqslant Z_库 < 171\text{m}$ 时，$Q_入 < 42000\text{m}^3/\text{s}$，$Q_出 = 42000\text{m}^3/\text{s}$；$Q_入 \geqslant 42000\text{m}^3/\text{s}$，$Q_出 = 55000\text{m}^3/\text{s}$。

④当 $171\text{m} \leqslant Z_库 < 175\text{m}$ 时，$Q_入 < 55000\text{m}^3/\text{s}$，$Q_出 = 55000\text{m}^3/\text{s}$；$55000\text{m}^3/\text{s} \leqslant Q_入 < 83700\text{m}^3/\text{s}$，$Q_出 = 60000\text{m}^3/\text{s}$；$Q_入 \geqslant 83700\text{m}^3/\text{s}$，$Q_出 = 78000\text{m}^3/\text{s}$。

⑤当 $Z_库 \geqslant 175\text{m}$ 时，$Q_出 = Q_入$。

2）蓄水期（9 月 10 日至 10 月底）。

9 月 10 日水位按不超 160m 控制。

9 月 30 日水位按 169m 控制，10 月底水位按 175m 控制。

9 月出库流量不小于 $10000\text{m}^3/\text{s}$，10 月出库流量不小于 $8000\text{m}^3/\text{s}$。

3）消落期（蓄满后至 6 月 10 日）。

11 月至次年 4 月，出库流量按不小于 $6000\text{m}^3/\text{s}$ 控制；5 月 25 日库水位按不超 155m、6 月 10 日库水位按 146m 控制，中间均匀过度。

2.4.2.2 冲淤计算条件

三峡水库进口水沙边界条件为干流朱沱站、嘉陵江北碚站、乌江武隆站水沙过程，进口边界水沙条件考虑了金沙江梯级、雅砻江梯级、岷江梯级、嘉陵江梯级、乌江梯级等水库群的建库拦沙影响。本研究采用考虑上游干支流建库拦沙影响的 1991—2000 年三峡水库入库水沙系列（该系列由"十二五"科技支撑计划项目"三峡水库和下游河道泥沙模拟与调控技术"研究提出），以 2015 年为起算时间，进行新的水沙条件和优化调度方式下三峡水库运行 100 年库区泥沙冲淤及出库水沙过程预测计算（需要说明的是，本研究中各方案三峡水库泥沙淤积计算结果均为 2015 年后冲淤量结果，不包括 2003 年 6 月 1 日至 2015 年 12 月 31 日三峡水库实际淤积量）。90 系列年计算河段天然来水来沙量统计见表 2.34，考虑上游干、支流建库影响后三峡水库来沙量统计见表 2.35。

表 2.34　　　　　　　　　90 系列年计算河段天然来水来沙量统计

年份	朱沱		北碚		武隆	
	年水量 /亿 m^3	年输沙量 /亿 t	年水量 /亿 m^3	年输沙量 /亿 t	年水量 /亿 m^3	年输沙量 /亿 t
1991	2867	4.07	495.9	0.484	492.5	0.260
1992	2399	1.86	723.8	0.748	447.9	0.152
1993	2707	3.18	739.0	0.626	509.1	0.205
1994	2087	1.73	483.5	0.190	394.3	0.075
1995	2642	2.99	472.6	0.348	583.2	0.218
1996	2504	2.49	420.9	0.135	657.5	0.358
1997	2374	3.19	308.1	0.061	537.2	0.164

年份	朱沱		北碚		武隆	
	年水量 /亿 m³	年输沙量 /亿 t	年水量 /亿 m³	年输沙量 /亿 t	年水量 /亿 m³	年输沙量 /亿 t
1998	3170	4.84	709.0	0.990	574.5	0.317
1999	3059	3.38	529.3	0.164	601.9	0.235
2000	2882	2.77	593.1	0.363	579.7	0.225
1991—2000 年 平均	2669	3.05	547.5	0.411	537.8	0.221

表 2.35　　　　　　　考虑上游干、支流建库影响后三峡水库来沙量统计　　　　（单位：亿 t）

时间	朱沱	北碚	武隆	朱沱＋北碚＋武隆
1～10 年年均	0.817	0.191	0.058	1.066
11～20 年年均	0.606	0.211	0.062	0.880
21～30 年年均	0.620	0.232	0.066	0.918
31～40 年年均	0.633	0.254	0.071	0.958
41～50 年年均	0.645	0.279	0.076	1.000
51～60 年年均	0.657	0.311	0.081	1.049
61～70 年年均	0.670	0.341	0.087	1.098
71～80 年年均	0.688	0.371	0.093	1.152
81～90 年年均	0.708	0.390	0.099	1.197
91～100 年年均	0.731	0.411	0.105	1.247
1～100 年年均	0.678	0.299	0.080	1.057

2.4.2.3　水库泥沙冲淤预测分析

（1）淤积总量分析

不同调度方案不同运行时间，三峡水库淤积量见表 2.36。10 年末，初设方案、规程方案、联合方案库区淤积分别为 6.55 亿 m³、8.77 亿 m³、9.25 亿 m³。规程方案、联合方案与初设方案相比，分别增多 34%、41%；50 年末，初设方案、规程方案、联合方案库区淤积分别为 25.1 亿 m³、32.18 亿 m³、34.26 亿 m³。规程方案、联合方案与初设方案相比，分别增多 28%、36%；100 年末，初设方案、规程方案、联合方案库区淤积分别为 45.18 亿 m³、59.57 亿 m³、64.3 亿 m³。规程方案、联合方案与初设方案相比，分别增多 32%、42%。由分析可以看出：

表 2.36　　　　　　　　　　　　不同方案三峡水库冲淤量变化

项目	方案	10 年	30 年	50 年	80 年	100 年
入库沙量 /亿 t	方案 1	10.66	28.63	48.21	81.20	105.64
	方案 2	10.66	28.63	48.21	81.20	105.64
	方案 3	10.66	28.63	48.21	81.20	105.64
出库沙量 /亿 t	方案 1	4.72	13.41	24.11	44.31	60.73
	方案 2	3.14	9.96	18.70	35.42	49.31
	方案 3	2.79	9.02	17.14	32.64	45.65
库区淤积 /亿 m³	方案 1	6.55	16.19	25.10	37.55	45.18
	方案 2	8.77	20.86	32.18	48.91	59.57
	方案 3	9.25	22.14	34.26	52.53	64.30

注:方案1为初设方案,方案2为规程方案,方案3为联合方案。下同。

1)初设方案,水库运用水位相对更低,库区淤积最少。规程方案、联合方案虽较初设方案库区淤积增幅比例较大,但淤积增加绝对值不大。运行 100 年,规程方案、联合方案较初设方案分别累计增加淤积 14.39 亿 m³、19.12 亿 m³,年均增加 0.14 亿 m³、0.19 亿 m³。

2)从计算结果看,初设方案较规程方案、联合方案的库区淤积有所增加,且水库运用时间越长,库区淤积增加的越多。从总体上,增加淤积不多,运行 50 年、100 年分别累计多淤积 3.62 亿 m³、4.73 亿 m³。

(2)冲淤分布情况

进一步分析不同方案三峡水库淤积的分布情况(表 2.37、表 2.38),可以发现:

表 2.37　　　　　　　　　　不同方案三峡水库冲淤分布情况　　　　　　　　　(单位:亿 m³)

运行期	方案	朱沱—朝天门	朝天门—长寿	长寿—涪陵	涪陵—坝址	全库区	支流	重庆主城区
10 年	方案 1	0	−0.006	−0.048	6.59	6.55	0.012	0.000
	方案 2	0	−0.008	0.026	8.73	8.77	0.027	0.000
	方案 3	0	−0.009	0.055	9.17	9.25	0.032	0.000
30 年	方案 1	0	0.008	−0.029	16.15	16.19	0.061	0.001
	方案 2	0	0.002	0.090	20.68	20.86	0.092	0.000
	方案 3	0	0.003	0.141	21.89	22.14	0.107	0.000
50 年	方案 1	0	0.022	0.029	24.93	25.10	0.117	0.002
	方案 2	0	0.015	0.152	31.84	32.18	0.169	0.001
	方案 3	0	0.018	0.222	33.82	34.26	0.196	0.001

运行期	方案	朱沱—朝天门	朝天门—长寿	长寿—涪陵	涪陵—坝址	全库区	支流	重庆主城区
80 年	方案 1	0	0.051	0.125	37.15	37.55	0.224	0.006
	方案 2	0	0.040	0.270	48.28	48.91	0.320	0.004
	方案 3	0	0.047	0.369	51.74	52.53	0.367	0.004
100 年	方案 1	0	0.074	0.194	44.60	45.18	0.311	0.010
	方案 2	0	0.060	0.348	58.72	59.57	0.441	0.006
	方案 3	0	0.068	0.468	63.26	64.30	0.061	0.008

表 2.38　　　　不同方案三峡水库常年回水区(涪陵—坝址段)干流冲淤分布变化　　　（单位：亿 m³）

运行期	方案	涪陵—丰都	丰都—万州	万州—奉节	奉节—九畹溪	九畹溪—坝址	合计
10 年	方案 1	−0.346	1.052	2.353	2.015	1.518	6.59
	方案 2	−0.047	2.732	2.038	2.054	1.948	8.73
	方案 3	0.064	3.185	2.010	1.991	1.920	9.17
30 年	方案 1	−0.262	1.294	5.992	5.955	3.170	16.15
	方案 2	0.143	5.261	5.732	5.868	3.670	20.67
	方案 3	0.317	6.451	5.662	5.663	3.795	21.89
50 年	方案 1	−0.211	1.318	7.617	7.983	3.906	20.61
	方案 2	0.222	6.136	7.663	7.932	4.333	26.29
	方案 3	0.415	7.650	7.668	7.667	4.469	27.87
80 年	方案 1	−0.006	2.245	12.53	16.020	6.351	37.14
	方案 2	0.549	8.735	15.250	16.560	7.181	48.28
	方案 3	0.849	11.04	16.170	16.350	7.330	51.74
100 年	方案 1	0.096	2.916	14.220	20.050	7.325	44.61
	方案 2	0.715	9.886	18.380	21.340	8.395	58.72
	方案 3	1.059	12.370	19.840	21.400	8.591	63.26

1)不同方案,不同运行时间,水库泥沙淤积主要集中在涪陵以下常年回水区内,占全库区淤积的 98% 以上。

2)常年回水区内,万州—九畹溪段淤积占涪陵以下大部分淤积。运行 100 年,万州—九畹溪段淤积初设方案、规程方案、联合方案分别占到常年回水区淤积的 77%、68% 和 65%。

3)变动回水区淤积较少,朝天门—长寿、长寿—涪陵段有少量淤积,而且运行前 30 年,甚至出现冲刷。运行 50 年,长寿—涪陵段初设方案、规程方案、联合方案分别累计淤积 0.029 亿 m³、1.152 亿 m³、0.222 亿 m³。运行 100 年,也仅分别累计淤积 0.194 亿 m³、0.348 亿 m³ 和 0.468 亿 m³。

4)各方案重庆主城区几乎不存在淤积。

2.4.2.4 不同方案冲淤地形对比分析

不同计算方案下 100 年末三峡库区纵剖面深泓线变化见图 2.41,淤积分布见表 2.39。

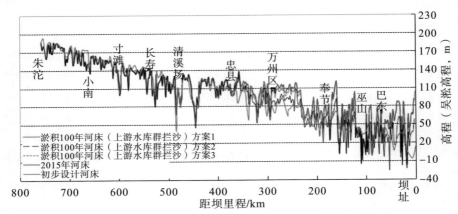

图 2.41 不同计算方案下 100 年末三峡库区纵剖面深泓线变化

表 2.39 不同方案 100 年末三峡水库冲淤分布 （单位:万 m³）

位置	方案 1	方案 2	方案 3
朱沱—朝天门	−1.24	−1.44	−1.42
朝天门—长寿	744.20	595.48	684.00
长寿—涪陵	1938.39	3480.38	4681.24
涪陵—丰都	955.58	7147.54	10587.10
丰都—万州	29157.12	98859.81	123705.90
万州—奉节	142173.30	183850.70	198361.20
奉节—九畹溪	200519.70	213407.90	2139902.80
九畹溪—坝址	73249.79	83951.74	85909.08
变动回水区	5791.31	8483.31	10500.22
常年回水区	446055.49	587217.69	632466.08

1)初设方案、规程方案和联合方案 100 年末朝天门以上区域处于冲刷状态,朝天门—长寿河段处于略淤状态,不存在泥沙大量淤积的情况。从计算结果来看,在目前的来水来沙条件及水库调度运行下,三峡水库不会出现初设方案中担忧的泥沙淤积影响重庆港运行的现象。

2)从表中数据可以看出,泥沙淤积主要分布在涪陵以下的常年回水区,初设方案、规程方案和联合方案 100 年末常年回水区分别淤积泥沙 44.6 亿 m³、58.7 亿 m³ 和 63.2 亿 m³,分别占总淤积量的 98.8%、98.6%、98.4%。

2.4.3 泥沙冲淤对防洪库容影响预测分析

三峡水库正常蓄水位 175m,汛期防洪限制水位 145m,总库容 393 亿 m³,防洪库容

221.5 亿 m³。随着水库运行时间的延长,库区泥沙淤积增加,库容相应减少,库区高程 145m 以上的淤积增多,防洪库容就会相应减少。考虑上游干、支流梯级水库拦沙影响后,随着水库运用年限的增加,库区泥沙淤积在不断增加,防洪库容随着库区泥沙淤积的不断增加而呈逐步减小趋势。由表 2.40 和图 2.42 可知:

表 2.40　　　　　　　　　　不同方案三峡水库防洪库容变化

方案	运用时期	防洪库容	
		库容减少/亿 m³	库容损失/%
方案 1	10 年	0.18	0.1
	30 年	0.71	0.3
	50 年	1.29	0.6
	80 年	2.27	1.0
	100 年	3.01	1.4
方案 2	10 年	0.66	0.3
	30 年	2.07	0.9
	50 年	3.49	1.6
	80 年	6.26	2.8
	100 年	7.14	3.2
方案 3	10 年	0.92	0.4
	30 年	2.72	1.2
	50 年	4.50	2.0
	80 年	7.28	3.3
	100 年	9.16	4.1

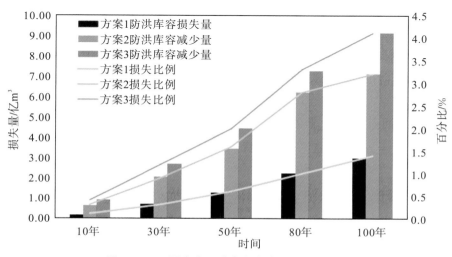

图 2.42　不同方案三峡水库库容损失过程情况

1)10年末,初设方案、规程方案、联合方案三峡水库防洪库容分别减少0.18亿m³、0.66亿m³和0.92亿m³,防洪库容分别损失0.1%、0.3%和0.4%,三者最大相差0.74亿m³(0.3%)。100年末,初设方案、规程方案、联合方案三峡水库防洪库容分别减少3.01亿m³、7.14亿m³和9.16亿m³,防洪库容分别损失1.4%、3.2%和4.1%,三者最大相差6.15亿m³(2.7%)。

2)100年内不同调度运用方案对三峡水库防洪库容影响均相对较小,且对防洪库容影响的差别也较小。与初设方案相比,规程方案、联合方案汛期和蓄水期控制水位有所抬高,故防洪库容淤积量和淤损速度大于初设方案,且随着运用时间的延长而呈增大趋势。

与规程方案相比,联合方案汛期和蓄水期水位又有一定程度的提高,防洪库容淤积量和淤损速度大于规程方案,但差别不大,100年运行后累计相差2亿m³。

2.4.4 泥沙冲淤对库区水面线影响预测分析

2.4.4.1 水面线计算条件

库区淹没是水库防洪中需要关注的方面。三峡水库初步设计阶段,移民迁移线为20年一遇洪水回水水面线,土地淹没线为5年一遇洪水回水水面线。为研究泥沙淤积对三峡库区洪水淹没水面线的影响,本研究在三峡水库2015年现状地形和泥沙淤积100年后地形上分别进行了库区20年一遇和5年一遇频率洪水水面线的推算,对比分析泥沙淤积对库区洪水水面线的影响。

本研究采用水库一维恒定流模型进行库区水面线计算,入库流量、坝前水位及计算方法同《长江三峡水利枢纽初步设计报告》,计算条件见表2.41和表2.42,计算工况见表2.43。

表2.41　　　　　　　长江干流各站年最大流量计算成果　　　　　　　　（单位:m³/s）

洪水频率	宜昌	清溪场	寸滩	朱沱
20年一遇	72300	76700	75300	54600
5年一遇	60320	63000	61400	44200

表2.42　　　　　　三峡水库175～145～155m运行方案调洪成果

洪水频率	枝城控制泄量 /(m³/s)	来量最大			蓄水位最高			汛末蓄满	
		$Q_入$ /(m³/s)	$Q_出$ /(m³/s)	H /m	$Q_入$ /(m³/s)	$Q_出$ /(m³/s)	H /m	$Q_{11月}$ /(m³/s)	H /m
20年一遇	56700	72300	47500	154.6	53500	53400	157.5	23100	175.0
5年一遇	56700	60900	52900	147.2	60200	53900	148.3	18300	175.0

表 2.43 计算工况

工况	入库流量/(m³/s)	出库流量/(m³/s)	坝前水位/m
汛期 20 年一遇来量最大	72300	47500	154.6
汛期 20 年一遇蓄水位最高	53500	53400	157.5
汛期 5 年一遇来量最大	60900	52900	147.2
汛期 5 年一遇蓄水位最高	60200	53900	148.3
汛末 20 年一遇方案	23100	23100	175.0
汛末 5 年一遇方案	18300	18300	175.0

2.4.4.2 洪水水面线影响分析

（1）淤积前后对比

1）汛期 20 年一遇洪水（移民线标准）。

①汛期 20 年一遇来量最大洪水。

由表 2.44 至表 2.46 可知，初设方案淤积 100 年后水位最大抬高 1.92m，最大抬高处位于万州区站；规程方案淤积 100 年后水位最大抬高 5.46m，最大抬高处位于忠县站；联合方案淤积 100 年后水位最大抬高 5.76m，最大抬高处也位于忠县站。淤积前后各方案洪水水面线对比方案见图 2.43。

表 2.44 初设方案三峡水库干流淤积前后各站回水水位抬高值 （单位：m）

沿程水文（位）站	距坝里程/km	汛期 20 年一遇		汛期 5 年一遇		汛末 20 年一遇	汛末 5 年一遇
		来量最大	蓄水位最高	来量最大	蓄水位最高		
坝址	0.00	0.00	0.00	0.00	0.00	0.00	0.00
茅坪（二）	2.00	0.02	0.02	0.07	0.09	0.00	0.00
庙河	13.30	0.12	0.11	0.25	0.33	0.00	0.01
秭归（三）	36.80	0.25	0.22	0.46	0.55	0.01	0.01
巴东（三）	71.00	0.47	0.43	0.90	0.98	0.02	0.01
培石	99.60	0.55	0.49	1.05	1.11	0.02	0.02
巫山	126.70	0.60	0.53	1.13	1.17	0.02	0.02
黛溪（二）	148.20	0.73	0.62	1.39	1.40	0.02	0.02
奉节（二）	166.70	0.85	0.70	1.58	1.58	0.03	0.02
故陵	206.90	1.28	1.02	2.18	2.14	0.05	0.04
双江（二）	239.40	1.49	1.17	2.46	2.39	0.06	0.05
万州区（二）	289.20	1.78	1.35	2.87	2.75	0.07	0.05
忠县（二）	370.73	1.92	1.48	2.82	2.75	0.08	0.06
洋渡	398.00	1.83	1.45	2.64	2.58	0.09	0.06

沿程水文 (位)站	距坝里程/km	汛期20年一遇		汛期5年一遇		汛末20年一遇	汛末5年一遇
		来量最大	蓄水位最高	来量最大	蓄水位最高		
白沙沱(二)	437.28	1.62	1.35	2.21	2.21	0.08	0.06
清溪场(四)	477.89	1.32	1.20	1.70	1.72	0.08	0.06
沙溪沟	497.32	1.07	1.06	1.30	1.35	0.09	0.07
北拱	503.20	0.98	0.98	1.16	1.22	0.09	0.07
大河口	514.84	0.90	0.91	1.06	1.11	0.09	0.07
卫东	526.45	0.88	0.88	1.01	1.06	0.09	0.07
长寿(二)	535.42	0.78	0.78	0.87	0.91	0.10	0.07
扇沱	547.18	0.75	0.74	0.83	0.87	0.09	0.07
麻柳嘴(二)	555.60	0.70	0.68	0.76	0.78	0.09	0.07
太洪岗	563.60	0.66	0.64	0.70	0.73	0.09	0.07
羊角背	572.95	0.59	0.57	0.64	0.65	0.09	0.07
鱼嘴	584.40	0.47	0.47	0.51	0.50	0.09	0.07
铜锣峡	597.96	0.37	0.37	0.39	0.40	0.08	0.07
寸滩	605.71	0.32	0.32	0.33	0.33	0.08	0.07
玄坛庙	614.41	0.28	0.27	0.28	0.28	0.08	0.07
鹅公岩(二)	623.10	0.22	0.23	0.23	0.21	0.07	0.07
落中子	633.21	0.18	0.19	0.19	0.18	0.05	0.05
钓二嘴	645.10	0.16	0.15	0.16	0.15	0.05	0.04
小南海	656.43	0.14	0.11	0.13	0.11	0.03	0.02
双龙	668.62	0.10	0.08	0.10	0.09	0.03	0.02
金刚沱(二)	711.73	0.04	0.02	0.03	0.02	0.00	0.00
朱杨溪	745.56	0.02	0.00	0.01	0.01	0.00	0.00
朱沱(三)	756.93	0.02	0.00	0.00	0.00	0.00	0.00

表 2.45 **规程方案三峡水库干流淤积前后各站回水水位抬高值** (单位:m)

沿程水文 (位)站	距坝里程/km	汛期20年一遇		汛期5年一遇		汛末20年一遇	汛末5年一遇
		来量最大	蓄水位最高	来量最大	蓄水位最高		
坝址	0.00	0.00	0.00	0.00	0.00	0.00	0.00
茅坪(二)	2.00	0.04	0.09	0.09	0.09	0.00	0.00
庙河	13.30	0.23	0.38	0.44	0.42	0.01	0.01
秭归(三)	36.80	0.57	0.74	0.98	0.95	0.04	0.03
巴东(三)	71.00	1.23	1.48	1.94	1.90	0.10	0.06
培石	99.60	1.75	1.97	2.61	2.56	0.14	0.09

沿程水文（位）站	距坝里程/km	汛期 20 年一遇		汛期 5 年一遇		汛末 20 年一遇	汛末 5 年一遇
		来量最大	蓄水位最高	来量最大	蓄水位最高		
巫山	126.70	1.95	2.13	2.80	2.74	0.15	0.09
黛溪（二）	148.20	2.97	2.94	4.10	3.99	0.21	0.13
奉节（二）	166.70	3.24	3.13	4.39	4.28	0.22	0.14
故陵	206.90	4.14	3.82	5.41	5.27	0.30	0.19
双江（二）	239.40	4.51	4.08	5.86	5.70	0.32	0.20
万州区（二）	289.20	5.10	4.46	6.63	6.41	0.37	0.23
忠县（二）	370.73	5.46	4.75	6.81	6.63	0.39	0.26
洋渡	398.00	5.32	4.70	6.53	6.38	0.40	0.27
白沙沱（二）	437.28	4.81	4.44	5.68	5.63	0.40	0.26
清溪场（四）	477.89	3.91	3.91	4.44	4.47	0.40	0.26
沙溪沟	497.32	2.99	3.30	3.30	3.42	0.41	0.27
北拱	503.20	2.74	3.11	2.99	3.14	0.41	0.27
大河口	514.84	2.53	2.88	2.73	2.87	0.41	0.27
卫东	526.45	2.46	2.78	2.61	2.74	0.41	0.28
长寿（二）	535.42	2.20	2.55	2.35	2.48	0.41	0.28
扇沱	547.18	2.02	2.36	2.14	2.26	0.41	0.28
麻柳嘴（二）	555.60	1.88	2.18	1.97	2.06	0.40	0.27
太洪岗	563.60	1.78	2.04	1.83	1.91	0.40	0.27
羊角背	572.95	1.62	1.84	1.66	1.71	0.39	0.27
鱼嘴	584.40	1.27	1.52	1.32	1.35	0.38	0.26
铜锣峡	597.96	0.99	1.21	1.00	1.05	0.35	0.25
寸滩	605.71	0.87	1.04	0.85	0.88	0.34	0.25
玄坛庙	614.41	0.70	0.84	0.68	0.70	0.33	0.24
鹅公岩（二）	623.10	0.57	0.69	0.56	0.54	0.29	0.22
落中子	633.21	0.48	0.58	0.47	0.45	0.25	0.19
钓二嘴	645.10	0.41	0.47	0.39	0.37	0.20	0.15
小南海	656.43	0.35	0.35	0.31	0.28	0.12	0.07
双龙	668.62	0.26	0.26	0.24	0.22	0.10	0.06
金刚沱（二）	711.73	0.09	0.05	0.06	0.06	0.01	0.01
朱杨溪	745.56	0.04	0.01	0.02	0.02	0.00	0.00
朱沱（三）	756.93	0.03	0.01	0.01	0.01	0.00	0.00

表 2.46　　　　　　　　联合方案三峡水库干流淤积前后各站回水水位抬高值　　　　　　　　（单位：m）

沿程水文 (位)站	距坝 里程/km	汛期20年一遇		汛期5年一遇		汛末20年 一遇	汛末5年 一遇
		来量最大	蓄水位最高	来量最大	蓄水位最高		
坝址	0.00	0.00	0.00	0.00	0.00	0.00	0.00
茅坪（二）	2.00	0.04	0.04	0.09	0.09	0.00	0.00
庙河	13.30	0.21	0.26	0.42	0.40	0.01	0.01
秭归（三）	36.80	0.51	0.56	0.92	0.89	0.04	0.02
巴东（三）	71.00	1.10	1.19	1.82	1.78	0.10	0.06
培石	99.60	1.57	1.64	2.46	2.41	0.14	0.09
巫山	126.70	1.75	1.80	2.66	2.58	0.16	0.09
黛溪（二）	148.20	2.74	2.65	3.95	3.84	0.22	0.13
奉节（二）	166.70	3.00	2.86	4.28	4.16	0.23	0.14
故陵	206.90	3.93	3.62	5.35	5.18	0.31	0.19
双江（二）	239.40	4.37	3.94	5.87	5.68	0.35	0.22
万州区（二）	289.20	5.14	4.43	6.79	6.54	0.40	0.25
忠县（二）	370.73	5.76	4.90	7.17	6.97	0.43	0.28
洋渡	398.00	5.68	4.89	6.96	6.97	0.44	0.28
白沙沱（二）	437.28	5.25	4.68	6.20	6.12	0.45	0.29
清溪场（四）	477.89	4.36	4.19	4.94	4.95	0.45	0.29
沙溪沟	497.32	3.40	3.57	3.73	3.85	0.46	0.30
北拱	503.20	3.12	3.37	3.39	3.54	0.46	0.30
大河口	514.84	2.89	3.13	3.11	3.25	0.46	0.30
卫东	526.45	2.84	3.06	3.01	3.13	0.47	0.31
长寿（二）	535.42	2.54	2.81	2.71	2.83	0.47	0.31
扇沱	547.18	2.34	2.61	2.48	2.59	0.47	0.30
麻柳嘴（二）	555.60	2.18	2.41	2.29	2.37	0.46	0.30
太洪岗	563.60	2.06	2.26	2.13	2.21	0.46	0.30
羊角背	572.95	1.89	2.05	1.94	1.98	0.45	0.30
鱼嘴	584.40	1.48	1.70	1.55	1.57	0.43	0.29
铜锣峡	597.96	1.17	1.35	1.19	1.22	0.40	0.28
寸滩	605.71	1.01	1.15	0.99	1.02	0.39	0.27
玄坛庙	614.41	0.81	0.94	0.79	0.81	0.37	0.26
鹅公岩（二）	623.10	0.66	0.77	0.65	0.63	0.33	0.25
落中子	633.21	0.55	0.65	0.55	0.53	0.28	0.21

沿程水文 （位）站	距坝 里程/km	汛期 20 年一遇		汛期 5 年一遇		汛末 20 年 一遇	汛末 5 年 一遇
		来量最大	蓄水位最高	来量最大	蓄水位最高		
钓二嘴	645.10	0.48	0.53	0.46	0.43	0.22	0.16
小南海	656.43	0.41	0.39	0.37	0.33	0.13	0.08
双龙	668.62	0.30	0.29	0.28	0.26	0.11	0.07
金刚沱（二）	711.73	0.10	0.07	0.07	0.07	0.01	0.00
朱杨溪	745.56	0.05	0.02	0.02	0.02	0.00	0.00
朱沱（三）	756.93	0.04	0.01	0.01	0.01	0.00	0.00

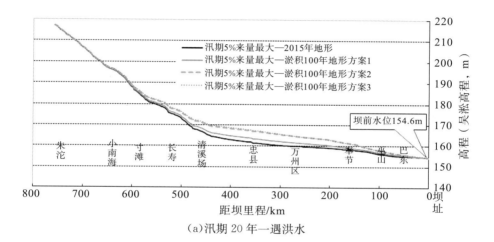

（a）汛期 20 年一遇洪水

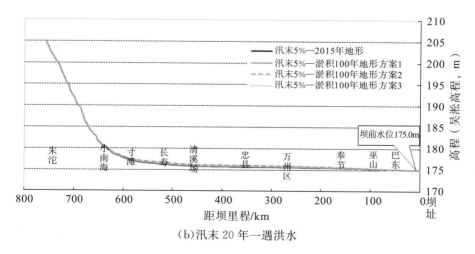

（b）汛末 20 年一遇洪水

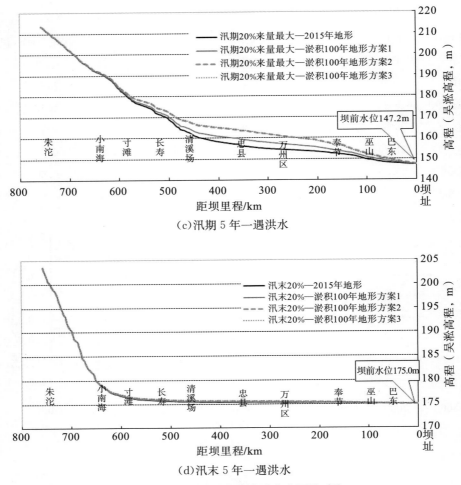

(c) 汛期 5 年一遇洪水

(d) 汛末 5 年一遇洪水

图 2.43　淤积前后各方案洪水水面线对比

②汛期 20 年一遇蓄水位最高洪水。

初设方案淤积 100 年后水位最大抬高 1.48m,最大抬高处位于万州区站;规程方案淤积 100 年后水位最大抬高 4.75m,最大抬高处位于忠县站;联合方案淤积 100 年后水位最大抬高 4.90m,最大抬高处也位于忠县站。

③汛末 20 年一遇。

初设方案淤积 100 年后水位最大抬高 0.10m,最大抬高处位于忠县—鱼嘴站;规程方案淤积 100 年后水面线最大抬高 0.41m,最大抬高处主要位于沙溪沟—扇沱附近;联合方案淤积 100 年后水面线最大抬高 0.47m,最大抬高处主要位于卫东—扇沱附近。

2)汛期 5 年一遇洪水(土地线标准)。

①汛期 5 年一遇来量最大洪水。

初设方案淤积 100 年后水位最大抬高 2.87m,最大抬高处位于万州区站;规程方案淤积 100 年后水位最大抬高 6.81m,最大抬高处位于忠县站;联合方案淤积 100 年后水位最大抬

高 7.17m,最大抬高处也位于忠县站。

②汛期 5 年一遇蓄水位最高洪水。

初设方案淤积 100 年后水位最大抬高 2.75m,最大抬高处位于万州区站;规程方案淤积 100 年后水位最大抬高 6.63m,最大抬高处位于忠县站;联合方案淤积 100 年后水位最大抬高 6.97m,最大抬高处也位于忠县站。

③汛末 5 年一遇。

初设方案淤积 100 年后水位最大抬高 0.07m,最大抬高处位于沙溪沟—鹅公岩站;规程方案淤积 100 年后水面线最大抬高 0.28m,最大抬高处主要位于卫东—扇沱附近;联合方案淤积 100 年后水面线最大抬高 0.31m,最大抬高处主要位于卫东—长寿附近。

从以上分析来看,与淤积前水面线相比,泥沙淤积 100 年后,三峡水库不同频率洪水库区水面线均有所抬高,水位抬高主要集中在巫山—寸滩段;汛期库区水面线抬高较多,汛末期水面线抬高较少,且水面线抬高值分布具有两头小、中间大的特点;当库水位越低时,淤积后库区水面线抬高越多;当库水位相同时,入库流量越大,淤积后库区水面线抬高越多。

（2）不同方案对比

从初设方案、规程方案和联合方案沿程水面线变化对比来看:

1）与初设方案相比,运行 100 年后,各种频率来水情况下,规程方案、联合方案沿程回水水位普遍升高。其中规程方案、联合方案最高分别增高 3.99m、4.35m,均位于忠县附近,水位增高幅度向上下游递减（表 2.47 至表 2.49）。

表 2.47　　　　　100 年末规程方案与初设方案相比三峡水库干流各站回水水位变化值　　　　（单位:m）

沿程水文（位）站	距坝里程/km	汛期 20 年一遇		汛期 5 年一遇		汛末 20 年一遇	汛末 5 年一遇
		来量最大	蓄水位最高	来量最大	蓄水位最高		
坝址	0.00	0.00	0.00	0.00	0.00	0.00	0.00
茅坪（二）	2.00	0.02	0.07	0.02	0.00	0.00	0.00
庙河	13.30	0.11	0.27	0.19	0.09	0.01	0.00
秭归（三）	36.80	0.32	0.52	0.52	0.40	0.03	0.02
巴东（三）	71.00	0.76	1.05	1.04	0.92	0.08	0.05
培石	99.60	1.20	1.48	1.56	1.45	0.12	0.07
巫山	126.70	1.35	1.60	1.67	1.57	0.13	0.07
黛溪（二）	148.20	2.24	2.32	2.71	2.59	0.19	0.11
奉节（二）	166.70	2.39	2.43	2.81	2.70	0.19	0.12
故陵	206.90	2.86	2.80	3.23	3.13	0.45	0.15
双江（二）	239.40	3.02	2.91	3.40	3.31	0.26	0.16
万州区（二）	289.20	3.32	3.11	3.76	3.66	0.30	0.18
忠县（二）	370.73	3.54	3.27	3.99	3.88	0.30	0.20

续表

沿程水文 （位）站	距坝 里程/km	汛期 20 年一遇		汛期 5 年一遇		汛末 20 年 一遇	汛末 5 年 一遇
		来量最大	蓄水位最高	来量最大	蓄水位最高		
洋渡	398.00	3.49	3.25	3.89	3.80	0.31	0.20
白沙沱（二）	437.28	3.19	3.09	3.47	3.42	0.32	0.20
清溪场（四）	477.89	2.59	2.71	2.74	2.75	0.32	0.20
沙溪沟	497.32	1.92	2.24	2.00	2.07	0.32	0.20
北拱	503.20	1.76	2.13	1.83	1.92	0.32	0.20
大河口	514.84	1.63	1.97	1.67	1.76	0.32	0.20
卫东	526.45	1.58	1.90	1.60	1.68	0.32	0.21
长寿（二）	535.42	1.39	1.74	1.43	1.53	0.31	0.21
扇沱	547.18	1.27	1.62	1.31	1.39	0.32	0.21
麻柳嘴（二）	555.60	1.18	1.50	1.21	1.28	0.31	0.20
太洪岗	563.60	1.12	1.40	1.13	1.18	0.31	0.20
羊角背	572.95	1.03	1.27	1.02	1.06	0.30	0.20
鱼嘴	584.40	0.80	1.05	0.81	0.85	0.29	0.19
铜锣峡	597.96	0.62	0.84	0.61	0.65	0.27	0.18
寸滩	605.71	0.55	0.72	0.52	0.55	0.26	0.18
玄坛庙	614.41	0.42	0.57	0.40	0.42	0.25	0.17
鹅公岩（二）	623.10	0.35	0.46	0.33	0.33	0.22	0.15
落中子	633.21	0.30	0.39	0.28	0.27	0.20	0.14
钓二嘴	645.10	0.25	0.32	0.23	0.22	0.15	0.11
小南海	656.43	0.21	0.24	0.18	0.17	0.09	0.05
双龙	668.62	0.16	0.18	0.14	0.13	0.07	0.04
金刚沱（二）	711.73	0.05	0.04	0.04	0.04	0.01	0.01
朱杨溪	745.56	0.02	0.02	0.01	0.01	0.01	0.00
朱沱（三）	756.93	0.01	0.01	0.01	0.01	0.00	0.00

表 2.48　　100 年末联合方案与初设方案相比三峡水库干流各站回水水位变化值　（单位：m）

沿程水文 （位）站	距坝 里程/km	汛期 20 年一遇		汛期 5 年一遇		汛末 20 年 一遇	汛末 5 年 一遇
		来量最大	蓄水位最高	来量最大	蓄水位最高		
坝址	0.00	0.00	0.00	0.00	0.00	0.00	0.00
茅坪（二）	2.00	0.02	0.02	0.02	0.00	0.00	0.00
庙河	13.30	0.09	0.15	0.17	0.07	0.01	0.00
秭归（三）	36.80	0.26	0.34	0.46	0.34	0.03	0.01
巴东（三）	71.00	0.63	0.76	0.92	0.80	0.08	0.05

沿程水文（位）站	距坝里程/km	汛期 20 年一遇		汛期 5 年一遇		汛末 20 年一遇	汛末 5 年一遇
		来量最大	蓄水位最高	来量最大	蓄水位最高		
培石	99.60	1.02	1.15	1.41	1.30	0.12	0.07
巫山	126.70	1.15	1.27	1.53	1.41	0.14	0.07
黛溪（二）	148.20	2.01	2.03	2.56	2.44	0.20	0.11
奉节（二）	166.70	2.15	2.16	2.70	2.58	0.20	0.12
故陵	206.90	2.65	2.60	3.17	3.04	0.46	0.15
双江（二）	239.40	2.88	2.77	3.41	3.29	0.29	0.18
万州区（二）	289.20	3.36	3.08	3.92	3.79	0.33	0.20
忠县（二）	370.73	3.84	3.42	4.35	4.22	0.34	0.22
洋渡	398.00	3.85	3.44	4.32	4.21	0.35	0.22
白沙沱（二）	437.28	3.63	3.33	3.99	3.91	0.37	0.23
清溪场（四）	477.89	3.04	2.99	3.24	3.23	0.37	0.23
沙溪沟	497.32	2.33	2.51	2.43	2.50	0.37	0.23
北拱	503.20	2.14	2.39	2.23	2.32	0.37	0.23
大河口	514.84	1.99	2.22	2.05	2.14	0.37	0.23
卫东	526.45	1.96	2.18	2.00	2.07	0.38	0.24
长寿（二）	535.42	1.73	2.00	1.79	1.88	0.37	0.24
扇沱	547.18	1.59	1.87	1.65	1.72	0.38	0.23
麻柳嘴（二）	555.60	1.48	1.73	1.53	1.59	0.37	0.23
太洪岗	563.60	1.40	1.62	1.43	1.48	0.37	0.23
羊角背	572.95	1.30	1.48	1.30	1.33	0.36	0.23
鱼嘴	584.40	1.01	1.23	1.04	1.07	0.34	0.22
铜锣峡	597.96	0.80	0.98	0.80	0.82	0.32	0.21
寸滩	605.71	0.69	0.83	0.66	0.69	0.31	0.20
玄坛庙	614.41	0.53	0.67	0.51	0.53	0.29	0.19
鹅公岩（二）	623.10	0.44	0.54	0.42	0.42	0.26	0.18
落中子	633.21	0.37	0.46	0.36	0.35	0.23	0.16
钓二嘴	645.10	0.32	0.38	0.30	0.28	0.17	0.12
小南海	656.43	0.27	0.28	0.24	0.22	0.10	0.06
双龙	668.62	0.20	0.21	0.18	0.17	0.08	0.05
金刚沱（二）	711.73	0.06	0.05	0.04	0.05	0.01	0.00
朱杨溪	745.56	0.03	0.02	0.01	0.01	0.00	0.00
朱沱（三）	756.93	0.02	0.01	0.01	0.01	0.00	0.00

表 2.49　　　　　　　　100 年末联合方案与规程方案相比各站回水水位变化值　　　　（单位：m）

沿程水文(位)站	距坝里程/km	汛期 20 年一遇		汛期 5 年一遇		汛末 20 年一遇	汛末 5 年一遇
		来量最大	蓄水位最高	来量最大	蓄水位最高		
坝址	0.00	0.00	0.00	0.00	0.00	0.00	0.00
茅坪(二)	2.00	0.00	−0.05	0.00	0.00	0.00	0.00
庙河	13.30	−0.02	−0.12	−0.02	−0.02	0.00	0.00
秭归(三)	36.80	−0.06	−0.18	−0.06	−0.06	0.00	−0.01
巴东(三)	71.00	−0.13	−0.29	−0.12	−0.12	0.00	0.00
培石	99.60	−0.18	−0.33	−0.15	−0.15	0.00	0.00
巫山	126.70	−0.20	−0.33	−0.14	−0.16	0.01	0.00
黛溪(二)	148.20	−0.23	−0.29	−0.15	−0.15	0.01	0.00
奉节(二)	166.70	−0.24	−0.27	−0.11	−0.12	0.01	0.00
故陵	206.90	−0.21	−0.20	−0.06	−0.09	0.01	0.00
双江(二)	239.40	−0.14	−0.14	0.01	−0.02	0.03	0.02
万州区(二)	289.20	0.04	−0.03	0.16	0.13	0.03	0.02
忠县(二)	370.73	0.30	0.15	0.36	0.34	0.04	0.02
洋渡	398.00	0.36	0.19	0.43	0.41	0.04	0.02
白沙沱(二)	437.28	0.44	0.24	0.52	0.49	0.05	0.03
清溪场(四)	477.89	0.45	0.28	0.50	0.48	0.05	0.03
沙溪沟	497.32	0.41	0.27	0.43	0.43	0.05	0.03
北拱	503.20	0.38	0.26	0.40	0.40	0.05	0.03
大河口	514.84	0.36	0.25	0.38	0.38	0.05	0.03
卫东	526.45	0.38	0.28	0.40	0.39	0.06	0.03
长寿(二)	535.42	0.34	0.26	0.36	0.35	0.06	0.03
扇沱	547.18	0.32	0.25	0.34	0.33	0.06	0.02
麻柳嘴(二)	555.60	0.30	0.23	0.32	0.31	0.06	0.03
太洪岗	563.60	0.28	0.22	0.30	0.30	0.06	0.03
羊角背	572.95	0.27	0.21	0.28	0.27	0.06	0.03
鱼嘴	584.40	0.21	0.18	0.23	0.22	0.05	0.03
铜锣峡	597.96	0.18	0.14	0.19	0.17	0.05	0.03
寸滩	605.71	0.14	0.11	0.14	0.14	0.05	0.02
玄坛庙	614.41	0.11	0.10	0.11	0.11	0.04	0.02
鹅公岩(二)	623.10	0.09	0.08	0.09	0.09	0.04	0.03
落中子	633.21	0.07	0.07	0.08	0.08	0.03	0.02
钓二嘴	645.10	0.07	0.06	0.07	0.06	0.02	0.01

沿程水文 （位）站	距坝 里程/km	汛期 20 年一遇		汛期 5 年一遇		汛末 20 年 一遇	汛末 5 年 一遇
		来量最大	蓄水位最高	来量最大	蓄水位最高		
小南海	656.43	0.06	0.04	0.06	0.05	0.01	0.01
双龙	668.62	0.04	0.03	0.04	0.04	0.01	0.01
金刚沱（二）	711.73	0.01	0.01	0.01	0.01	0.00	0.00
朱杨溪	745.56	0.01	0.00	0.00	0.00	−0.01	0.00
朱沱（三）	756.93	0.01	0.00	0.00	0.00		

2）与规程方案相比，联合方案万州区以下水位有所降低，最大降低 0.33m，万州区以上水位有所提高，最大抬高 0.52m。主要是因为联合方案汛期水位有所抬高，使得万州区以上段泥沙淤积量有所增大，而万州区以下泥沙淤积量有所减小，进而使得联合方案万州区以上段洪水水面线有所抬高，而万州区以下段洪水水面线有所减低。

（3）与设计移民淹没线与设计土地淹没线比较

通过与设计移民、土地迁移线（图 2.44）对比发现，水库运用 100 年，由于泥沙累积性淤积，存在局部区域 20 年一遇回水超设计移民线、5 年一遇洪水回水水面线超土地迁移线的防洪问题。

1）当发生汛期 20 年一遇来量最大洪水时，淤积后库尾会出现移民线淹没，规程方案和联合方案淤积 100 年分别最大超 2.44m、2.78m，淹没地点位于长寿附近。

2）当发生汛末 20 年一遇洪水时，库区均不会发生移民线淹没。

3）当发生汛期 5 年一遇来量最大洪水时，淤积后库尾均会出现土地线淹没，规程方案、联合方案最大分别超 1.63m、1.97m，淹没地点位于长寿附近。

4）当发生汛末 5 年一遇洪水时，库区均会发生出现土地线淹没，规程方案和联合方案淤积 100 年分别最大超 0.60m、0.63m，淹没地点主要位于常年回水区。

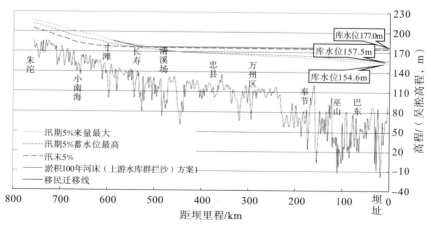

（a）规程方案淤积 100 年及发生 20 年一遇洪水

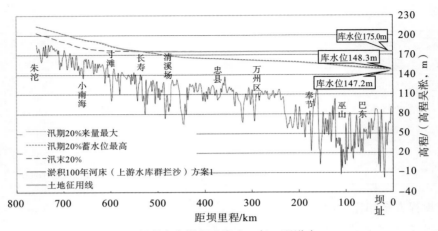

（b）规程方案淤积及发生 5 年一遇洪水

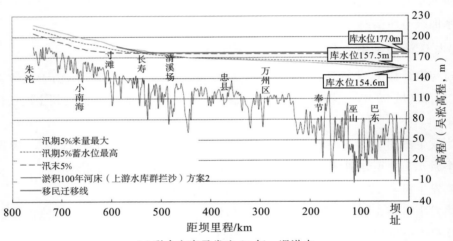

（c）联合方案及发生 20 年一遇洪水

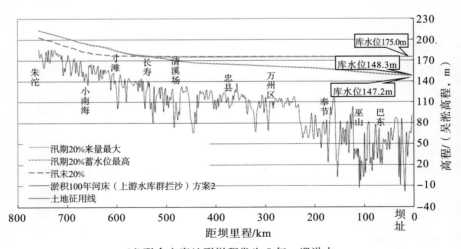

（d）联合方案地形淤积发生 5 年一遇洪水

图 2.44 淤积 100 年后水库地形及四水水面线

以三峡水库初步设计报告为基础,在三峡水库运用 100 年的基础上,采用本章三峡水库干支流河道一维非恒定流水沙数学模型对三峡库区水面线刚好不超移民线、土地线的寸滩站临界洪峰流量及需上游水库调控的削峰值进行计算,结果见表 2.50、表 2.51。

表 2.50　　　　　三峡汛期 20 年一遇洪水来量最大移民线淹没对应寸滩临界流量　　　（单位:m³/s）

条件	寸滩站不超移民线临界流量	需上游削减流量值
方案 1(100 年末地形)	71900	3400
方案 2(100 年末地形)	67700	7600
方案 3(100 年末地形)	66700	8600

表 2.51　　　　　三峡汛期 5 年一遇洪水来量最大土地线淹没对应寸滩临界流量　　　（单位:m³/s）

条件	寸滩站不超移民线临界流量	需上游削减流量值
方案 1(100 年末地形)	60400	1000
方案 2(100 年末地形)	56500	4900
方案 3(100 年末地形)	55600	5800

2.4.5　水库调洪调度约束条件分析

2.4.5.1　水库下游防洪

根据各方案水库运行 100 年,库区泥沙冲淤结果与初步设计、历史各系列计算以及实际运行以来库区泥沙冲淤情况对比分析(表 2.52),可以发现:

1)在当前最新来沙预测系列的条件下,初设方案、规程方案及联合方案下的库区泥沙淤积均优于初步设计、历史各系列计算以及实际运行以来库区泥沙冲淤情况。水库总体淤积,3 种方案年均淤积 0.452 亿～0.643 亿 m³,较初步设计预测值大幅减少 41%～73%;有效库容内淤积,3 种方案年均淤积 0.030 亿～0.092 亿 m³,较初步设计预测值大幅减少 70%～90%。

2)水库运行 100 年,几种调度方案之间相比,水库累计总淤积及有效库容内淤积的绝对值相差较大。相比初设方案、规程方案和联合方案总淤积量分别增加 14.4 亿 m³、19.1 亿 m³,有效库容内年均淤积分别增加 4.1 亿 m³、6.2 亿 m³。联合方案较规程方案总淤积累计增加 4.7 亿 m³,防洪库容内淤积较规程方案增加 2 亿 m³。

综合分析,针对三峡水库下游防洪,库区泥沙淤积对防洪的影响主要体现在对防洪库容的损失程度。从泥沙冲淤计算结果来看,在现阶段规程调度或考虑其他水库联合调度方式下,泥沙淤积对防洪库容的损失影响不大,进而对下游荆江河段、城陵矶地区设计要求的标准内洪水(100 年一遇)防洪不会产生影响,影响的是减少了更大洪水的防洪库容。现阶段,对于下游荆江河段、城陵矶地区防洪的调度限制条件,仍主要以调度规程及防汛抗旱主管部门批复的调度方案为依据,采取“防洪补偿调度”方式,即通过控制水库下泄流量,保证下游关键断面水位不超过规定值。具体应结合上下游水雨情预报,以及当前库水位,通过三峡水库控泄。

表 2.52　　各种计算三峡水库年均淤积对比情况

方案	水库总淤积					145~175m 内淤积				
	累计值/亿m³	年均值/亿m³	方案1对比 其他/%	方案2对比 其他/%	方案3对比 其他/%	累计值/亿m³	年均值/亿m³	方案1对比 其他/%	方案2对比 其他/%	方案3对比 其他/%
初步设计值(60系列,运行100年)	166.56	1.666	−73	−64	−61	31.01	0.310	−90	−77	−70
90系列计算值(长科院,运行100年)	132.93	1.329	−66	−55	−52	—	—	—	—	—
90系列计算值(水科院,运行100年)	125.43	1.254	−64	−53	−49	—	—	—	—	—
方案1,考虑上游建库方式,运行100年(90系列(初设调度方式,运行100年))	45.18	0.452	0	32	42	3.010	0.030	0	137	204
方案2,考虑上游建库(90系列(正常调度规程,运行100年))	59.57	0.596	−24	0	8	7.140	0.071	−58	0	28
方案3,考虑上游建库(90系列(联合调度优化,运行100年))	64.30	0.643	−30	−7	0	9.160	0.092	−67	−22	0
2003—2018年(蓄水投入运行以来)	17.43	1.089	−59	−45	−41	1.303	0.081	−63	−12	12

1)保证荆江河段防洪安全。

当库水位低于 171m 时(说明上游洪水不超 100 年一遇),则控泄保证下游沙市站水位不超过 44.5m;当库水位高于 171m 时,则控泄保证下游枝城站流量不超过 80000m³/s,在配合采取分蓄洪措施条件下进一步控制沙市站水位不高于 45m。

2)减轻城陵矶地区防洪压力。

若长江上游洪水不大,而城陵矶地区分蓄洪压力较大,且库水位低于 155m(或考虑上游水库群联合调度为 158m)时,控泄保证下游城陵矶莲花塘站水位不超 34.4m,水库当日泄量为当日荆江河段防洪补偿的允许水库泄量和第三日城陵矶地区防洪补偿的允许水库泄量两者中的较小值。

3)大坝自身防洪安全。

当水库拦洪至 175m 后,实施确保枢纽安全的防洪调度方式,即原则上按枢纽全部泄流能力泄洪,但泄量不得超过上游来水洪峰量。

2.4.5.2　水库库区防洪

(1)库区回水淹没分析

针对库区防洪,主要结合水雨情预报,以库区关键断面水位为调洪调度限制条件,通过水库控泄,避免汛期防洪及汛末蓄水过程中,库区回水水面线超过设计频率洪水的移民迁移线(20 年一遇洪水)及土地迁移线(5 年一遇洪水)。通过以上计算结果分析可以看出:

1)与淤积前水面线相比,运行淤积 100 年后,初设方案、规程方案、联合方案不同频率洪水库区水面线均有所抬高,抬高呈现两头小、中间大的特点。①主汛期抬高较多,汛期 20 年一遇洪水 3 种方案最大抬高 1.92～5.76m,5 年一遇最大抬高 2.87～7.17m。②汛末抬高较少,汛末 20 年一遇洪水最大抬高 0.10～0.47m,5 年一遇最大抬高 0.07～0.31m。

2)规程方案、联合方案与初设方案相比,运行 100 年后,①汛期 20 年一遇洪水最大抬高 3.54～3.84m,5 年一遇最大抬高 3.99～4.35m。②汛末 20 年一遇洪水最大抬高 0.45～0.46m,5 年一遇最大抬高 0.21～0.24m。

3)与规程方案相比,联合方案水库调度方式下汛期水位有所抬高,使得万州区以上泥沙淤积有所增加,以下有所减少,从而万州区以下水面线降低,最大降低 0.33m;万州区以上有所提高,最大抬高 0.52m,总体来说两方案差别不大。

4)水库运用 100 年,由于泥沙累积性淤积,存在局部区域 20 年一遇回水超设计移民线、5 年一遇回水水面线超土地迁移线的防洪问题。

(2)避免淹没优化措施

对于三峡水库防洪问题,一方面,下游与上游防洪有主次之分,一般以下游防洪为主,必要时需要通过淹没损失评价再作出决策;另一方面,对于上游库区即使出现淹没问题,一般为局部、短暂淹没,损失及影响较小。未来针对局部地区淤积,可能影响水面线超过设计移民或土地迁移线的防洪问题,可通过加大消落期库尾减淤调度、汛期沙峰排沙调度,以及局部清淤手段予以缓解。在实时调度中,可采用上游水库群拦洪削峰与三峡水库降低库水位相结合的方式减轻三峡水库库区淹没。

以三峡水库初步设计报告为基础,在三峡水库运用100年的基础上,采用2.4.1节中三峡水库干、支流河道一维非恒定流水沙数学模型对三峡库区水面线刚好不超移民线、土地线的寸滩站临界洪峰流量及需上游水库调控削峰值进行了计算,结果见表2.53、表2.54。

表 2.53　三峡水库汛期 20 年一遇洪水来量最大移民线淹没对应寸滩临界流量

条件	寸滩站不超移民线临界流量/(m³/s)	需上游削减流量值/(m³/s)
方案 1(100 年末地形)	71900	3400
方案 2(100 年末地形)	67700	7600
方案 3(100 年末地形)	66700	8600

表 2.54　三峡水库汛期 5 年一遇洪水来量最大土地线淹没对应寸滩临界流量

条件	寸滩站不超移民线临界流量/(m³/s)	需上游削减流量值/(m³/s)
方案 1(100 年末地形)	60400	1000
方案 2(100 年末地形)	56500	4900
方案 3(100 年末地形)	55600	5800

2.5　小结

2.5.1　主要结论

通过开展长江干流溪洛渡、三峡典型水库的库区泥沙冲淤调查,掌握了库区泥沙冲淤量及冲淤形态的分布规律,以及现状淤积情况下对上下游防洪的影响。在此基础上,建立了三峡水库一维非恒定流水沙数学模型,分析研究了水库在不同调度方式下库区泥沙冲淤情况,以及对水库下游防洪及库尾防洪的影响。有关主要结论如下:

1)由于上游建库、水土保持、人工挖沙等影响因素,长江干流控制性水库溪洛渡、三峡水库来沙大幅减少。其中溪洛渡水库 2008—2018 年年均总入库沙量约为 1.19 亿 t,相较于可研阶段采用值 2.47 亿 t 偏少 51.8%;三峡水库 2003—2018 年年均总入库(朱沱＋北碚＋武隆,下同)沙量为 1.54 亿 t,寸滩、武隆两站年均总入库沙量之和为 1.48 亿 t,较论证值减少了 70%。

2)由于入库泥沙大幅减少,溪洛渡、三峡水库泥沙淤积情况,以及水库防洪库容损失情况远好于初步设计预期。溪洛渡水库 2008 年 2—10 月,干支流共淤积泥沙 55583 万 m³(干流库区和主要支流淹没区分别淤积泥沙 53272 万 m³、2311 万 m³),其中 540～600m 的调节库容内泥沙淤积量为 9093 万 m³,占总淤积量的 16%,仅占水库调节库容的 1.4%。三峡水库 2003 年 6 月至 2018 年 12 月淤积泥沙 17.733 亿 t，近似年均淤积泥沙 1.138 亿 t，仅为论证阶段（数学模型采用 1961—1970 年预测成果）的 34%，其中淤积在 145～175m 的淤积泥沙为 1.303 亿 m³，占总淤积量的 7.5%，占水库静防洪库容的 0.54%。

3）由于近年来三峡水库入库沙量维持在一个较低水平，加之有效实施了消落期库尾减淤调度、汛期沙峰排沙调度以及河道采砂的作用，三峡水库库尾河段呈现冲刷状态，寸滩水位流量关系保持稳定，水库泥沙淤积尚未对重庆主城区洪水位产生影响。

4）采用"十二五"研究提出的最新水沙系列，计算分析了三峡水库运行 100 年后不同调度方案的泥沙冲淤，库容损失。从总体上，按照现行调度规程或未来考虑水库群联合的调度方式，三峡水库泥沙淤积情况会有所增加，但远好于初步设计预测情况。水库运行 100 年防洪库容损失率为 1.4%～4.1%，防洪库容可长期保持。

5）本次研究在三峡水库淤积 100 年地形基础上分别计算了库区汛期、汛末 20 年一遇和 5 年一遇频率洪水水面线，水位抬高呈现两头小、中间大的特点，汛期较汛末抬高多，且存在局部河段水面线超移民线与土地线的现象。通过对三峡库区水面线刚好不超移民线、土地线的寸滩站临界洪峰流量及需上游水库帮忙削峰值进行计算，针对规程方案和联合方案，当有可能发生回水淹没时，实时调度中，需要上游水库群临时短暂削峰 7600～8600m³/s，即可保障不超移民线；临时短暂削峰 4900～5800m³/s，即可保障不超土地线。

第3章 长江中下游河道蓄泄能力对河道演变的响应研究

3.1 长江中下游干流河道及两湖冲淤和河道形态变化研究

3.1.1 长江中游干流河道冲淤变化

在三峡工程修建前的数十年中,长江中下游(图3.1)河床冲淤变化较为频繁,总体上是冲淤平衡的。三峡工程建成后改变了大坝下游的来水来沙条件,主要表现为汛期洪峰流量减小、汛后下泄流量减小,中水历时延长和流量过程坦化;水库下泄水流挟带的泥沙量减少,颗粒变细;荆江三口分流分沙减少,荆江过流量增大。来水来沙条件的改变导致大坝下游河道冲刷强度明显大于水库蓄水前,呈现全线冲深,冲刷以枯水河槽为主的特点。

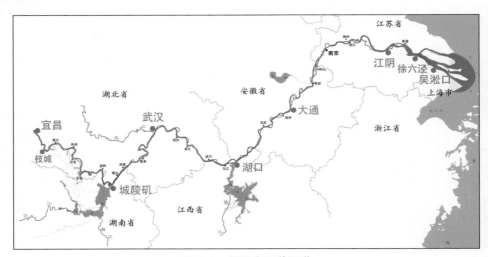

图3.1 长江中下游河道

1)三峡水库蓄水运用至2017年,坝下游宜昌—湖口河段平滩河槽总冲刷量为21.24亿 m³,冲刷主要集中在枯水河槽,占总冲刷量的92%。从冲淤量沿程分布来看,宜昌—城陵矶河段、城陵矶—汉口河段、汉口—湖口河段平滩河槽冲刷量占比分别为57%、19%、24%。

2)湖口—大通河段冲刷量为3.72亿 m³,年均冲刷强度为10.9万 m³/km。该河段在平滩水位下,除太子矶河段年均淤积量25万 m³外,其他河段均出现冲刷,冲刷量最大的是贵池河段,年均冲刷量为 656 万 m³。

3)大通—江阴河段平滩河槽冲刷泥沙 8.48 亿 m³,年均冲刷量为 5654 万 m³。除马鞍山河段年均淤积量 527 万 m³ 外,其他河段均出现冲刷,冲刷量最大的是扬中河段,年均冲刷量为 2547 万 m³,年均冲刷强度为 27.8 万 m³/km。

4)长江口南支河段(徐六泾—吴淞口)总体呈冲刷态势,累计冲刷泥沙 5.27 万 m³,年均冲刷量为 3298 万 m³,冲刷主要集中在 -5m 以下河槽;北支总体淤积,累计淤积泥沙 1.75 亿 m³,泥沙淤积主要集中在北支下段。

3.1.2　荆江三口洪道冲淤变化

三峡水库蓄水前即 1952—2003 年,荆江三口洪道表现为淤积。1952—1995 年三口洪道泥沙总淤积量为 5.69 亿 m³,1995—2003 年总淤积量为 0.4676 亿 m³。

三峡水库蓄水运用至 2017 年,荆江三口洪道表现为冲刷,洪水河槽总冲刷量为 1.7183 亿 m³。其中,松滋河(包括松虎洪道)总冲刷量为 1.1363 亿 m³,虎渡河总冲刷量为 0.2177 亿 m³,藕池河总冲刷量为 0.3643 亿 m³。荆江三口洪道冲淤量分时段比较见表 3.1。

表 3.1　　　　　　　　　荆江三口洪道冲淤量分时段比较　　　　　　　　（单位:亿 m³）

分项	时段	松滋河	虎渡河	藕池河	三口总计
总冲淤量	1952—1995 年	1.6745	0.7080	2.8689	5.6938
	1995—2003 年	0.0243	0.1317	0.3106	0.4676
	2003—2017 年	-1.1363	-0.2177	-0.3643	-1.7183
年均冲淤量	1952—1995 年	0.0389	0.0165	0.0667	0.1324
	1995—2003 年	0.0030	0.0165	0.0388	0.0585
	2003—2017 年	-0.1691	-0.0434	-0.0586	-0.2711

注:松滋河包括松虎洪道。

三峡水库蓄水运用至 2017 年,三口洪道冲刷的沿程分布特点主要表现为松滋河水系冲刷主要集中在口门段、松西河及松东河,其支汊冲淤变化较小,采穴河表现为较小的淤积;虎渡河冲刷主要集中在口门—南闸河段,南闸以下河段冲淤变化相对较小;松虎洪道冲刷较强;藕池河枯水河槽以上发生冲刷,枯水河槽冲淤变化较小,其口门、梅田湖河等河段冲刷量较大。

荆江三口洪道的冲刷对于三口分流排洪是有利的,然而三峡水库蓄水运行以来,荆江干流河段同样以冲刷下切为主,且干流河段冲刷幅度超过三口洪道,造成三口断流时间增长、分洪量减少的变化趋势。

3.1.3　洞庭湖冲淤变化

洞庭湖泥沙来自荆江三口和“四水”,其中荆江三口 1956—2016 年多年平均入湖沙量占总入湖沙量的 80.4%,“四水”来沙量仅占 19.6%,因此,三口分沙是洞庭湖泥沙的主要来源。

2003 年以来,随着长江上游来沙量大幅减少,三口和"四水"来沙量量级相当。洞庭湖区年均来水来沙量统计结果见表3.2。

表 3.2　　　　　　　　　　洞庭湖区年均来水来沙量统计结果

年份	入湖水量/亿 m³		出湖水量/亿 m³	入湖沙量/万 t		出湖沙量/万 t	淤积量/万 t	沉积率/%
	三口	四水		三口	四水			
1956—1966	1332	1524	3126	19590	2920	5960	16550	73.5
1967—1972	1022	1729	2982	14190	4080	5250	13020	71.3
1973—1980	834	1699	2789	11090	3650	3840	10900	73.9
1981—1988	772	1545	2579	11570	2440	3270	10740	76.7
1989—1995	615	1778	2698	7040	2330	2760	6610	70.5
1996—2002	657	1874	2958	6960	1580	2250	6290	73.7
2003—2016	482	1613	2402	917	836	1964	—211	—
1956—2016	808	1660	2761	9723	2367	3549	8541	70.6

三峡水库蓄水后,洞庭湖入湖沙量大幅减小,相较于三峡水库蓄水前 1996—2002 年均值,2003—2016 年荆江三口、洞庭湖"四水"入湖沙量分别减少 86.8% 和 47.1%。受此影响,湖区泥沙淤积量和沉积率都呈明显减小趋势,其中泥沙沉积总量下降为 211 万 t,总量上呈现出湖区向长江补给泥沙的状态。尤其是 2006 年、2008—2016 年,入湖沙量明显少于出湖沙量,特别是 2011 年,入湖沙量为 0.126 亿 t,而出湖沙量达 0.290 亿 t,湖区泥沙总体表现为冲刷 0.164 亿 t。

3.1.4　鄱阳湖冲淤变化

鄱阳湖泥沙主要来自"五河",且绝大部分来自赣江。由表 3.3 可知,1956—2015 年"五河"(不含区间来水)输入鄱阳湖的年均径流量和输沙量分别为 1086 亿 m³ 和 1238 万 t,其径流量时段无明显的趋势性变化,输沙量自 1961 年以来呈持续性的减少趋势,湖口出湖年均输沙量 1956—2002 年也呈持续性的减少趋势。2003—2015 年"五河"年均入湖沙量减少至 569 万 t,相较于 1991—2002 年减少了 44.8%,与此同时,出湖的沙量却出现增加的趋势,相较于 1991—2002 年增加了 68.6%。

表 3.3　　　　　　　　　　不同时段鄱阳湖入、出湖水沙量统计结果

时段	入、出湖径流量/亿 m³		入、出湖输沙量/万 t		湖泊泥沙沉积量/万 t	湖泊泥沙沉积率/%
	五河	湖口	五河	湖口		
1956—1960	942	1244	1483	1192	291	19.6
1961—1970	1051	1369	1678	1059	619	36.9
1971—1980	1078	1418	1574	989	585	37.2

时段	入、出湖径流量/亿 m³		入、出湖输沙量/万 t		湖泊泥沙沉积量/万 t	湖泊泥沙沉积率/%
	五河	湖口	五河	湖口		
1981—1990	1042	1428	1460	895	565	38.7
1991—2002	1265	1752	1031	726	305	29.6
2003—2015	1041	1450	569	1224	−655	—
1956—2015	1086	1471	1238	1000	238	19.2

3.1.5　河道形态变化

3.1.5.1　河床纵剖面调整

在清水冲刷条件下,对于沙质河床而言,河段很难形成控制性作用较强的卡口河段,河段上游水深的增加、河床比降的趋缓将导致水面比降的趋缓,从而降低水流流速和水流输沙能力,促使河床向平衡方向发展。

三峡水库蓄水以后,荆江河段沙质河床发生了剧烈冲刷,河床纵剖面形态也进行了相应的调整。与 2003 年相比,历经 10 余年冲刷后,至 2015 年河床纵剖面比降已有较明显的减缓趋势,由 2003 年的 0.67‰降为 2015 年的 0.58‰,荆江河段的比降调平是通过上游河道冲刷大,下游河道冲刷少的形式来实现。城陵矶以下河段深泓纵剖面比降调整不明显。

3.1.5.2　河床断面形态调整

统计荆江河段断面平均高程下切超过 1.0m、0.5m 和 0m 的断面所占百分比,及河宽增幅超过 0m、20m 和 50m 的断面所占百分比,三峡水库蓄水后荆江河段断面形态调整幅度比例变化见表 3.4。

表 3.4　　　　三峡水库蓄水后荆江河段断面形态调整幅度比例变化　　　　（单位:%）

统计时段	过水断面	$\Delta Z>0$m	$\Delta Z>1.0$m	$\Delta Z>0.5$m	$\Delta B>0$m	$\Delta B>20$m	$\Delta B>50$m
2003—2008	洪水河槽	64.2	20.2	44.5	74.6	22.0	6.36
	平滩河槽	61.8	27.7	46.2	71.7	27.2	16.2
	枯水河槽	67.1	30.6	47.4	68.8	41.6	28.9
2008—2015	洪水河槽	87.3	41.0	65.3	38.7	14.5	6.9
	平滩河槽	80.3	51.4	68.2	57.8	25.4	17.3
	枯水河槽	76.3	48.6	61.8	70.5	46.8	31.8
2003—2015	洪水河槽	89.6	60.7	80.3	55.5	16.8	6.9
	平滩河槽	86.1	65.3	79.2	60.1	34.1	23.1
	枯水河槽	80.9	61.8	74.0	71.7	57.8	43.9

注:ΔZ 指断面河床平均高程下切幅度,ΔB 指断面宽度增加幅度,表中数据均为超过一定变化幅度的断面所占百分比。

三峡水库蓄水后 2003—2015 年荆江河段 173 个断面中,接近 90％的断面洪水河槽河床平均高程冲刷下切,平滩河槽下切占比 86.1％,枯水河槽占比 80.9％。同时,断面展宽的现象也存在,与河床下切的特征相反,洪水河槽展宽断面占比 55.5％,至枯水河槽展宽占比增大至 71.7％,可见,滩体的冲刷较崩岸更为频繁,荆江河道冲刷以下切为主。从下切和展宽的幅度来看,大部分断面的河床高程平均下切超过 1.0m,超过 0.5m 的洪水河槽占比超过 80％,枯水河槽河宽增幅超过 20m 的占 57.8％。不同水位下的河槽下切与展宽的变化规律恰好相反,一定下切幅度断面占比规律为洪水河槽＞平滩河槽＞枯水河槽,一定展宽幅度断面占比规律为枯水河槽＞平滩河槽＞洪水河槽,间接地反映出断面形态调整形式的多样性。

城陵矶—汉口河段内,除界牌河段和簰洲河段部分断面形态有较为剧烈的调整以外,其他河段典型断面形态相对稳定,冲淤变化主要集中在主河槽内。汉口—湖口河段内,河床断面形态均未发生明显变化,河床冲淤以主河槽为主,部分河段因实施了航道整治工程,断面冲淤调整幅度略大。

3.1.5.3 洲滩形态调整

三峡水库蓄水后,荆江河段内的洲滩形态调整是剧烈的,但同时也是有一定规律的。蓄水后虽然来沙量大为减少,但由于沿程各段处于调整时期,河床仍有一定的沙量补充,泥沙自上而下输移时易于滞留,因而仍具有淤积的条件,其最终的滩体调整取决于心滩所处河段的位置以及主流变化情况。

1)若心滩高程较高,中洪水难以漫滩,则滩面难以淤积,滩体高程基本稳定,在水流顶冲部位以及凹岸滩缘有所崩退。

2)若心滩高程较低,同时处于顺直放宽段,则滩体有淤积的可能,滩体高程及面积有可能增大,但受来水来沙影响较大,滩体不稳定。从枯水河槽来看,两汊一般均呈冲刷发展的趋势。

3)若心滩高程较低,同时处于弯曲河段内,则滩体一般表现为冲刷萎缩,洲滩面积缩小,靠近凸岸一侧冲刷程度较靠近凹岸一侧大。

上荆江洲滩多以江心滩的形态出现。一方面受到上游来水来沙、河床边界及河床形态的影响;另一方面受到人工采砂、航道疏浚等影响,2002 年以来,上荆江洲滩均有不同程度的冲刷,洲滩面积多呈减小态势。上荆江洲滩面积特征值统计结果见表 3.5。

下荆江洲滩一般以边滩傍岸的形态出现。过渡段边滩如南碾子湾边滩、姚圻脑边滩和新沙洲边滩等呈现淤积;弯顶凸岸边滩因主流撇弯多数向下游蠕动,滩头冲刷下移滩尾淤展,如反咀边滩、八姓洲和七姓洲边滩。石首河段的高滩江心滩如天星洲心滩、五虎朝阳心滩总体呈现淤积,监利河段的乌龟洲和孙良洲总体呈现冲刷。下荆江洲滩面积特征值统计结果见表 3.6。

表 3.5　上荆江洲滩面积特征值统计结果

（单位：km²）

| 时间 | 枝江河段 | | | | 沙市河段 | | | | 公安河段 | | |
	关洲 35m 高程	芦家河 35m 高程	董市洲 35m 高程	柳条洲 35m 高程	江口洲 35m 高程	火箭洲 35m 高程	马羊洲 40m 高程	太平口心滩 30m 高程	三八滩 30m 高程	金城洲 30m 高程	突起洲 30m 高程	蛟子渊心滩 30m 高程
2002.10	4.87	0.67	1.15	1.45	0.124	1.72	7.12	0.85	2.05	4.32	6.79	2.52
2006.06	4.75	0.68	1.16	1.21	0.068	1.61	7.06	1.65	1.93	3.31	6.93	2.74
2008.10	4.50	0.76	0.98	1.24	0.050	1.53	7.08	2.13	1.24	2.35	7.67	2.71
2011.11	4.15	0.51	1.06	1.17	0.047	1.52	7.05	1.84	0.78	1.46	7.79	2.43
2013.11	3.24	0.46	0.97	0.95	0.030	1.36	7.04	1.33	0.95	1.39	8.25	2.25
2016.10	3.04	0.13	0.93	0.99	0.030	1.26	7.02	0.64	0.83	0.64	8.03	2.26
	−0.376	−0.806	−0.191	−0.317	−0.758	−0.267	−0.014	−0.247	−0.595	−0.852	0.183	−0.103

表 3.6　　　　　　　　　　下荆江洲滩面积特征值统计结果　　　　　　　　（单位：km²）

时间	石首河段		监利河段	
	天星洲心滩 30m 高程	五虎朝阳心滩 30m 高程	乌龟洲 25m 高程	孙良洲 25m 高程
2002.10	1.08	3.63	8.97	7.94
2006.06	1.54	3.66	8.27	7.69
2008.10	1.91	4.46	8.18	7.90
2011.11	2.60	5.01	7.84	7.74
2013.11	2.52	4.97	7.86	7.86
2016.10	2.77	5.01	7.96	7.83

近年来,经护坡及航道整治工程实施后局势相对稳定的有偏洲、董市洲、柳条洲、江口洲、突起洲、蛟子渊心滩、天星洲、乌龟洲、孙良洲等。受局部河段河势调整影响较大并处于显著调整之中的有沙市河湾的三八滩、金城洲、关洲汊道段、七弓岭段等。

城陵矶以下两岸山体矶头分布众多,形成藕节状平面形态,放宽段的江心洲滩规模比荆江河段偏大,且在高大的江心洲的头部一般分布有低矮的心滩,如罗湖洲、戴家洲、天兴洲等,心滩伴随水沙条件的变化,冲淤调整幅度较大,且多数已实施了守护工程。江心洲的变化以滩缘崩退为主,如陆溪口的中洲、罗湖洲、戴家洲等的中下段都存在滩缘崩退的现象。因此,城陵矶以下的滩体调整规律与荆江河段基本类似,仅幅度存在差异。

3.2　长江中下游干流河道蓄泄能力变化分析

3.2.1　三峡水库运用后长江中下游蓄泄能力变化分析

3.2.1.1　长江中下游主要站点水位流量关系变化分析

（1）沙市站

沙市站位于上荆江河段,是荆江河段的水文控制站,其水位反映了荆江地区的防洪形势,流量反映了荆江泄洪能力,沙市站水位流量关系对荆江河段遇大洪水时的分洪量影响巨大。沙市同水位的流量值主要受荆江与洞庭湖汇合口城陵矶水位影响。同样的沙市水位,城陵矶水位低,则泄量大;城陵矶水位高,顶托影响增加,则泄量就小。

根据 1991—2017 年大水年份沙市实测水位流量关系点据,以点群中心绘制各年水位流量关系综合线（图 3.2）。从综合来看,三峡水库蓄水以来沙市站各年水位流量关系经常摆动,与 20 世纪 90 年代各年综合线相比并无趋势变化。因此,本次研究的现状工况中,沙市站水位 45.00m（相应城陵矶 34.40m）时的泄量仍采用近年综合线的 53000m³/s。

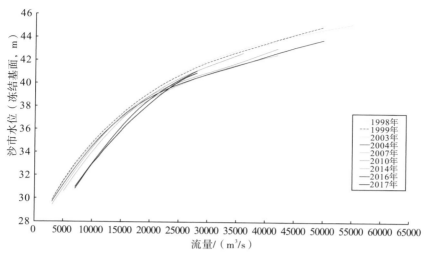

图 3.2　三峡水库蓄水前后沙市站水位流量关系线变化

（2）螺山站

螺山站位于荆江与洞庭湖汇合口以下，上距荆江与洞庭湖汇合口城陵矶（莲花塘）约 30km，下距汉口 210km。螺山站水位流量关系反映了城陵矶河段的泄流能力，主要受洪水涨落率、下游变动回水顶托、河段冲淤变化及特殊水情因素的影响，年内、年际变化幅度较大。

对经顶托改正和涨落率改正后的水位、流量资料进行综合，拟定历年水位流量关系综合线（图 3.3）。本站各年综合线随洪水特性及其地区组成的不同而上下摆动，中水部分（流量为 25000～35000m³/s）历年水位流量关系线变化较小，基本稳定；高水部分（流量大于 35000m³/s）年际水位流量关系线波动较大，但无明显的变化趋势，螺山站相应城陵矶（莲花塘）水位 34.40m 时的泄量仍为 64000m³/s。

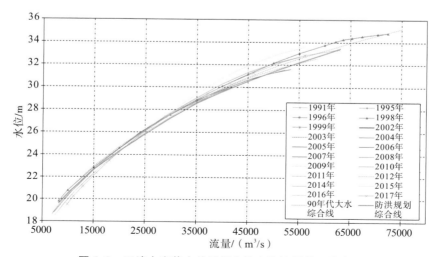

图 3.3　三峡水库蓄水前后螺山站水位流量关系线变化

（3）汉口站

汉口站是武汉地区防洪代表站，相应水位的流量直接关系武汉的防洪形势。汉口站水位流量关系影响因素众多，主要因素有两方面：一是下游支流变动回水顶托、洪水涨落、断面冲淤变化；二是干支流洪水遭遇、连续多峰洪水、分洪溃口等特殊水情。

本次选取三峡水库蓄水后大水年，先用下游支流顶托对实测流量进行改正，再用校正因素法对洪水涨落影响进行修正，将各年稳定水位流量关系点据分布与 20 世纪 90 年代的多年综合线进行对比分析。三峡水库蓄水后汉口站水位流量关系点据分布为一窄带状（图 3.4），当流量在 30000m³/s 以下时，点据分布略向原防洪规划水位流量关系综合线右侧偏离；当流量在 30000m³/s 以上时，点据呈带状分布于综合线两侧。由此可见，三峡水库蓄水后汉口站流量为 30000～60000m³/s 时，水位流量关系与防洪规划综合线基本一致。

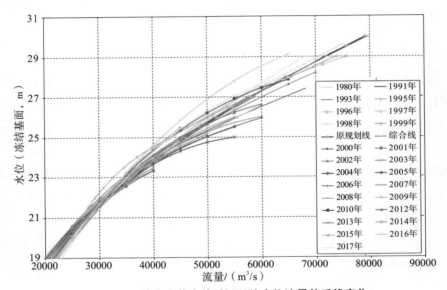

图 3.4　三峡水库蓄水前后汉口站水位流量关系线变化

2016 年水位流量关系线为历年大水年外包线，流量为 50000m³/s 左右时，较多年平均线水位抬高 1.00m 左右，其主要原因：一是前期来水丰、河湖底水高，汉口、湖口、大通站月均水位较历史同期偏高 2m 左右；二是鄂东北诸支流出现 3 次大的涨水过程，最大合成流量分别为 25000m³/s（7 月 2 日）、12800m³/s（7 月 6 日）、10700m³/s（7 月 21 日），中下游、干支流洪水恶劣遭遇；三是螺山站与汉口站水位落差 4.94m，水面比降偏小，河道下泄不畅，水位流量关系明显偏左。2017 年高水期，下游支流汇流顶托作用较小，水位流量关系线又回归于多年平均线附近。

汉口站当流量大于 60000m³/s 时，缺乏实测观测资料，还有待于进一步验证。因此，在本次研究的现状工况中，汉口站水位为 29.50m 时的泄流量仍采用近年综合线的 71600m³/s。

（4）湖口站（八里江）

湖口站位于长江与鄱阳湖出口汇合处，湖口水位与鄱阳湖区防洪息息相关，而江湖汇合口以下的泄量与下游的防洪直接相关。湖口（八里江）流量可由九江站流量和鄱阳湖湖口站流量考虑洪水传播时间后叠加而得。

湖口水位流量关系受洪水涨落影响较为明显，采用校正因素法对其进行改正（图 3.5）。对经上述改正后的稳定水位流量关系点据进行综合。与 20 世纪 90 年代水位流量综合线进行比较，当流量为 40000m³/s 时，水位降低 0.51m，随着流量的增大两组水位流量关系线逐渐一致；当流量为 70000m³/s 时，三峡水库蓄水前后湖口水位几乎没有变化，湖口站水位为 22.50m 时的泄流量仍采用近年综合线的 83500m³/s。

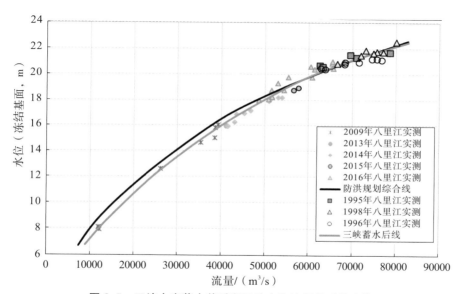

图 3.5　三峡水库蓄水前后湖口站水位流量关系线变化

由此可见，三峡水库蓄水运用以来，受不同水情条件影响，长江干流控制站中高水各年水位流量关系综合线，年际随洪水特性不同而经常摆动，变幅较大，但均在以往变化范围之内；三峡水库蓄水以来各水文站与 20 世纪 90 年代大水年份综合线相比，并无趋势变化。三峡水库蓄水以来，长江中游大洪水较少，沙市站、螺山站、汉口站、湖口站中高水水位流量关系及其变化趋势有待进一步分析。

3.2.1.2　长江中下游槽蓄能力变化分析

三峡水库蓄水后，下泄水流含沙量大幅减小，大坝下游河床冲刷强度加剧，部分河段河势也发生一些新的变化，对宜昌—大通河段槽蓄曲线将产生影响，主要表现在两个方面：一方面河道总体上沿程冲刷，导致河段同水位下槽蓄量有所增加；另一方面河道冲刷主要集中在枯水河槽以下，从而影响槽蓄量。三峡水库蓄水后中下游各河段槽蓄关系曲线见图 3.6。

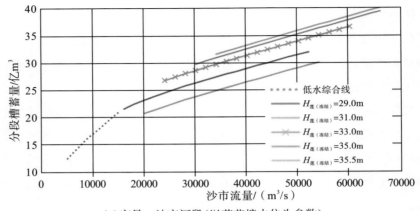

（a）宜昌—沙市河段（以莲花塘水位为参数）

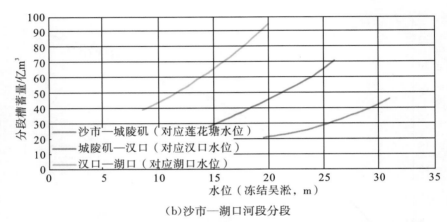

（b）沙市—湖口河段分段

图 3.6 三峡水库蓄水后中下游各河段槽蓄关系曲线

（1）宜昌—沙市河段

宜昌—沙市河段长为 151km，是长江出三峡以后由山区河流进入平原性河流的过渡段，长期以来，河道主流走向与河床平面形态较为稳定，两岸岸线也基本平顺，整个河段河势变化较为稳定。

三峡水库蓄水后宜昌—沙市河段以枯水河槽冲刷为主。当宜昌流量为 5000m³/s 时，河段枯水河槽累计冲刷 3.35 亿 m³；当宜昌流量为 50000m³/s 时，河段枯水河槽累计冲刷 3.66 亿 m³（图 3.7）。

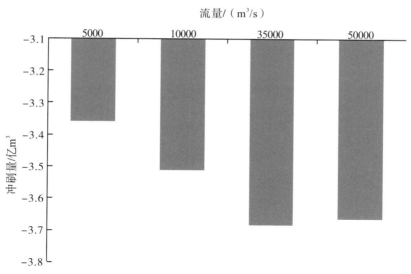

图 3.7　三峡水库蓄水后宜昌—沙市河段累计泥沙冲刷量

由于三峡水库蓄水运用后宜昌—沙市河段出现不同程度的冲刷。以莲花塘水位 29m 为参数,当宜昌流量为 5000m³/s 时,三峡水库蓄水后较蓄水前宜昌—沙市河段槽蓄量增大 36.5%;当宜昌流量为 10000m³/s 时,较蓄水前槽蓄量增大 25.8%;当宜昌流量为 30000m³/s 时,较蓄水前槽蓄量增大 16.2%;当宜昌流量为 50000m³/s 时,较蓄水前槽蓄量增大 13.1%。由此可见,随着流量的增大,相应槽蓄量增加值呈递减变化,表明宜昌—沙市河段槽蓄量变化主要集中在枯水河槽。三峡水库蓄水前后宜昌—沙市河段槽蓄量曲线变化见图 3.8。

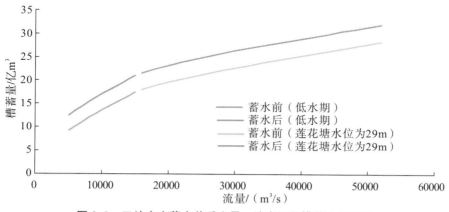

图 3.8　三峡水库蓄水前后宜昌—沙市河段槽蓄曲线变化

(2)沙市—城陵矶河段

三峡水库蓄水运用以来,沙市—城陵矶河段仍以枯水河槽冲刷为主,根据实测资料计算,当螺山流量为 10000m³/s 时,河段枯水河槽累计冲刷 6.80 亿 m³;当螺山流量为

50000m³/s 时,河段枯水河槽累计冲刷 8.05 亿 m³。三峡水库蓄水后沙市—城陵矶河段累计泥沙冲刷量见图 3.9。

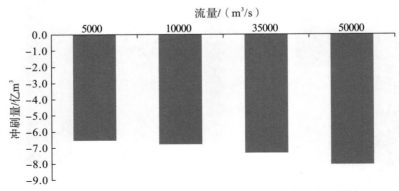

图 3.9　三峡水库蓄水后沙市—城陵矶河段累计泥沙冲刷量

三峡水库蓄水运用以来,沙市—城陵矶河段低水河槽出现不同程度的冲刷,同水位下槽蓄量增大。当螺山水位为 21.0m 时,三峡水库蓄水后较蓄水前沙市—城陵矶河段槽蓄量增大 41.5%;当螺山水位为 24.0m 时,较蓄水前槽蓄量增大 34.2%;当螺山水位为 29.0m 时,较蓄水前槽蓄量增大 22.7%;当螺山水位为 32.0m 时,较蓄水前槽蓄量增大 19.0%。由此可见,随着水位的升高,相应槽蓄量增幅呈递减,表明槽蓄量增加部分集中在河道深槽部分。三峡水库蓄水前后沙市—城陵矶河段槽蓄曲线变化见图 3.10。

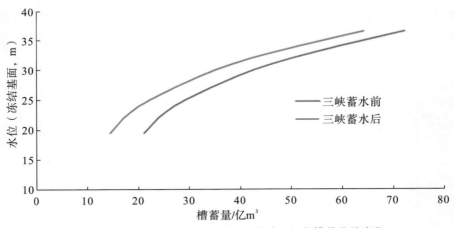

图 3.10　三峡水库蓄水前后沙市—城陵矶河段槽蓄曲线变化

(3)城陵矶—汉口河段

三峡水库蓄水运用以来,城陵矶—汉口河段总体以槽冲为主。当汉口流量为 10000m³/s 时,河段枯水河槽累计冲刷 4.38 亿 m³;当汉口流量为 50000m³/s 时,河段枯水河槽累计冲刷 4.72 亿 m³。河段的冲刷,使得三峡水库蓄水前后在同一水位下,相应河段槽蓄发生变化。当汉口水位为 15.0m 时,较蓄水前城陵矶—汉口河段槽蓄量增大 17.4%;当汉口水位

为 20.0m 时,较蓄水前槽蓄量增大 10.9%;当汉口水位为 24.0m 时,较蓄水前槽蓄量增大
7.86%;当汉口水位为 27.0m 时,较蓄水前槽蓄量增大 6.47%。由此可见,随着水位的升
高,槽蓄量增幅部分所占比重减小,表明槽蓄量增幅主要发生在河道深泓部分。三峡水库蓄
水前后城陵矶—汉口河段槽蓄曲线变化见图 3.11。

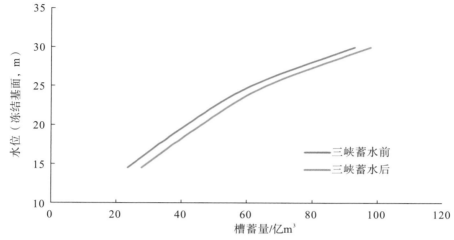

图 3.11　三峡水库蓄水前后城陵矶—汉口河段槽蓄曲线变化

（4）汉口—湖口河段

2003 年三峡水库蓄水运用以来,汉口—湖口河段总体以槽冲为主。当湖口流量为
10000m³/s 时,河段枯水河槽累计冲刷 5.19 亿 m³;当流量为 50000m³/s 时,河段枯水河槽累
计冲刷 5.62 亿 m³,致使三峡水库蓄水前后在同一水位下,相应河段槽蓄发生变化。当湖口
水位为 9.0m 时,槽蓄量较蓄水前增大 14.7%;当湖口水位为 12.0m 时,槽蓄量较蓄水前增
大 11.4%;当湖口水位为 16.5m 时,槽蓄量较蓄水前增大 7.91%;当湖口水位为 19.0m 时,
槽蓄量较蓄水前增大 6.77%。由此可见,槽蓄量增幅主要是由于河道深泓冲刷,导致同一水
位蓄量增加。三峡水库蓄水前后汉口—湖口河段槽蓄量曲线变化见图 3.12。

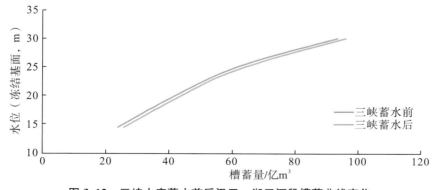

图 3.12　三峡水库蓄水前后汉口—湖口河段槽蓄曲线变化

综上所述,三峡水库蓄水运用以来,长江中游控制站泄流能力与 20 世纪 90 年代大水年份综合线相比并无趋势变化,沙市站水位 45.00m(相应城陵矶 34.40m)时的泄量仍为 53000m³/s,螺山站水位 34.40m 时的泄量仍为 64000m³/s,汉口站水位 29.50m 时的泄量仍为 71600m³/s,湖口站水位 22.50m 时的泄量仍为 83500m³/s。宜昌—湖口段槽蓄量有所增大,槽蓄量增加值主要集中在枯水河槽,各河段现状槽蓄能力为:宜昌—沙市河段对应沙市总出流量 50000m³/s、莲花塘水位 34.40m 时的槽蓄量为 34.9 亿 m³;沙市—城陵矶河段对应城陵矶 34.40m 时的槽蓄量为 61.6 亿 m³;城陵矶—汉口河段对应汉口 29.50m 时的槽蓄量为 94.3 亿 m³;汉口—湖口河段对应湖口 22.50m 时的槽蓄量为 113.8 亿 m³。

3.2.2 长江中下游河道演变与蓄泄关系变化预测

本次研究采用长江科学院自主研制的长河段一维河道冲淤计算软件 HELIU-2(V2.1)。该模型软件曾用于丹江口水库下游河道实测资料和长江中下游河道实测资料进行了验证,并在"七五""八五"国家重点科技攻关、"九五"三峡工程泥沙问题、"十五""十一五""十二五"国家科技支撑计划等研究中成功应用并不断改进和完善。

考虑上游干支流控制性水库的建设进程及其拦沙作用,本次对水库运用至 2032 年中下游江湖冲淤变化进行了计算预测,并在此基础上对中下游各控制站水位流量曲线与河段槽蓄曲线变化进行了分析。

3.2.2.1 预测计算水沙条件

为了反映未来水沙变化趋势,在宜昌—大通河段冲淤趋势预测时,考虑了已建、在建、拟建的上游干支流控制型水库的拦沙作用。长江上游主要考虑干流的乌东德、白鹤滩、溪洛渡、向家坝、三峡,支流雅砻江的二滩、锦屏一级,支流岷江的紫坪铺、瀑布沟,支流乌江的洪家渡、乌江渡、构皮滩、彭水,嘉陵江的亭子口、宝珠寺等拦沙作用较为明显的 15 座水库,通过水库联合运用分析得到长江中下游的来水来沙过程。

宜昌站 2002 年前多年平均输沙量为 4.92 亿 t,其中 1991—2000 年实测年均输沙量为 4.17 亿 t。三峡水库蓄水运用的前 10 年,宜昌站年均输沙量为 4880 万 t,相对 2002 年前减少了 90%。本次研究在 1991—2000 年水沙系列基础上,考虑上述水库建成拦沙后(乌东德和白鹤滩水库于 2022 年建成运行),预测得到 2013—2032 年三峡水库年均出库沙量为 4300 万～4900 万 t,之后随着运行时间增加,其年均出库沙量略有增加。在实际计算时,2013—2016 年采用实测水沙系列,2017—2032 年采用考虑上游水库拦沙后的 1991—2000 年水沙资料。

3.2.2.2 控制性水库群运用后长江中游江湖冲淤变化预测

(1)长江中游干流河道冲淤变化预测

长江上游干支流控制性水库运用后,三峡水库出库泥沙大幅度减少,含沙量也相应减少,出库泥沙级配变细,导致河床发生剧烈冲刷。对于卵石或卵石夹沙河床,冲刷使河床发生粗化,并形成抗冲保护层;对于沙质河床,因强烈冲刷改变了断面水力特性,水深增加、流速减小、水位下降、比降变缓等各种因素都将抑制本河段的冲刷作用,使强烈冲刷向下游发展。

在 2011—2016 年实测资料验证计算的基础上,预测了上游控制性水库运用的 2017—2032 年长江中下游干流河段的冲淤变化过程。2017—2032 年末,长江干流宜昌—大通河段悬移质累计总冲刷量为 20.91 亿 m³,其中宜昌—城陵矶河段冲刷量为 7.67 亿 m³,城陵矶—武汉段冲刷量为 6.58 亿 m³,武汉—大通段冲刷量为 6.66 亿 m³。控制性水库运用后 2017—2032 年宜昌—大通河段冲淤量见表 3.7。

表 3.7　　　　　控制性水库运用后 2017—2032 年宜昌—大通河段冲淤量　　　　（单位:亿 m³）

河段	冲淤量预测值
宜昌—沙市	−1.05
沙市—城陵矶	−6.62
城陵矶—武汉	−6.58
武汉—湖口	−5.39
湖口—大通	−1.27
宜昌—大通	−20.91

（2）洞庭湖及荆江三口洪道冲淤变化预测

三峡及上游水库蓄水运用后,随着长江干流河床冲刷发展,以及荆江三口口门水位降低,进入三口河道的水沙有所减少,水库运用的 2017—2032 年,洞庭湖全湖区（含三口洪道）总淤积量 2.173 亿 m³。

随着三口分流分沙量的减少,进入洞庭湖区的沙量相应减少,经湖区调蓄后,湖区仍以淤积为主,但淤积量大为减少,湖区泥沙沉积率降低。从各湖区冲淤分布来看,南洞庭湖淤积最多,西洞庭湖淤积相对较少,"四水"尾闾总体呈冲刷趋势。

由于受河床边界条件的约束,干流河道沿程冲刷程度及水位下降幅度不同,进入三口的水沙也不尽相同,其三口河道冲淤情况各异。预测表明,自 2017 年三峡及上游水库蓄水运用后,松滋河呈单向冲刷趋势,虎渡河呈先淤积后冲刷趋势,藕池河初期表现为淤积,后期累积淤积量逐渐减少,最终表现为冲刷,但冲淤量变化不大。2017—2032 年,三口河道累积冲刷量为 0.672 亿 m³。控制性水库运用后 2017—2032 年洞庭湖及三口冲淤量见表 3.8。

表 3.8　　　　　控制性水库运用后 2017—2032 年洞庭湖及三口冲淤量　　　　（单位:亿 m³）

河段	冲淤量预测值
松滋河	−0.694
虎渡河	0.034

河段	冲淤量预测值
松澧松虎洪道	−0.096
藕池河	0.084
三口洪道	−0.672
四水尾闾及湖区	2.845
全湖区(含三口洪道)	2.173

(3)鄱阳湖冲淤变化预测

三峡及上游水库运用后,鄱阳湖出口的九江—大通河段持续冲刷,水位有所下降。受此影响,湖区总体表现呈微冲微淤状态。其中军山湖圩—矶山联圩的湖区宽阔段呈微淤状态,矶山联圩以下至湖区出口段窄长段基本呈微冲状态。水库联合运用 2017—2032 年末,全湖区累积冲刷量为 0.102 亿 m³,控制性水库运用后 2017—2032 年鄱阳湖冲淤量变化见表 3.9。

表 3.9　　　　控制性水库运用后 2017—2032 年鄱阳湖冲淤量变化　　　（单位:亿 m³)

河段	冲淤量预测值
信抚尾闾河道	−0.035
军山湖圩—矶山联圩	0.013
矶山联圩—屏峰	−0.022
屏峰—湖口	−0.058
全湖区	−0.102

3.2.2.3　控制性水库蓄水运用后长江中游水位流量关系变化预测

三峡等控制性水库蓄水运用后,由于长江中下游各河段河床冲刷在时间和空间上均有较大的差异,各站的水位流量关系随着水库运用时期的不同而出现相应的变化,沿程各站同流量的水位呈下降趋势。控制性水库运用后 2017—2032 年干流各站水位下降值见表 3.10。

表 3.10　　　　控制性水库运用后 2017—2032 年干流各站水位下降值

流量/(m³/s)	沙市/m	螺山/m	汉口/m	湖口/m
7000	−2.19			
10000	−1.99	−1.45	−1.28	−0.59
20000	−1.49	−0.81	−0.62	−0.44
30000	−1.12	−0.64	−0.52	−0.35
40000	−0.82	−0.37	−0.31	−0.24
50000	−0.56	−0.24	−0.21	−0.18

续表

流量/(m³/s)	沙市/m	螺山/m	汉口/m	湖口/m
53000	−0.37			
60000		−0.17	−0.15	−0.13
65000		−0.14		
70000		−0.11	−0.09	−0.08
73000			−0.05	
83000				−0.03

注：表中负值表示水位下降。

　　沙市站所处河段河床组成为中细砂，卵石、砾石含量不多，冲刷量相对上游段较多，加之受下游水位下降影响，水位下降相对较多。三峡等控制性水库运用后的 2017—2032 年，当沙市站流量为 53000m³/s 时，水位下降 0.37m。

　　三峡等控制性水库运用后的 2017—2032 年，螺山站所处的城陵矶—武汉段冲刷较多，水位下降较多。当螺山站流量为 60000m³/s 时，水位降低约 0.17m；当螺山站流量为 65000m³/s 时，水位降低约 0.14m。

　　汉口站位于城陵矶—武汉河段，三峡等控制性水库运用后的 2017—2032 年，城陵矶—武汉段冲刷较多，但武汉以下河段冲刷不大，使武汉关水位下降相对较小，当汉口站流量为 73000m³/s 时，水位降低约 0.05m。

　　湖口站位于张家洲汇流段，介于九江站和安庆站之间。三峡等控制性水库运用后的 2017—2032 年，湖口—大通段冲刷不大，使八里江站水位下降相对较小，当湖口站流量为 83000m³/s 时，水位降低约 0.03m。

　　计算结果表明，水位下降除受本河段冲刷影响外，还受下游河段冲刷的影响。三峡等控制性水库运用后的 2017—2032 年，荆江河段和城汉河段冲刷量较大，故沙市、螺山站水位流量关系变化相对较大，汉口站水位有所降低，湖口水位流量关系变化相对较小。

3.2.2.4　控制性水库运用后长江中游槽蓄曲线变化预测

　　三峡等控制性水库运用后，宜昌—大通河段将发生不同程度的冲刷，各河段的槽蓄曲线将产生一定的变化。主要受两个方面因素的互相影响：一是河道发生冲刷，河槽容积增加，使得相同水位下河道的槽蓄量增加；二是部分河段同流量下水位下降，致使槽蓄量增加值减少，因此槽蓄量的变化值并不完全等同于河道的冲刷量。根据现有条件，分别在现状地形（2016 年）、梯级水库联合运用后坝下游河道 2032 年末的地形上，采用典型洪水过程进行槽蓄量计算。

　　（1）宜昌—沙市河段

　　三峡等控制性水库联合运用初期，该河段发生强烈冲刷，至 2022 年末冲刷强度减缓。该河段水位槽蓄关系曲线有所变化，在不同相关条件下，河段内槽蓄量增加 0.39 亿～1.13

亿 m³。当城陵矶水位为 32m、沙市总出流量(沙市流量＋松滋河分流量＋虎渡河分流量)为 28000m³/s 的情况下,河段内槽蓄量相对增加 0.58 亿 m³;当城陵矶水位为 33m、沙市总出流量为 60000m³/s 时,河段内槽蓄量相对增加 1.13 亿 m³。控制性水库运用后 2017—2032 年宜昌—沙市河段槽蓄量变化见表 3.11。

表 3.11　　　　　控制性水库运用后 2017—2032 年宜昌—沙市河段槽蓄量变化

城陵矶水位/m	沙市总出流量/(m³/s)	槽蓄增量/亿 m³	沙市总出流量/(m³/s)	槽蓄增量/亿 m³
28	40000	0.73	22000	0.39
29	42000	1.02	24000	0.47
31	46000	1.08	26000	0.50
32	56000	1.10	28000	0.58
33	60000	1.13	30000	0.75

（2）沙市—城陵矶河段

三峡等控制性水库运用后的 2017—2032 年,沙市—城陵矶河段的冲刷强度很大,该河段水位槽蓄关系曲线变化也较大,当城陵矶水位为 34m 时,河段槽蓄量增加 12.52 亿 m³。控制性水库运用后 2017—2032 年沙市—汉口河段槽蓄量变化见表 3.12。

表 3.12　　　　　控制性水库运用后 2017—2032 年沙市—汉口河段槽蓄量变化

沙市—城陵矶		城陵矶—汉口	
城陵矶水位/m	槽蓄增量/亿 m³	汉口水位/m	槽蓄增量/亿 m³
19	5.52	14	4.04
20	6.37	15	4.28
21	7.15	16	4.48
22	7.88	17	4.64
23	8.54	18	4.77
24	9.14	19	4.85
25	9.69	20	4.90
26	10.19	21	4.91
27	10.64	22	4.88
28	11.03	23	4.82
29	11.38	24	4.71
30	11.69	25	4.57
31	11.95	26	4.39

沙市—城陵矶		城陵矶—汉口	
城陵矶水位/m	槽蓄增量/亿 m³	汉口水位/m	槽蓄增量/亿 m³
32	12.18	27	4.17
33	12.37		
34	12.52		

（3）城陵矶—武汉河段

三峡水库蓄水运用以来，城汉河段河床有冲有淤，总体表现为冲刷，且 2032 年强烈冲刷下移至此，故城汉段水位槽蓄关系曲线变化也较大，2017—2032 年末，不同汉口站水位下，河段内槽蓄量相对增加 4.17 亿～4.90 亿 m³。

（4）武汉—大通河段

三峡等控制性水库运用后的 2017—2032 年，该河段冲刷量不大，对本段水面线影响较小。因此，三峡及上游水库运用后，本河段河床冲淤对河道槽蓄量及槽蓄关系曲线变化的影响较小。

3.3　长江中下游河道阻力变化分析

3.3.1　基于水动力学模型的河道阻力变化分析

在水动力学模型中，糙率是反映河道阻力的综合性系数。糙率综合反映了河床岸壁粗糙程度、河道断面形态和水流流态对水流运动能量损失的影响。它与河道的组成、河道的水力半径、水深、植被生长状况、壁面及河床粗糙程度、含沙量、河流弯曲程度、床面坡度、河床冲淤情况以及整治河道的人工建筑物等诸多因素有关。

本次研究基于 MIKE11 软件平台上已建立的长江中下游洪水演进水动力学模型分析阻力的变化。数学模型研究范围上始宜昌下迄大通，包括长江干流河段、洞庭湖河网、汉江和其他主要支流（清江、沮漳河、陆水、江北十水等）以及鄱阳湖区。宜昌—大通水动力学模型计算范围见图 3.13。长江干流宜昌—大通，包括荆江河段及右岸的松滋、太平、藕池口水系，水流极为复杂；洞庭湖区包括湖区及入汇"四水"，湖泊部分分别由七里湖、目平湖、南洞庭湖和东洞庭湖组成，洞庭湖"四水"尾闾河段以控制站断面作为入流边界；汉水区包括沙洋以下含汉南、杜家台分蓄洪区的部分。鄱阳湖区包括湖泊与入汇"五水"；模型中有荆江分洪区、洪湖分蓄洪区、洞庭湖分蓄洪区的 24 个蓄洪垸、武汉附近分洪区及鄱阳湖和华阳河分蓄洪区，有效容积共 589.7 亿 m³。

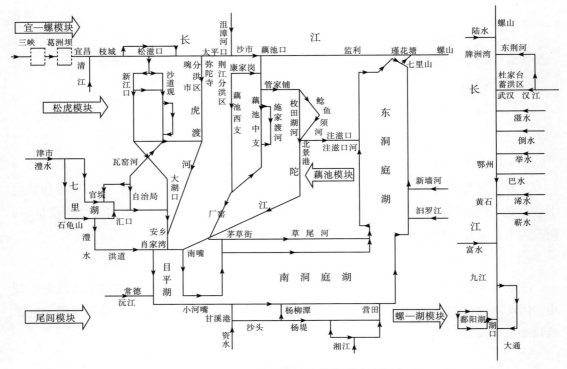

图 3.13 宜昌—大通水动力学模型计算范围

河道阻力不仅与河道的断面形态、断面沿程变化、河床泥沙粒径大小和级配以及河床冲淤密切相关,而且还受洪水涨落率、河道流量大小与下游河道水位顶托的影响,呈现出复杂的时空变化。由于具有物理背景的阻力预测方法不够成熟,实践中采用曼宁公式计算阻力项,并应用水动力学模型通过实测水文资料来推算曼宁槽率 n 值。

三峡工程运用前后,由于河道冲淤,河道形态、床沙组成的调整变化,水流阻力系数将随之发生变化。为了定量反映三峡水库蓄水前后的阻力变化,本研究分别选取蓄水前后的实测大洪水进行反算。蓄水前采用 1998 年实测洪水资料,蓄水后采用 2016 年实测洪水资料,地形资料采用同期的实测水下地形资料。

模型糙率参数率定过程中,考虑到各河段特性差异,对糙率分河段进行推算。模型分析结果显示,数学模型较好反映了长江中下游水流流动特征和水面比降,水位、流量的计算结果与各站点的实测水位、流量结果基本一致,即峰谷对应、涨落一致、洪峰水位、流量吻合较好(图 3.14 至图 3.19)。

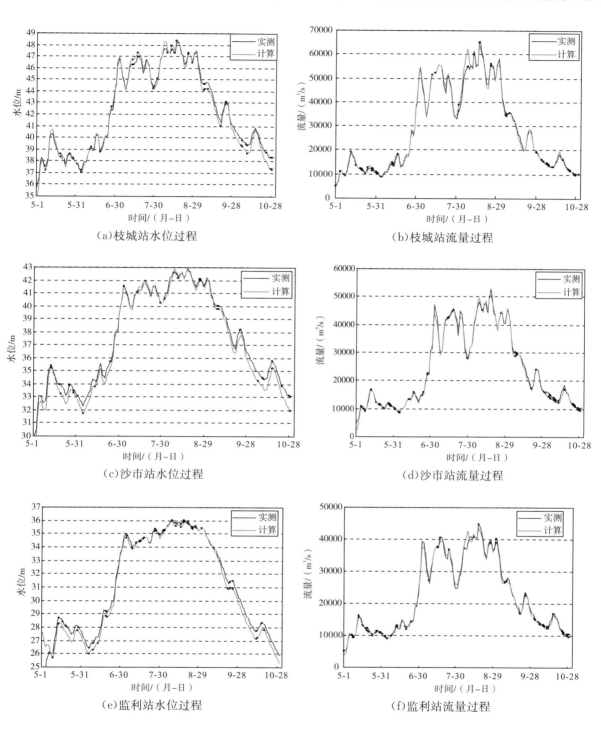

（a)枝城站水位过程

（b)枝城站流量过程

（c)沙市站水位过程

（d)沙市站流量过程

（e)监利站水位过程

（f)监利站流量过程

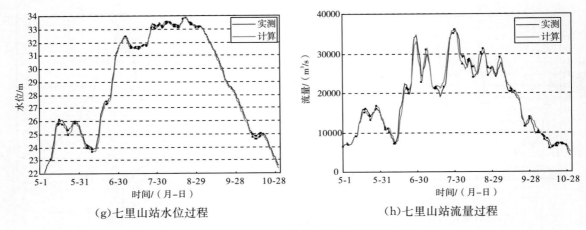

（g)七里山站水位过程　　　　　　　　（h)七里山站流量过程

图 3.14　1998 年汛期各站水位、流量过程对比

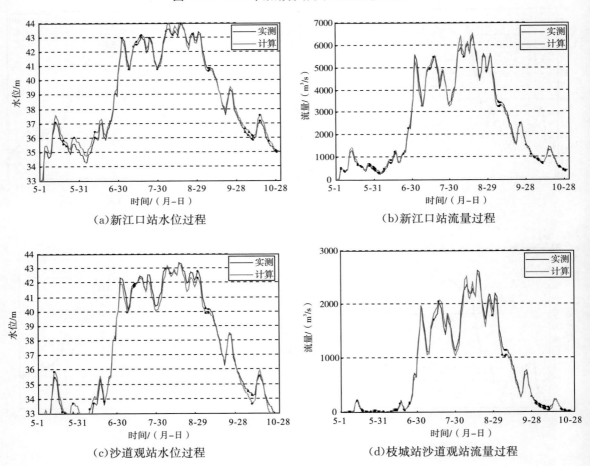

（a)新江口站水位过程　　　　　　　　（b)新江口站流量过程

（c)沙道观站水位过程　　　　　　　　（d)枝城站沙道观站流量过程

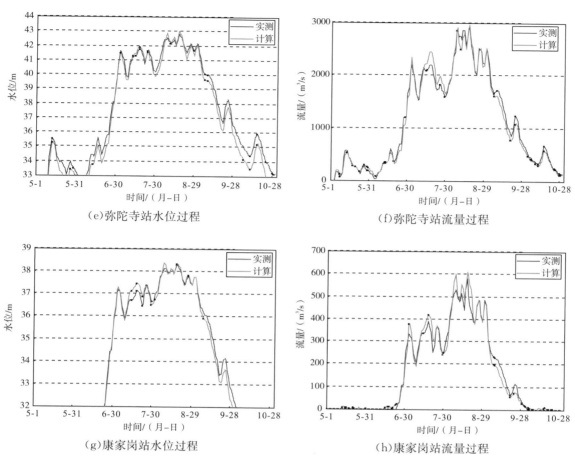

（e）弥陀寺站水位过程

（f）弥陀寺站流量过程

（g）康家岗站水位过程

（h）康家岗站流量过程

图 3.15　1998 年汛期各站水位、流量过程对比

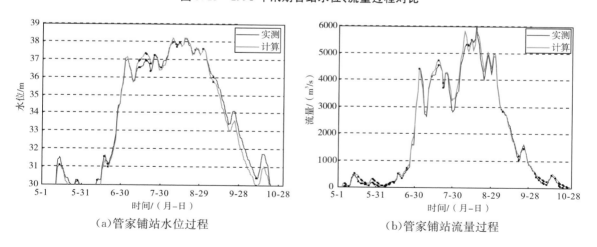

（a）管家铺站水位过程

（b）管家铺站流量过程

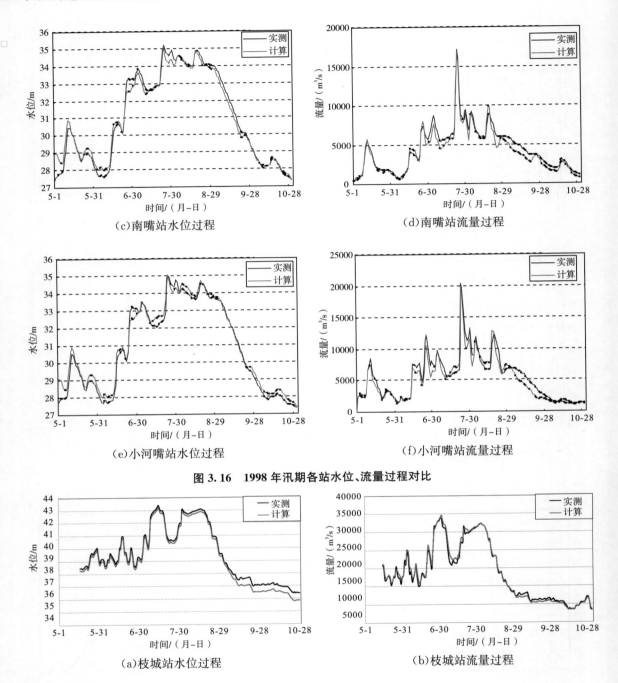

（c)南嘴站水位过程

（d)南嘴站流量过程

（e)小河嘴站水位过程

（f)小河嘴站流量过程

图 3.16　1998 年汛期各站水位、流量过程对比

（a)枝城站水位过程

（b)枝城站流量过程

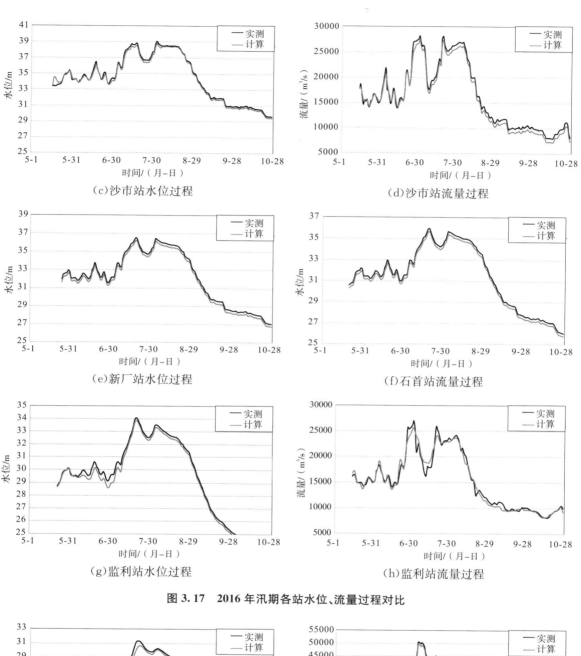

（c）沙市站水位过程

（d）沙市站流量过程

（e）新厂站水位过程

（f）石首站流量过程

（g）监利站水位过程

（h）监利站流量过程

图 3.17　2016 年汛期各站水位、流量过程对比

（a）螺山站水位过程

（b）螺山站流量过程

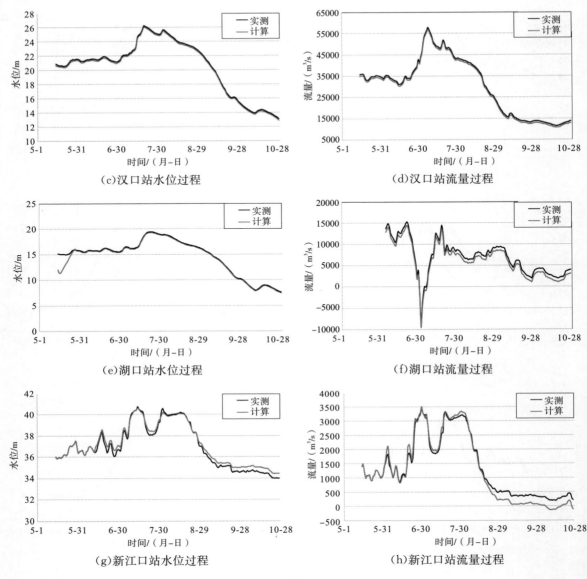

(c)汉口站水位过程 (d)汉口站流量过程

(e)湖口站水位过程 (f)湖口站流量过程

(g)新江口站水位过程 (h)新江口站流量过程

图3.18 2016年汛期各站水位、流量过程对比

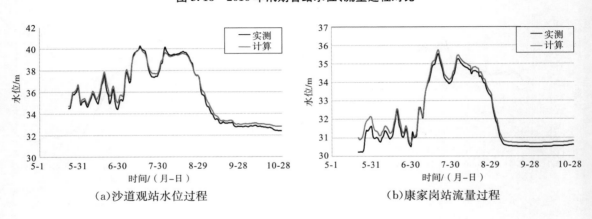

(a)沙道观站水位过程 (b)康家岗站流量过程

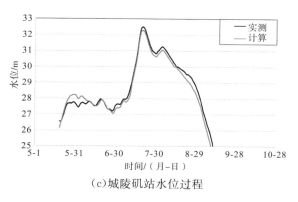
（c）城陵矶站水位过程

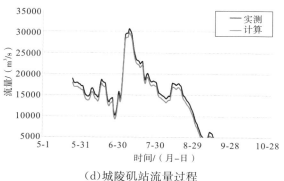
（d）城陵矶站流量过程

图 3.19　2016 年汛期各站水位、流量过程对比

通过实测洪水的反演，三峡水库建成前后长江中下游各河段糙率变化对比情况见表 3.13。蓄水后河道阻力总体呈现增加的特点。宜昌—枝城河段增加最多，增幅为 22.2%，其次为枝城—城陵矶河段，增幅约 19%，城陵矶—大通河段增幅较小，为 4.1%～7.7%。

表 3.13　　　　　　　　三峡水库建成前后长江中下游各河段糙率变化对比情况

河段	三峡水库建成前	三峡水库建成后	增大幅度/%
宜昌—枝城	0.027	0.033	22.2
枝城—城陵矶	0.021	0.025	19.0
城陵矶—汉口	0.026	0.029	7.7
汉口—湖口	0.023	0.025	8.7
湖口—大通	0.024	0.025	4.1

三峡水库建成后长江中下游各河段糙率增加主要受床沙粗化、滩地植被覆盖、工程建设等方面的影响。

（1）河床粗化引起的床面阻力变化

三峡水库蓄水后，在大坝下游河道冲刷的同时，下泄沙量减小导致下游河床冲刷，细颗粒泥沙被带走，河床表层床沙也表现为粗化趋势。宜昌—枝城河段床沙平均中值粒径由 2003 年 11 月的 0.638mm 增大到 2010 年 10 月的 30.4mm，增幅达 48 倍；枝城—杨家脑河段的床沙中值粒径相比蓄水前增大 20 倍左右。河床表层泥沙粗化增大了床面对水流的摩擦阻力。

（2）滩地植被覆盖对水流行进的阻滞作用

长江中下游为冲积型河流特性，发育有大量的江心洲和河漫滩，在三峡水库蓄水后大流量被削减，水流漫滩时间明显减少，滩地上植被生长环境改善，植被茂盛，使滩地阻力增加。如长江中游的天兴洲滩体，高程在平滩水位附近的滩体上生长大量植物，当洪水漫滩时，阻滞了水流行进。

（3）工程建设对边界阻力的影响

2003 年以来，长江中下游实施了大量的航道整治工程，沙卵石河段主要是采取护底工程，直接增加了河床阻力；沙质河段对边滩和心滩进行守护，在江心洲头实施守护和调整型工程。这些工程主要作用在枯水河槽以上，一定程度上增大了河道阻力。此外长江中下游河段分布大量的码头、桥梁、景观等涉水工程，亦增加了河道边界阻力。

3.3.2 考虑植被增加的河道阻力变化分析

3.3.2.1 植被阻力简介

植被阻力系数一般用 C_D 表示。阻力系数 C_D 的定义类似于单个圆柱体的阻力系数定义，即

$$F = \frac{1}{2} C_D a U^2 \tag{3-1}$$

式中，F——单位质量流体受到的植被阻力；

a——植被密度，单位体积内植被在来流平面的投影面积，$a = nd$；

C_D——植被平均阻力系数；

U——植被内等效平均流速。

单个圆柱阻力系数可表示为：

$$C_D \approx 1 + 10.0 Re_d^{-2/3} \qquad (1 < Re_d < 10^5) \tag{3-2}$$

式中，Re_d——圆柱雷诺系数，$Re_d = Ud/v$。

3.3.2.2 曼宁系数理论分析

假定滩地植被水流为恒定均匀流，滩地植被阻力、床面阻力和水流重力沿水面方向分量平衡，即

$$\frac{1}{2} C_D a h U_1^2 + \frac{1}{8} f U^2 = HgS_0 \tag{3-3}$$

式中，U——滩地平均流速；

U_1——植被层平均流速（当植被为淹没状态时，$U_1 < U$；当植被为非淹没状态时，$U_1 = U$）；

h——与水接触的滩地植被高度（当非淹没植被水流时，$h = H$）；

H——滩地水深；

g——重力加速度；

f——达西—魏斯巴赫系数；

S_0——水面比降。

根据曼宁公式：

$$U = \frac{1}{n} R^{2/3} S_0^{1/2} \tag{3-4}$$

由式(3-3)可得：

$$n = \sqrt{\dfrac{R^{4/3}\left[\dfrac{1}{2}C_D a h\left(\dfrac{U_1}{U}\right)^2 + \dfrac{1}{8}f\right]}{Hg}}$$ （3-5）

根据 $f = 8g/C^2$，$C = R^{1/6}/n_0$，推出 $f = 8gn_0^2/R^{1/3}$。同时考虑，滩地上水深较浅，宽深比较大，水力半径 R 与水深 H 近似。滩地曼宁系数随植被密度、植被高度、滩地水深及阻力系数 C_D 和床面阻力 f 的关系式，得

$$n = \sqrt{\dfrac{\dfrac{1}{2}C_D a h H^{1/3}\left(\dfrac{U_1}{U}\right)^2}{g} + n_0^2}$$ （3-6）

三峡工程中小洪水调节后，洲滩淹没概率减小，滩面植被淹没时长减少，植被生长环境改善，植被密度及植株高度等均可能呈增加趋势。下面先讨论植被密度、植被高度和滩地水深等变化对曼宁系数影响的一般规律，再选择典型河段开展具体分析。

1) 当滩地植被为树木等高植被时，滩地水流为非淹没植被水流，即 $U_1 = U$。根据实地调查结果，树木等植被密度 a 一般为 $0.01 \sim 0.20 \mathrm{m}^{-1}$。

根据相关经验，不考虑滩地植被情况下滩地曼宁系数为 0.03。不同滩地水深条件下曼宁系数随植被密度变化见图 3.20。可以看出，滩地曼宁系数随植被密度增大和滩地水深增加而增大。当滩地水深 $4.0\mathrm{m}$、植被密度 $0.010\mathrm{m}^{-1}$ 时，曼宁系数约 0.064；当滩地水深 $4.0\mathrm{m}$、植被密度 $0.2\mathrm{m}^{-1}$ 时，曼宁系数约 0.256；当滩地水深 $0.5\mathrm{m}$、植被密度 $0.2\mathrm{m}^{-1}$ 时，曼宁系数约为 0.070；当滩地水深 $0.5\mathrm{m}$、植被密度 $0.010\mathrm{m}^{-1}$ 时，曼宁系数约为 0.033。

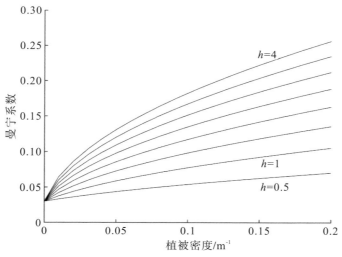

图 3.20　不同滩地水深条件下曼宁系数随植被密度变化(非淹没植被, $H = h$)

2) 当滩地植被为杂草、农作物、低矮灌木等柔性植被时，这类植被在水流作用下发生顺

水流弯曲,且经常处于淹没状态。结合相关文献资料及实地调查,杂草等滩地柔性植被密度 a 一般为 $0.2 \sim 5.0 \mathrm{m}^{-1}$。

淹没植被水流中植被层流速 U_1 与滩面平均流速 U 的关系可表达为:

$$\frac{U_1}{U} = \frac{1}{1 + \sqrt{\frac{C_D a h}{2C}\left(\frac{H-h}{H}\right)^3}} \tag{3.7}$$

式中,$C = 0.07$。

h ——淹没植被在水流作用下发生弯曲后的有效高度;植被发生弯曲后的有效高度与水流流速大小、植被弹性模量、植被抗弯刚度等相关。

根据式(3-6)与式(3-7),曼宁系数随植被密度、滩地水深、植被高度的变化关系见图3.21和图3.22。可以看出,在淹没植被高度($h = 0.5\mathrm{m}$)一定条件下,当滩地水深4.0m、植被密度 $5.0\mathrm{m}^{-1}$ 时,曼宁系数为0.105;当滩地水深4.0m、植被密度 $0.5\mathrm{m}^{-1}$ 时,曼宁系数为0.073;当滩地水深1.0m、植被密度 $0.5\mathrm{m}^{-1}$ 时,曼宁系数为0.082;当滩地水深1.0m、植被密度 $5\mathrm{m}^{-1}$ 时,曼宁系数为0.146。

在滩地植被密度一定($a = 1.0\mathrm{m}^{-1}$)条件下,当滩地水深4.0m、植被高度1.0m时,曼宁系数为0.108;当滩地水深4.0m、植被高度0.2m时,曼宁系数为0.067;当滩地水深1.0m、植被高度0.2m时,曼宁系数为0.228;当滩地水深1.0m、植被高度0.1m时,曼宁系数为0.062。

通过上述分析可以看出,滩地存在植被时曼宁系数明显增大。有植被的滩地曼宁系数一般在 $0.03 \sim 0.20$ 变化。低矮柔性植被对应的曼宁系数较小,高大且枝繁叶茂植被对应的曼宁系数较大。

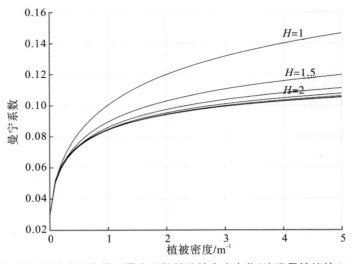

图3.21 不同滩地水深条件下曼宁系数随植被密度变化(淹没柔性植被 $h = 0.5\mathrm{m}$)

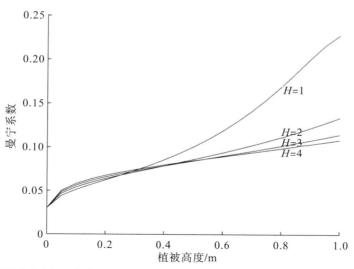

图 3.22　不同滩地水深条件下曼宁系数随植被高度变化（淹没状态，植被密度 $a = 1\text{m}^{-1}$）

一般说来，对于非淹没植被，水深或植被高度越大，曼宁系数越大；植被密度越大，曼宁系数越大。对于淹没植被，在同等植被高度下，水深越大，曼宁系数越小；在同等密度条件下，曼宁系数水深的变化关系与植被高度有关，但总体表现为水深越大，曼宁系数越小。

上述变化规律可通过植被阻水机理分析。植被阻水主要是水流在植被作用下产生不同尺度的涡漩，包括植被枝干、树叶等形成的涡漩和淹没植被顶端形成的剪切涡漩等。不同尺寸的涡漩将水流部分动能转化为内能而耗散，从而导致水流流速减缓，形成阻水效应。对于非淹没植被，水深越大，植被对水流的作用力越大，植被产生的涡漩越多，损失的能量越大；植被密度越大，也是同样的原理，从而导致当水深或植被密度增大时，曼宁系数增大。对于淹没植被，水深越大，植被层流速会减小，从而导致植被产生的涡漩减小，损失的能量减小，因此会出现当水深增加时，曼宁系数减小。

3.3.2.3　曼宁系数变化分析

本节以岳阳河段典型断面为例，基于地形图和影像图（图 3.23）以及相关数据假设，分析滩地植被变化对河段糙率系数的影响。

该典型断面所在位置河宽约 2.5km，滩地宽约 0.45km，滩地平均高程约为 28.0m（85 国家高程基准，下同，见图 3.24），滩地上基本长满植被。该断面设计洪水位为 32.36m（根据城陵矶站防洪设计水位 32.46m 与螺山站防洪设计水位 32.02m 差值求得）。防洪设计水位下，滩地平均水深约 4.36m。在三峡工程建成运用后，岳阳河段滩面过水概率减少，滩面植被覆盖度较工程前增加，特别是杂草等柔性植被密度明显增加，假设植被密度从 $a = 1\text{m}^{-1}$（对应植被分布为 $n = 100$ 株$/\text{m}^2$，植被茎干宽度 $d = 1\text{cm}$）增加到 2m^{-1}。结合该河段现场调研及相关文献资料，假定滩地植被初始高度为 0.5m，洪水条件下植被弯曲后的高度为

0.25m。根据上一节研究成果,植被密度从 $0.5m^{-1}$ 增加到 $2m^{-1}$ 时,滩地曼宁系数由 0.062 增加到 0.081。

图 3.23　河道影像

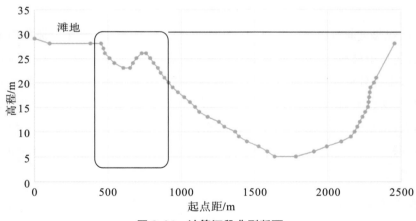

图 3.24　计算河段典型断面

复式河道综合糙率系数(即曼宁系数)计算公式为:

$$n = \left(P^{-1} \sum_{i=1}^{i=N} P_i n_i^{3/2} \right)^{2/3} \tag{3-8}$$

式中,P_i、n_i——第 i 个分割断面的湿周、曼宁系数。

上述典型断面可分为两个区,即主槽区和滩地区。根据图 3.24 计算出,滩地和主槽湿周分别为 450m、2007m。结合上文分析成果及相关经验,植被密度变化前后河道滩地曼宁系数分别为 0.062、0.081,主槽曼宁系数为 0.025。计算得到植被密度变化前后断面综合糙率分别为 0.032、0.035。植被密度增大后,断面综合糙率增大约 9.4%。

3.4　长江中游干流洪水传播特性变化分析

本节通过收集三峡水库建成前后不同时期的水文实测资料,对上下站洪峰流量相关图、洪水涨差坦化系数进行分析,并对比分析了三峡建库前后长江中游宜昌—汉口河段的洪水传播特性变化特点。

3.4.1　基于相关图的演进规律分析

绘制长江中游河段宜昌、枝城、沙市、监利、螺山、汉口等两站之间的洪峰流量或水位相关图,比较其建库前后变化,分析洪水演进规律的变化。

3.4.1.1　宜昌—枝城站

采用建库前后的水文资料建立宜昌、高坝洲与枝城站洪峰流量相关关系。枝城站1976—1991 年期间洪峰流量采用水位流量关系综合线进行流量插补后分析确定。宜昌、高坝洲站与枝城站洪峰流量相关关系见图 3.25。

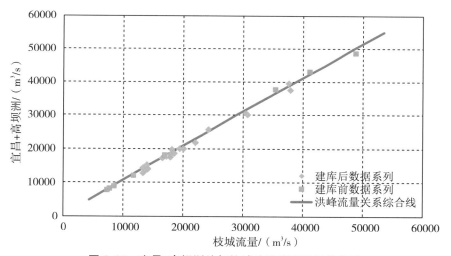

图 3.25　宜昌、高坝洲站与枝城站洪峰流量相关关系

由图 3.25 可知,三峡水库建成后,宜昌站、高坝洲站与枝城站洪峰流量关系综合线在建库前后没有发生变化。

3.4.1.2　枝城—沙市站

（1）枝城站与沙市站洪峰流量相关关系分析

采用建库前后的水文资料分别建立枝城站与沙市站洪峰流量相关关系。枝城站与沙市站洪峰流量相关关系见图 3.26。由图 3.26 可知,三峡水库建成后,枝城站与沙市站洪峰流量关系综合线发生左偏,枝城洪峰流量级相同时,沙市洪峰流量偏小,枝城洪峰流量为50000m³/s 时,沙市洪峰流量比建库前偏小 1300m³/s 左右。

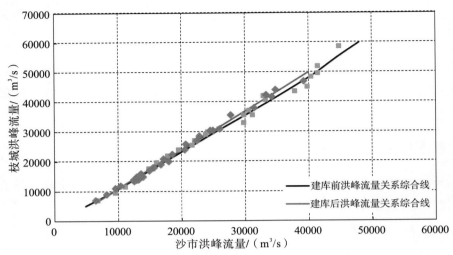

图 3.26　枝城站与沙市站洪峰流量相关关系

（2）三峡出库流量与沙市水位相关关系分析

荆江河段防洪调度目标是控制沙市水位,而受洪水涨落、冲淤变动及洞庭湖来水顶托影响,沙市水位流量关系复杂,根据沙市水位流量关系及沙市流量与三峡水库出库流量一般情况下的转换关系,可分析得到不同七里山水位下沙市特征水位 43.0m、44.5m、45.0m 时相应的三峡出库流量(图 3.27)。

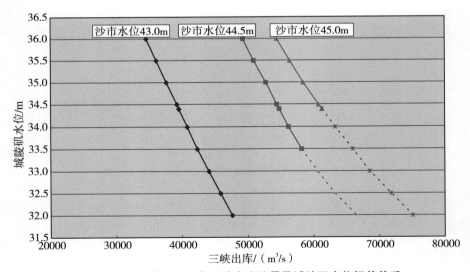

图 3.27　沙市控制水位与三峡出库流量及城陵矶水位相关关系

当荆江补偿调度目标为控制沙市水位不超过 43.0m,城陵矶水位低于 32.5m 时,应控制沙市流量小于 41000m³/s,三峡出库流量应小于 46000m³/s;当城陵矶水位高于 34.4m 时,应控制沙市流量小于 36000m³/s,三峡出库流量应小于 40000m³/s。

当荆江补偿调度目标为控制沙市水位不超过 44.5m,城陵矶水位低于 32.5m 时,应控制沙市流量小于 55000m³/s，三峡出库流量应小于 64000m³/s；当城陵矶水位高于 34.4m 时，应控制沙市流量小于 49000m³/s，三峡出库流量应小于 55000m³/s。

当荆江补偿调度目标为控制沙市水位不超过 45.0m，城陵矶水位低于 32.5m 时，应控制沙市流量小于 63000m³/s，三峡出库流量应小于 72000m³/s；当城陵矶水位高于 34.4m 时，应控制沙市流量小于 54000m³/s，三峡出库流量应小于 61000m³/s。

3.4.1.3　沙市—监利站

（1）枝城—监利站洪峰水位相应关系分析

采用 1990 年至建库前水文资料，以枝城站洪峰水位为纵轴，监利站洪峰水位为横轴，城陵矶站同时水位为参数建立枝城站与监利站的相应水位关系（图 3.28）。将建库后水文资料点绘在相关图上，由图可知，建库后数据点发生右偏现象。

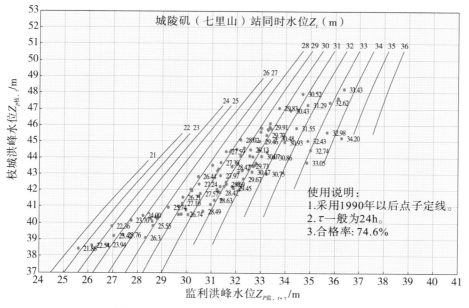

图 3.28　长江枝城—监利站洪峰水位相关关系

（2）沙市站与监利站洪峰流量相应关系分析

采用建库前后的水文资料分别建立沙市与监利站洪峰流量相关关系。沙市站与监利站洪峰流量相关关系见图 3.29。由图 3.29 可知，三峡水库建成后，沙市站到监利站洪峰流量关系未发生变化。

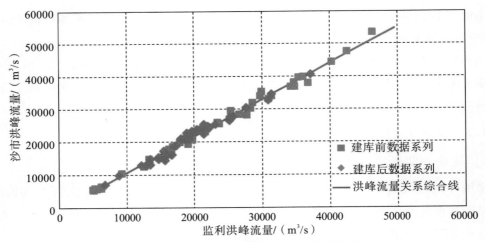

图 3.29 沙市站与监利站洪峰流量相关关系

3.4.1.4 监利—螺山站

采用 1996 年至建库前水文资料，以宜昌、高坝洲、湘潭、桃江、桃源、石门、大湖区间合成流量为纵轴，螺山 $t+\tau$ 时刻的水位为横轴，螺山同时水位为参数建立相关关系，螺山站洪峰水位预报相关关系见图 3.30。采用建库后水文资料，把数据点绘在相关图上，由图可知，建库后螺山站洪峰水位相关关系未发生明显改变。

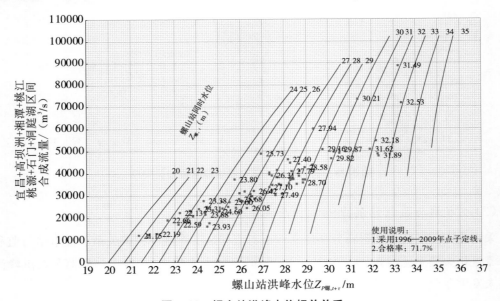

图 3.30 螺山站洪峰水位相关关系

3.4.1.5 螺山—汉口站

采用建库前后的水文资料分别建立螺山站与汉口站洪峰流量相关关系。螺山站与汉口站洪峰流量相关关系见图 3.31。由图 3.31 可知，三峡水库建成后，螺山站与汉口站洪峰流量相关关系并未发生明显变化。

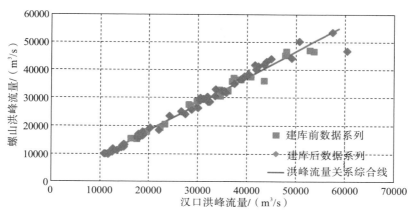

图 3.31　螺山站与汉口站洪峰流量相关关系

3.4.2　基于涨差系数的洪水演进规律分析

统计建库前后宜昌—枝城站、枝城—沙市站、沙市—监利站、监利—螺山站、螺山—汉口站典型洪水过程洪峰流量的涨差系数。

3.4.2.1　宜昌—枝城站

枝城站来水由宜昌、高坝洲和区间来水组成。采用宜昌 t 时刻流量与高坝洲 $t+2$ 时刻流量的合成流量与枝城站相应的起涨和洪峰流量进行分析,统计其涨差系数变化。

三峡水库建库前,宜昌—枝城站洪峰流量的涨差系数在 0.8 左右,遇量级较大的洪水,如"20070620"和"20030904"洪水,涨差系数会提高到 0.9 以上。宜昌—枝城站洪峰流量涨差系数(建库前)见表 3.14。三峡水库建库后,受水库调节影响,宜昌年内流量过程已非天然过程,很少出现大的持续涨水过程,多为量级较小的人工洪水。宜昌—枝城站洪峰流量涨差系数(建库后)见表 3.15。由表 3.14 和表 3.15 可知,建库后宜昌—枝城洪峰流量的涨差系数在 1.0 左右,较建库前明显增大。

表 3.14　　　　　　　　　宜昌—枝城站洪峰流量涨差系数(建库前)

洪水	起涨流量/(m³/s)		洪峰流量/(m³/s)		涨幅/(m³/s)		涨差系数比
	宜昌+高坝洲	枝城	宜昌+高坝洲	枝城	宜昌+高坝洲	枝城	
20040304	6166	6410	7920	7410	1754	1000	0.57
20050223	3837	4240	8314	7720	4477	3480	0.78
20060530	10307	10100	12142	11800	1835	1700	0.93
20070620	15850	16100	43030	41200	27180	25100	0.92
20030904	21130	22400	48826	48800	27696	26400	0.95

表 3.15   宜昌—枝城站洪峰流量涨差系数（建库后）

| 洪水 | 起涨流量/(m³/s) | | 洪峰流量/(m³/s) | | 涨幅/(m³/s) | | 涨差系数比 |
	宜昌+高坝洲	枝城	宜昌+高坝洲	枝城	宜昌+高坝洲	枝城	
20100511	13170	13200	13858	14100	688	900	1.31
20120924	17580	18000	19937	20100	2357	2100	0.89
20140916	27317	27000	37600	37900	10283	10900	1.06
20160715	20640	21700	25610	24300	4970	2600	0.52
20160905	11090	11100	13355	13700	2265	2600	1.15

3.4.2.2 枝城—沙市站

三峡水库建库前，枝城—沙市站洪峰流量的涨差系数在 0.8 左右，洪峰量级越大，坦化作用越小，即涨差系数越大。枝城—沙市站洪峰流量涨差系数（建库前）见表 3.16。此外，对于尖瘦型洪水过程，坦化作用较为明显。三峡水库建库后，枝城—沙市站的涨差系数明显减小，尤其量级较小的洪水，涨差系数只有 0.3 左右，对于量级较大的洪水，涨差系数为 0.6~0.7。枝城—沙市站洪峰流量涨差系数（建库后）见表 3.17。

表 3.16   枝城—沙市站洪峰流量涨差系数（建库前）

| 洪水 | 起涨流量/(m³/s) | | 洪峰流量/(m³/s) | | 涨幅/(m³/s) | | 涨差系数比 |
	枝城	沙市	枝城	沙市	枝城	沙市	
20031820	3940	4290	4640	4850	700	560	0.80
20040617	12900	12500	31600	27200	18700	14700	0.79
20040626	18800	16400	23700	19500	15900	12200	0.77
20040909	20500	17900	58000	47900	37500	30000	0.80
20050831	28100	23500	44800	38300	16700	14800	0.89
20060909	12000	11200	32900	28000	11200	9300	0.83

表 3.17   枝城—沙市站洪峰流量涨差系数（建库后）

| 洪水 | 起涨流量/(m³/s) | | 洪峰流量/(m³/s) | | 涨幅/(m³/s) | | 涨差系数比 |
	枝城	沙市	枝城	沙市	枝城	沙市	
20100621	18800	15400	14000	13000	4800	2400	0.50
20110818	24700	20400	20100	19100	4600	1300	0.28
20120531	24600	20000	19800	17800	4800	2200	0.46
20120819	27800	22800	25800	22200	2000	600	0.30
20140717	31500	25700	28500	24500	3000	1200	0.40
20150909	25700	21100	18400	16900	7300	4200	0.58
20160810	30700	24800	24900	23100	5800	1700	0.29

3.4.2.3   沙市—监利站

三峡水库建库前,沙市—监利站洪峰流量的涨差系数为0.7~0.9。从总体来看,建库后涨差系数有减小的趋势,大部分洪水样本为0.5~0.8。沙市—监利站洪峰流量涨差系数见表3.18、表3.19。

表 3.18   沙市—监利站洪峰流量涨差系数(建库前)

洪水	起涨流量/(m³/s)		洪峰流量/(m³/s)		涨幅/(m³/s)		涨差系数比
	沙市	监利	沙市	监利	沙市	监利	
20010514	9970	10300	12700	12500	2730	2200	0.81
20020507	11100	11200	20000	17800	8900	6600	0.74
20040506	8120	7920	14900	13300	6780	5380	0.79
19980826	37800	34100	44700	40200	6900	6100	0.88
20030713	25000	26100	39800	25300	14800	9200	0.62
20060711	17200	16700	26100	23400	8900	6700	0.75

表 3.19   沙市—监利站洪峰流量涨差系数(建库后)

洪水	起涨流量/(m³/s)		洪峰流量/(m³/s)		涨幅/(m³/s)		涨差系数比
	枝城	沙市	枝城	沙市	枝城	沙市	
20100711	26700	25100	21600	21100	5100	4000	0.78
20130528	17300	15400	13600	13400	3700	2000	0.54
20130612	23000	19900	16000	16300	7000	3600	0.51
20140812	25500	21400	22700	20100	2800	1300	0.46
20160622	22300	19500	15200	14700	7100	4800	0.68

3.4.2.4   监利—螺山站

受洞庭湖来水影响,监利—螺山河段样本较差,坦化系数未进行统计分析。

3.4.2.5   螺山—汉口站

螺山—汉口站洪水过程一般持续时间较长,形状矮胖,河道坦化作用不是很明显。建库前,坦化系数在0.90左右;当区间或汉江来水较大时,坦化系数会大于1.00;当流量涨幅较小时,坦化系数在0.75左右;建库后坦化系数变化不大。螺山—汉口站洪峰流量涨差系数见表3.20、表3.21。

表 3.20   螺山—汉口站洪峰流量涨差系数（建库前）

洪水	起涨流量/(m³/s)		洪峰流量/(m³/s)		涨幅/(m³/s)		涨差系数比
	螺山	汉口	螺山	汉口	螺山	汉口	
19980314	10900	12200	27700	28100	16800	15900	0.95
20020320	12000	13700	15400	16300	3400	2600	0.76
20030521	25400	28000	36600	38700	11200	10700	0.96
20060416	11100	13400	19400	22200	8300	8800	1.06
20000720	39600	45200	46700	53600	7100	8400	1.18
20010911	26200	29500	36000	36900	9800	7400	0.76
20040724	32400	28700	47100	52800	14700	24100	1.64
20060712	22500	25800	30800	34500	8300	8700	1.05
20070906	29100	33600	32600	36100	3500	2500	0.71

表 3.21   螺山—汉口站洪峰流量涨差系数（建库后）

洪水	起涨流量/(m³/s)		洪峰流量/(m³/s)		涨幅/(m³/s)		涨差系数比
	螺山	汉口	螺山	汉口	螺山	汉口	
20100426	24200	27300	8380	10900	15820	16400	1.04
20100717	44400	49000	36800	37900	7600	11100	1.46
20120309	16000	17600	9210	11500	6790	6100	0.90
20121013	23600	24100	18900	20700	4700	3400	0.72
20130330	16500	17700	9950	11000	6550	6700	1.02
20140922	42100	43500	33200	36500	8900	7000	0.79
20160912	17000	18900	15300	17600	1700	1300	0.76

3.4.3　小结

通过对上下站洪峰流量相关图、洪水涨差坦化系数等分析，对三峡建库前后宜昌—汉口河段洪水演进规律进行了分析，得出以下结论：

1）三峡水库建成后，宜昌站与枝城站洪峰流量关系未发生明显变化；枝城与沙市站洪峰流量关系综合线偏左，枝城洪峰流量级相同时，沙市洪峰流量偏小，枝城洪峰流量为50000m³/s时，沙市洪峰流量比建库前偏小1300m³/s左右；三峡水库建成后，沙市—监利以及螺山—汉口站洪峰流量关系未发生明显变化。

2）三峡水库建库后，宜昌—枝城、枝城—沙市、沙市—监利河段洪峰的坦化作用均有不同程度的变化，螺山—汉口河段未有明显变化。三峡建库前后，宜昌—枝城河段的坦化作用减小，涨差系数由 0.85 增大到 1.0 左右；枝城—沙市河段坦化作用明显增大，涨差系数建库前在 0.8 左右，建库后减小到 0.3～0.7；沙市—监利河段涨差系数亦有减小的趋势，建库前为 0.7～0.9,建库后减小到 0.6～0.7;螺山—汉口段建库前后涨差系数变化不大,平均涨差系数在 0.90 左右,当区间或汉江来水较大时,涨差系数会大于 1.00,当流量涨幅较小时,涨差系数在 0.75 左右。

3.5　河道蓄泄能力变化对上游水库防洪调度的影响

3.5.1　2032 年长江河道泄流能力预测成果

根据长江科学院长江中下游江湖冲淤变化水沙数学模型预测成果,2017—2032 年,长江中下游河道呈进一步冲刷趋势,沿程各站同流量的水位呈下降趋势,长江干流河道槽蓄量呈增加趋势。

2017—2032 年末,长江干流宜昌—大通河段悬移质累计总冲刷量为 20.91 亿 m³,其中宜昌—沙市段冲刷量为 1.05 亿 m³,沙市—城陵矶段冲刷量为 6.62 亿 m³,城陵矶—武汉段冲刷量为 6.58 亿 m³,武汉—湖口段冲刷量为 5.39 亿 m³,湖口—大通段冲刷量为 1.27 亿 m³(图 3.32)。

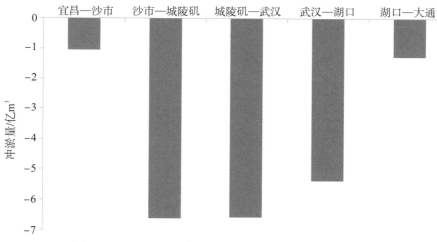

图 3.32　2017—2032 年宜昌—湖口段河道泥沙冲淤预测

三峡等控制性水库运用后的 2017—2032 年,当沙市站流量为 53000m³/s 时,水位降低0.37m(图 3.33);当螺山站流量为 60000m³/s 时,水位降低约 0.17m(图 3.34);当汉口站流量为 65000m³/s 时,水位降低约 0.14m。

三峡等控制性水库运用后 2017—2032 年,宜昌—沙市段高水时槽蓄增量约为 1.13 亿 m³(图 3.35),沙市—城陵矶段高水时槽蓄增量约为 12.52 亿 m³(图 3.36),城陵矶—汉口段高水时槽蓄增量约为 4.17 亿 m³(图 3.37),汉口以下河段高水槽蓄量变化较小。

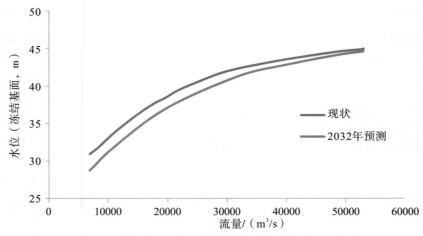

图 3.33 现状与 2032 年预测沙市站水位流量关系曲线

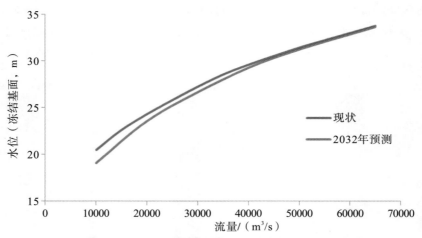

图 3.34 现状与 2032 年预测螺山站水位流量关系曲线

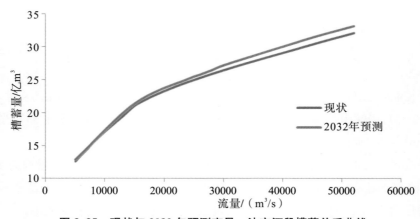

图 3.35 现状与 2032 年预测宜昌—沙市河段槽蓄关系曲线

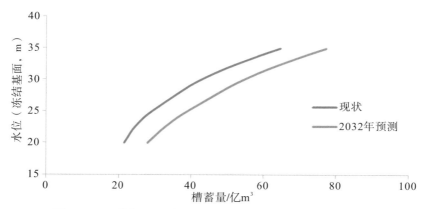

图 3.36 现状与 2032 年预测沙市—城陵矶河段槽蓄关系曲线

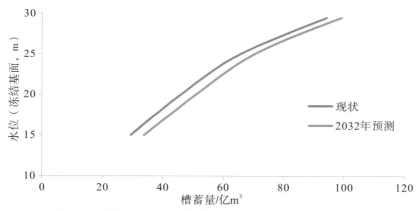

图 3.37 现状与 2032 年预测城陵矶—汉口河段槽蓄关系曲线

3.5.2 三峡水库的防洪调度方式

根据《2018 年度长江上中游水库群联合调度方案》,三峡水库的防洪调度方式如下:

对荆江河段进行防洪补偿的调度方式,主要适用于长江上游发生大洪水的情况。当汛期在实施防洪调度时,如当三峡水库水位低于 171.0m 时,则按沙市站水位不高于 44.5m 控制水库下泄流量;当三峡水库水位为 171.0~175.0m 时,控制补偿枝城站流量不超过 80000m³/s,在配合采取分蓄洪措施条件下控制沙市站水位不高于 45.0m。当三峡水库水位达到 175m 之后转为保枢纽安全方式调度。

兼顾对城陵矶地区进行防洪补偿的调度方式,主要适用于长江上游洪水不大,三峡水库尚不需要为荆江河段防洪大量蓄水,而城陵矶水位将超过堤防设计水位,则需要三峡水库拦蓄洪水以减轻该地区防洪及分蓄洪压力的情况。汛期在因调控城陵矶地区洪水而需要三峡水库拦蓄洪水时,如三峡水库水位不高于 155.0m,则按控制城陵矶水位 34.40m 进行补偿调节;当水库水位高于 155m 之后,一般情况下不再对城陵矶地区进行防洪补偿调度,转为对荆江河段防洪补偿调度;如城陵矶附近地区防汛形势依然严峻,可考虑溪洛渡、向家坝等水库与三峡水库联合调度,进一步减轻城陵矶附近地区防洪压力。

3.5.3　河道蓄泄能力变化对三峡水库下泄流量的影响

水库运用至 2032 年,河道蓄泄能力较现状条件发生变化后,沙市站防洪控制水位 44.5m、45.0m 和城陵矶站防洪控制水位 34.40m 对应的河道泄量均有所增大,在保证防洪安全(即不超过防洪控制水位)的条件下,三峡水库对荆江补偿调度及城陵矶补偿调度控制流量可随之调整。

依照《2018 年度长江上中游水库群联合调度方案》安排的调度方式进行防汛调度,其中通过水库拦蓄不能控制下游出现超保证水位的情况时,按现状方案最小下泄流量进行下泄。遇 1954 年和 1998 年实际洪水及各年型($P=5\%$、2%、1%、0.5%)设计洪水。不同河道泄流能力下三峡水库下泄流量过程见图 3.38。根据洪水来水情况不同,河道蓄泄能力变化之后,三峡水库下泄流量的变化范围、下泄流量增大或减小天数、拦蓄天数的变化都不相同(表 3.22)。根据计算的工况结果统计,三峡水库下泄流量的变化范围为$-25535\sim2300\mathrm{m^3/s}$,下泄流量增大是因为在相同的城陵矶站和沙市站防洪控制水位下,河道的安全泄量增大,所以三峡水库的下泄流量也会有所增大,在对城陵矶地区进行补偿调度时,三峡水库的下泄流量增大约 $2000\mathrm{m^3/s}$,在对荆江地区进行补偿调度时,三峡水库的下泄流量增大约 $2300\mathrm{m^3/s}$;下泄流量减小是因为在进行城陵矶地区补偿调度时,前期下泄流量的增大减少了城陵矶地区补偿占用的拦蓄库容,在后期原本进入荆江补偿调度时仍在对城陵矶地区进行补偿调度,所以三峡水库的下泄流量会有明显减少。

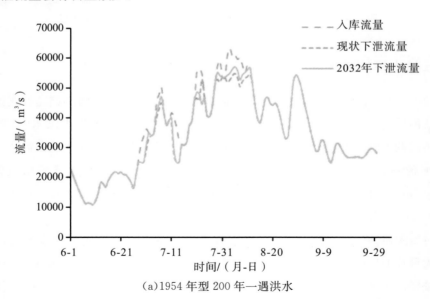

(a)1954 年型 200 年一遇洪水

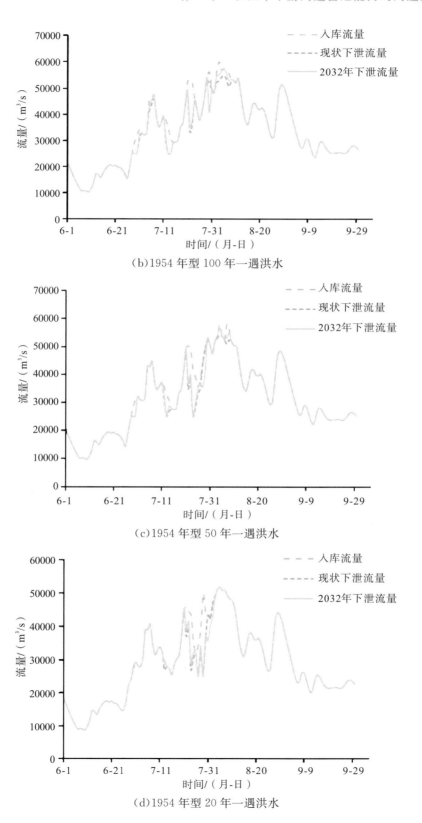

(b)1954 年型 100 年一遇洪水

(c)1954 年型 50 年一遇洪水

(d)1954 年型 20 年一遇洪水

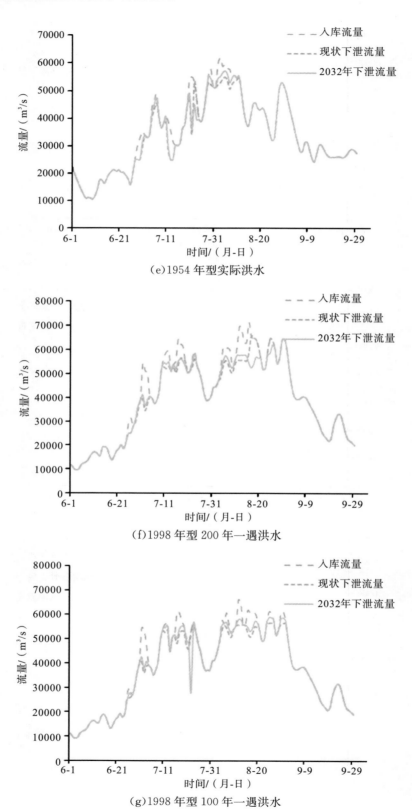

（e）1954 年型实际洪水

（f）1998 年型 200 年一遇洪水

（g）1998 年型 100 年一遇洪水

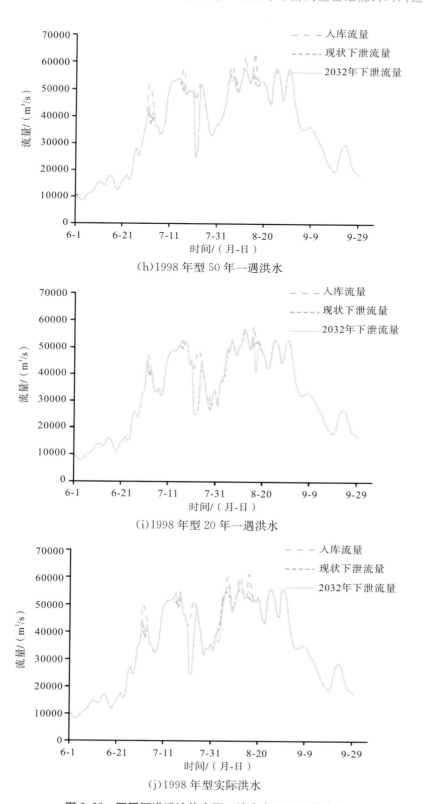

(h)1998 年型 50 年一遇洪水

(i)1998 年型 20 年一遇洪水

(j)1998 年型实际洪水

图 3.38　不同河道泄流能力下三峡水库下泄流量过程

表 3.22   江湖蓄泄能力变化后三峡水库下泄流量变化情况

年型	频率	下泄流量变化范围 /(m³/s)	下泄流量 增大天数/d	下泄流量 减小天数/d	拦蓄总天数 变化/d
1954	实际洪水	[−8008,2300]	21	2	−2
	0.5%	[−8354,2300]	21	2	−1
	1%	[−11496,2300]	18	1	−6
	2%	[−8640,2300]	15	2	−4
	5%	[−7740,2000]	8	4	3
1998	实际洪水	[−5315,2300]	13	4	4
	0.5%	[−13082,2300]	26	12	5
	1%	[−25535,2300]	37	1	−11
	2%	[−2341,2000]	20	4	−10
	5%	[−10993,2000]	12	2	−4

3.5.4 河道蓄泄能力变化对三峡水库拦蓄库容的影响

遇到 1954 年和 1998 年实际洪水及各年型($P=5\%$、2%、1%、0.5%)设计洪水,不同河道泄流能力下三峡水库拦蓄的洪量和最高调洪水位情况见表 3.23。从统计结果来看,除部分工况拦蓄量处于补偿方式转换的临界值没有变化外,其余工况下三峡水库的拦蓄量均有所减小,同时三峡水库的调洪水位也有所降低。

表 3.23   不同河道泄流能力下三峡水库拦蓄的洪量和最高调洪水位情况

年型	频率	三峡水库拦蓄量/亿 m³			三峡最高调洪水位/m		
		现状	2032 年	变化量	现状	2032 年	变化量
1954	实际洪水	123.76	101.66	−22.10	164.35	161.46	−2.89
	0.5%	149.61	117.99	−31.62	167.39	163.60	−3.79
	1%	103.69	86.30	−17.39	161.73	159.38	−2.34
	2%	90.51	83.27	−7.24	160.00	158.94	−1.06
	5%	76.90	76.90	0.00	158.00	158.00	0.00
1998	实际洪水	103.85	91.93	−11.92	161.75	160.19	−1.56
	0.5%	182.30	182.30	0.00	171.00	171.00	0.00
	1%	161.84	127.43	−34.41	168.78	164.83	−3.95
	2%	107.77	88.96	−18.81	162.26	159.77	−2.49
	5%	82.17	76.90	−5.27	158.78	158.00	−0.78

为了研究河道蓄泄能力变化后,三峡水库对城陵矶地区和荆江地区补偿调度情况的影响,表 3.24 分别统计了城陵矶地区和荆江地区补偿调度的起始日期和拦蓄量结果。

表 3.24　　　　　江湖蓄泄能力变化后,三峡水库对城陵矶地区进行补偿拦蓄情况

年型	频率	开始日期			结束日期			拦蓄量		
		现状	2032 年	日期变化/d	现状	2032 年	日期变化/d	现状/亿 m³	2032 年/亿 m³	拦蓄量变化/亿 m³
1954	实际洪水	6 月 28 日	6 月 28 日	0	7 月 22 日	7 月 24 日	+2	76.9	76.9	0
	0.50%	6 月 28 日	6 月 28 日	0	7 月 22 日	7 月 24 日	+2	76.9	76.9	0
	1%	6 月 28 日	6 月 28 日	0	7 月 24 日	7 月 30 日	+6	76.9	76.9	0
	2%	6 月 29 日	6 月 29 日	0	7 月 27 日	7 月 29 日	+2	76.9	76.9	0
	5%	6 月 30 日	7 月 13 日	+13	7 月 30 日	8 月 3 日	+4	76.9	76.9	0
1998	实际洪水	6 月 26 日	6 月 26 日	0	7 月 24 日	8 月 6 日	+13	76.9	76.9	0
	0.50%	6 月 26 日	6 月 26 日	0	7 月 17 日	7 月 21 日	+4	76.9	76.9	0
	1%	6 月 26 日	6 月 26 日	0	7 月 22 日	7 月 23 日	+1	76.9	76.9	0
	2%	6 月 26 日	6 月 26 日	0	7 月 23 日	8 月 12 日	+20	76.9	76.9	0
	5%	7 月 2 日	7 月 2 日	0	8 月 16 日	8 月 18 日	+2	76.9	76.9	0

根据城陵矶地区补偿调度的起始日期的统计情况,在未来河道蓄泄能力调整后,对三峡水库进行城陵矶补偿调度的开始日期影响不大,除个别工况开始日期有所推迟外,其余工况开始日期均不变;但总体上延迟了三峡水库对城陵矶补偿调度的时间,对城陵矶补偿调度的结束日期均有所推后,1~20d 不等。同时,从对城陵矶地区补偿调度的拦蓄量来看,在未来河道蓄泄能力调整后,对于 $P=5\%$ 的洪水,在城陵矶地区补偿拦蓄量未用完的情况下,均减小了三峡水库的拦蓄量;而对于其余工况,城陵矶补偿拦蓄量均达到上限,保持不变。

根据荆江地区补偿调度的起始日期统计情况,在未来河道蓄泄能力调整后,受三峡水库对城陵矶补偿调度过程延长的影响,三峡水库对荆江地区补偿调度的开始日期总体有所推后,但对于不同年型有所不同(表 3.25)。对于 1954 年型不同频率洪水,三峡水库对荆江地区补偿调度的开始日期延后 4~7d;对于 1998 年型不同频率洪水,三峡水库对荆江地区补偿调度的开始日期延后 0~13d。除 1998 年型 $P=0.5\%$ 设计洪水工况,三峡水库对荆江地区

补偿调度的库容运用完成外,其余工况三峡水库对荆江地区补偿调度的库容均有剩余。对于 1998 年型 $P=0.5\%$ 设计洪水工况,受荆江河道泄流能力增大的影响,三峡水库对荆江地区补偿调度的结束日期延后了 10d。同时,从对荆江地区补偿调度的拦蓄量来看,在未来河道蓄泄能力调整后,若洪水量级在荆江地区补偿调度调控区间,不同工况下荆江地区补偿调度的拦蓄量均有所减小,最大可达到 34.41 亿 m³。

表 3.25　　　　江湖蓄泄能力变化后三峡水库对荆江地区进行补偿拦蓄情况

年型	频率	开始日期			结束日期			拦蓄量		
		现状	2032 年	日期变化/d	现状	2032 年	日期变化/d	现状/亿 m³	2032 年/亿 m³	拦蓄量变化/亿 m³
1954	实际洪水	7 月 22 日	7 月 29 日	+7	—	—	—	46.86	24.76	−22.10
	0.50%	7 月 22 日	7 月 29 日	+7	—	—	—	72.71	41.09	−31.62
	1%	7 月 29 日	8 月 2 日	+4	—	—	—	26.79	9.40	−17.39
	2%	7 月 30 日	8 月 4 日	+6	—	—	—	13.61	6.37	−7.24
	5%	—						—		
1998	实际洪水	8 月 7 日	8 月 7 日	0	—	—	—	26.95	15.03	−11.92
	0.50%	7 月 17 日	7 月 23 日	+6	8 月 16 日	8 月 26 日	+10	105.4	105.40	0
	1%	7 月 23 日	8 月 5 日	+13	—	—	—	84.94	50.53	−34.41
	2%	8 月 5 日	8 月 12 日	+7	—	—	—	30.87	12.06	−18.81
	5%	8 月 16 日	—					5.27	0	−5.27

　　图 3.39 为遇 1954 年实际洪水,在长江上游控制性水库群配合运用下,对应长江中下游河道现状和 2032 年蓄泄能力条件,汛期三峡水库防洪调度日拦蓄洪量和累积拦蓄洪量过程,其中柱状表示日拦蓄洪量,曲线表示累积拦蓄洪量。

　　综上所述,由于三峡等控制性水库蓄水运用后,长江中下游河道呈进一步冲刷趋势,沿程各站同流量的水位呈下降趋势,长江干流河道槽蓄量呈增加趋势,河道蓄泄能力增强,河道安全泄量增大。在河道蓄泄能力变化的情况下,按现行三峡水库防汛调度的方式,三峡水库下泄流量大小、拦蓄天数、拦蓄洪量均会有所变化。遇 1954 年洪水,三峡水库对城陵矶地区防洪补偿调度 27d,较现状工况 25d 延长了 2d。对荆江地区防洪补偿调度,拦蓄量 24.76 亿 m³,较现状河道 46.86 亿 m³ 减小 22.10 亿 m³,三峡水库对荆江河段防洪补偿调度 12d,较现状河道 14d 减少了 2d。从总体来看,三峡水库对荆江补偿调度及城陵矶补偿调度控制流量增大,可以延长对城陵矶和荆江地区补偿调度的时间,同时减小了三峡水库蓄洪量,有助于提升三峡水库防御洪水能力。

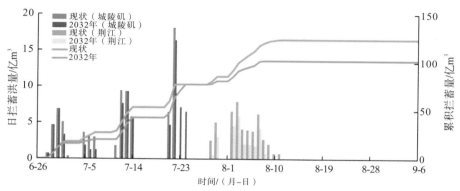

图 3.39　1954 年洪水三峡水库拦蓄洪量变化情况

3.6　蓄泄能力对长江中下游超额洪量空间分布影响研究

3.6.1　超额洪量计算模型

本次超额洪量计算采用"大湖模型"。"大湖模型"为水文学模型,主要用于长江中下游沙市、城陵矶、汉口、湖口等控制站水位、流量及超额洪量的计算,已成功地应用于历次长江中下游防洪规划方案的分析和比较。

3.6.1.1　计算范围

"大湖模型"计算范围为长江中游宜昌—湖口段,长 955km,区间流域面积 68 万 km²。长江中游干流河段比降平缓,干支流汇入点分散,江湖串通,互相顶托,水系繁复,江湖关系复杂。长江中游河段水系概况如下:

宜昌—沙市、新厂河段区间南有清江、北有沮漳河注入长江。长江右岸有松滋河、虎渡河、藕池河、调弦河(于 1958 年冬建闸封堵)分泄长江洪水入洞庭湖,洞庭湖除汇有长江分泄的洪水外,还蓄纳湘江、资水、沅江、澧水"四水",经湖泊调蓄后于城陵矶汇入长江,江湖洪水在城陵矶附近相互顶托。城陵矶—汉口段南有陆水、北有汉江注入长江,汉口—八里江段北有府澴河、倒水、举水、巴水、浠水等支流,南有富水汇入长江,长江右岸并有赣江、抚河、信江、饶河、修水"五河"来水经鄱阳湖调蓄后于湖口汇入长江。大湖模型水系概化见图 3.40。

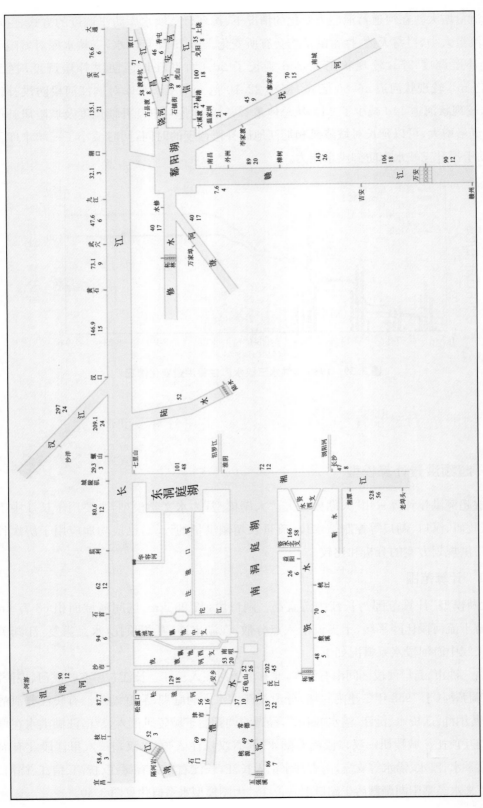

图3.40 大湖模型水系概化

3.6.1.2　模型率定及验证

"大湖模型"的计算精度除与河段的选取、方程的合理简化、资料的采用等有关外,还取决于工作曲线拟定的准确度。现采用三峡水库蓄水运用以来中游河段槽蓄、控制站水位流量关系变化等资料,修订 20 世纪 90 年代拟定的各相关工作曲线,采用实测洪水进行模型率定和验证。

3.6.2　长江中下游现状蓄泄条件下超额洪量空间分布情况

本次研究考虑 2016 年前已建成、对长江中下游防洪和水资源调度影响较大的长江上游干支流控制性水库,包括金沙江中游梨园、阿海、金安桥、龙开口、鲁地拉,金沙江下游溪洛渡、向家坝,长江干流三峡,雅砻江干流锦屏一级、二滩,岷江干流紫坪铺、支流大渡河瀑布沟,嘉陵江支流白龙江宝珠寺、亭子口,乌江干流洪家渡、乌江渡、构皮滩等 21 座水库,总调节库容为 504.68 亿 m³,总防洪库容为 335.45 亿 m³。

采用三峡对城陵矶补偿调度方式,遇 1954 年和 1998 年实际洪水及各年型($P=5\%$、2%、1%、0.5%)设计洪水,在上游水库联合运行条件下,中游堤防按沙市 45.00m、城陵矶 34.40m,汉口 29.50m、湖口 22.50m(冻结吴淞)的防洪控制水位控制,"中下游大湖模型"计算得到的长江中下游超额洪量统计结果见表 3.26。

表 3.26　　三峡水库蓄水后城陵矶—汉口河段超额洪量分布　　（单位:亿 m³）

年型	频率	分洪量				
		荆江地区	城陵矶附近区	武汉附近区	湖口附近区	总分洪量
1954	实际洪水	0	233	53	39	325
	0.5%	0	275	60	52	387
	1%	0	196	44	25	265
	2%	0	135	21	0	156
	5%	0	36	12	0	48
1998	实际洪水	0	19	0	0	19
	0.5%	14	293	10	8	325
	1%	0	129	5	0	134
	2%	0	38	2	0	40
	5%	0	0	0	0	0

在中游现状蓄泄能力条件下,上游干支流水库与三峡联合调度,长江中游防洪形势如下:

1)遇各典型年实际洪水,荆江河段均无超额洪量,无需分洪;其他河段的超额洪量均以 1954 年为最大,城陵矶附近区为 233 亿 m³,汉口附近区为 53 亿 m³,湖口附近区为 39 亿 m³。对于 1998 年实际洪水,荆江河段、汉口附近区、湖口附近区均无超额洪量,城陵矶附近区超额洪量为 19 亿 m³。

2)遇各典型年 $P=5\%$ 设计洪水,荆江河段、湖口附近区均无超额洪量。1954 年型洪水,城陵矶、汉口河段超额洪量分别为 36 亿 m³、12 亿 m³;1998 年型洪水,中下游无超额洪量。

3)遇各典型年 $P=2\%$ 设计洪水,荆江河段、湖口附近区均无超额洪量。1954 年型洪水,城陵矶、汉口河段超额洪量分别为 135 亿 m³、21 亿 m³;1998 年型洪水,城陵矶、汉口河段超额洪量分别为 39 亿 m³、2 亿 m³。

4)遇各典型年 $P=1\%$ 设计洪水,除 1954 年型洪水外,其余年型荆江河段、湖口附近区均无超额洪量。1954 年型洪水,城陵矶、汉口、湖口附近区超额洪量分别为 196 亿 m³、44 亿 m³、25 亿 m³;1998 年型洪水,城陵矶、汉口附近区超额洪量分别为 129 亿 m³、5 亿 m³。

5)遇各典型年 $P=0.5\%$ 设计洪水,除 1998 年型洪水外,其余年型荆江河段无超额洪量。1954 年型洪水,城陵矶、汉口、湖口河段超额洪量分别为 275 亿 m³、60 亿 m³、52 亿 m³;1998 年型洪水,城陵矶、汉口、湖口河段超额洪量分别为 14 亿 m³、293 亿 m³、10 亿 m³、8 亿 m³。

以上结果表明,在现状江湖蓄泄能力条件下,通过上游水库承担部分荆江防洪任务,按照三峡对城陵矶补偿调度方案,荆江河段遭遇 100 年一遇及以下洪水(如 1954 年洪水,其洪峰流量在荆江地区不到 100 年一遇),可使沙市水位不超过 44.5m,不启用荆江分洪区;遇 1000 年一遇洪水或类似 1870 年洪水,可使枝城流量不超过 80000m³/s,配合荆江地区的蓄滞洪区运用,可使沙市水位不超过 45.0m,从而保证荆江两岸的防洪安全;遇各年型 50 年一遇及以上频率洪水,城陵矶及以下河段超额洪量有不同限度的减少,城陵矶河段减少幅度最大,但仍然需蓄纳相当数量的超额洪量(在发生防御标准洪水,如 1954 年洪水时,城陵矶附近区的超额洪量仍有 233 亿 m³)。

需要说明的是,以上计算成果为蓄滞洪区及时及量、理想分洪情况下的超额洪量,而目前长江中下游蓄滞洪区建设严重滞后,如洞庭湖区 24 个蓄洪垸仅澧南、西官、围堤湖 3 个蓄洪垸实施了移民建镇工程,民主、城西等垸 2003 年后开展了部分应急工程建设,城陵矶附近 100 亿 m³ 蓄洪工程仅开展了钱粮湖、共双茶、大通湖东三垸围堤建设和钱粮湖垸层山安全区试点建设,大部分蓄洪垸还未实施安全建设工程,难以做到适时、适量运用,遇到实际情况分洪量将有可能增加。

3.6.3 长江中下游预测蓄泄条件下超额洪量空间分布情况

三峡等长江上游控制性水库建成运用后,显著改善了长江中下游地区的防洪形势,但长江中下游河道安全泄量不足与长江洪水峰高量大的矛盾仍然突出,遇大洪水时长江中下游地区仍有一定量无法通过河道安全下泄的洪水需要进行妥善安排。本节在上游水库防洪调度的基础上,采用考虑支流顶托、水位涨落率等影响的长江中下游江湖演进水文学数学模型,分析河道演变对长江中下游不同河段超额洪量空间分布的影响。在计算超额洪量时,长江中下游主要控制站的分洪控制水位基本按《长江流域综合规划(2012—2030 年)》中的防洪控制水位确定,其中考虑到武汉市在长江防洪中的重要地位,《长江洪水防御方案》中提出在汉口站水位达到 29.50m 时,即开始运用蓄滞洪区分洪,故本书将汉口站的分洪控制水位确定为 29.50m。长江中下游主要控制站的分洪控制水位见表 3.27。

表 3.27　　　　　　　　　长江中下游主要控制站的分洪控制水位　　　　　　　　（单位:m）

控制水位	沙市	城陵矶	汉口	湖口	备注
防洪	45.00	34.40	29.73	22.50	《长江流域综合规划(2012—2030 年)》
分洪	45.00	34.40	29.50	22.50	本书计算

3.6.3.1　荆江地区

三峡工程建成后,荆江地区防洪形势得到根本性的改善。三峡水库拦蓄洪水,遇 100 年一遇及以下洪水,可使沙市水位不超过 44.5m,遇 1000 年一遇或 1870 年型洪水时,配合荆江地区蓄滞洪区的运用,可使沙市水位不超过 45.0m,从而保证荆江河段与江汉平原的防洪安全。1954 年洪水洪峰流量在荆江地区不到 100 年一遇,在现有三峡及上游水库群的防洪调度下,可控制沙市水位不超过 44.5m,荆江地区无超额洪量产生。图 3.41 为长江中下游河道现状和 2032 年蓄泄能力条件下,遇 1954 年洪水沙市站水位和流量过程。从图 3.41 中可以看出,尽管两种工况下荆江地区均无超额洪量,但是水位和流量过程均有不同程度的变化。当三峡水库未对中下游进行防洪拦蓄时,沙市站流量相同,但受河床下切的影响,2032 年工况水位有所降低,且流量越低,水位降幅越明显。当三峡水库对中下游进行防洪拦蓄时,分别将城陵矶站和沙市站水位控制在防洪控制水位,由于 2032 年工况河道安全泄量加大,三峡水库下泄流量增加,沙市站流量也有所加大。

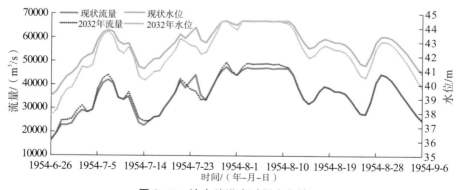

图 3.41　沙市站洪水过程变化情况

3.6.3.2　城陵矶附近区

城陵矶附近区洪水主要由上游荆江河段下泄洪水和洞庭湖洪水汇集而成。当城陵矶附近区发生洪水时,首先通过调度运用三峡等水库拦蓄洪水,以控制城陵矶水位不超过34.4m,当三峡水库对城陵矶的防洪补偿库容用完后,相机运用蓄滞洪区分蓄洪以控制城陵矶水位不高于34.4m。图3.42为长江中下游河道现状和2032年蓄泄能力条件下,遇1954年洪水城陵矶站水位和城陵矶附近区上游来流、下游泄流及超额洪量过程。前期三峡水库对城陵矶进行补偿调度时,按防洪控制水位34.4m进行控制,受河道冲刷下切的影响,2032年工况河道安全泄量有所增大,相应地三峡水库拦蓄流量减小,虽然三峡水库对城陵矶补偿调度库容未变,但补偿调度时间延长,相较现状可避免城陵矶附近区超额洪量13亿m³。三峡水库防洪调度方式由对城陵矶补偿调度转为对荆江补偿调度后,城陵矶附近区从上游荆江河段和洞庭湖汇入的流量大于可向下游安全下泄的流量时,城陵矶附近区将会产生超额洪量。由于城陵矶上下游河道演变程度的差异,对于不同来水情况,2032年工况与现状工况相比,城陵矶附近区产生超额洪量时有不同变化。当城陵矶附近区超额洪量发生时,城陵矶站水位通过分洪维持在34.4m,若三峡水库未对荆江河段拦蓄洪水,即沙市水位未达到44.5m,现状与2032年工况城陵矶附近区上游来流相同,但2032年工况向下游河段的安全泄量增大,上游来流与下游泄流之差减小,较现状可减小城陵矶附近区超额洪量18亿m³;若三峡水库对荆江河段拦蓄洪水,即控制沙市水位在44.5m,由于至2032年荆江河段安全泄量的增幅大于城陵矶河段安全泄量的增幅,因此对于城陵矶河段,上游来流与下游泄流之差加大,相较现状城陵矶附近区超额洪量将增加3亿m³。综合上述,河道蓄泄能力变化对城陵矶附近区超额洪量的影响,遇1954年洪水,2032年工况较现状工况城陵矶附近区超额洪量总计减少28亿m³。

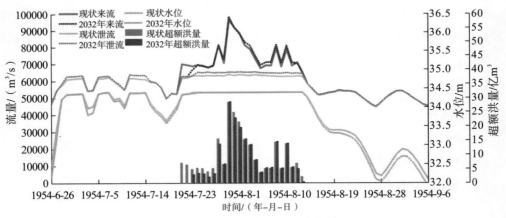

图3.42　城陵矶站洪水过程变化情况

3.6.3.3　武汉附近区

武汉附近区洪水主要由上游城陵矶河段下泄洪水和汉江洪水汇合而成,当武汉附近区发生洪水时,相机运用蓄滞洪区分蓄洪水以控制汉口水位不高于29.5m。图3.43为长江中下游河道现状和2032年蓄泄能力条件下,遇1954年洪水汉口站水位和武汉附近区上游来流、下游泄流及超额洪量过程。由于武汉上下游河道演变差异,对于不同来水情况,2032 年工况与现状工况相比,武汉附近区产生超额洪量时有不同变化。当武汉附近区超额洪量发生时,汉口站水位通过分洪维持在 29.5m,若城陵矶水位未达到 34.4m,现状与 2032 年工况武汉附近区上游来流相同,但 2032 年工况向下游河段的安全泄量有所增大,上游来流与下游泄流之差减小,相较现状可减小武汉附近区超额洪量 2 亿 m³;若城陵矶水位在经三峡水库调控或分洪后控制在 34.4m,由于至 2032 年城陵矶河段安全泄量的增幅大于武汉河段安全泄量的增幅,因此对于武汉河段,上游来流与下游泄流之差加大,相较现状武汉附近区超额洪量将增加 16 亿 m³。综合上述,河道蓄泄能力变化对武汉附近区超额洪量的影响,遇 1954 年洪水,2032 年工况较现状工况武汉附近区超额洪量总计增加 14 亿 m³。

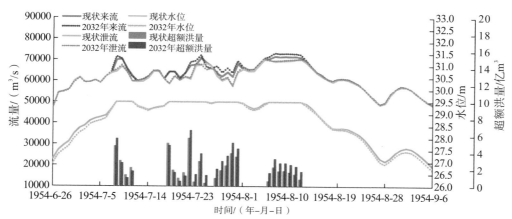

图 3.43　汉口站洪水过程变化情况

3.6.3.4　湖口附近区

　　湖口附近区洪水主要由上游武汉河段下泄洪水和鄱阳湖洪水汇合而成,当湖口附近区发生洪水时,相机运用蓄滞洪区分蓄洪水以控制湖口水位不高于 22.5m。图 3.44 为长江中下游河道现状和 2032 年蓄泄能力条件下,遇 1954 年洪水湖口站水位和湖口附近区上游来流、下游泄流及超额洪量过程。由于湖口上下游河道演变差异,对于不同来水情况,2032 年工况与现状工况相比,湖口附近区产生超额洪量时有不同变化。当湖口附近区超额洪量发生时,湖口站水位通过分洪维持在 22.5m,若汉口水位未达到 29.5m,现状与 2032 年工况湖口附近区上游来流相同,但 2032 年工况向下游河段的安全泄量有所增大,上游来流与下游泄流之差减小,相较现状可减小湖口附近区超额洪量 1 亿 m³;若汉口水位在经分洪后控制在 29.5m,由于至 2032 年武汉河段安全泄量的增幅大于湖口河段安全泄量的增幅,因此对于湖口河段,上游来流与下游泄流之差加大,相较现状湖口附近区超额洪量将增加 2 亿 m³。综合上述,河道蓄泄能力变化对湖口附近区超额洪量的影响,遇 1954 年洪水,2032 年工况较现状工况湖口附近区超额洪量总计增加 1 亿 m³。

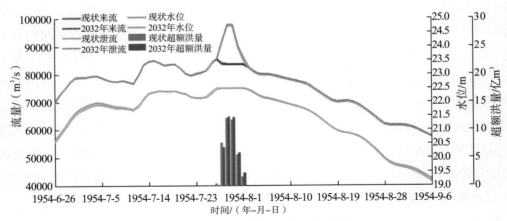

图 3.44　湖口站洪水过程变化情况

3.6.3.5　超额洪量影响分析

表 3.27 统计了长江中下游河道现状和 2032 年蓄泄能力条件下,遇 1954 年洪水,长江中下游不同区域超额洪量情况及其变化。一方面,从长江中下游超额洪量总量的变化来看,随着未来长江中下游河道进一步冲刷下切,长江中下游河道蓄泄能力发生调整,超额洪量总量呈减少趋势。至 2032 年,遇 1954 年洪水,长江中下游超额洪量将由现状的 325 亿 m³ 减小至 312 亿 m³。另一方面,从不同区域超额洪量的变化来看,由于长江中下游不同河段河道演变程度的差异,长江中下游不同河段蓄泄能力调整幅度也不相同,从而引起超额洪量空间分布的调整,超额洪量存在从上游向下游转移的趋势。至 2032 年,遇 1954 年洪水,城陵矶附近区超额洪量减少 28 亿 m³,武汉附近区超额洪量增加 14 亿 m³,湖口附近区超额洪量增加 1 亿 m³。

表 3.27　　　　　　　　　　　　长江中下游超额洪量变化统计　　　　　　　　　　（单位:亿 m³）

项目	荆江地区	城陵矶附近区	武汉附近区	湖口附近区	合计
现状	0	233	53	39	325
2032 年	0	205	67	40	312
变化值	0	−28	14	1	−13

从上述计算可以看出,上游干支流水库运用后,根据 2032 年长江中下游河道演变预测成果,在遇 1954 年洪水时,2032 年工况与现状工况相比,长江中下游地区总超额洪量减小,但由于上下游河道演变程度差异,超额洪量空间分布存在从上游向下游转移的趋势,城陵矶附近区超额洪量普遍减少,而汉口附近区则普遍增加,湖口附近区几乎无变化。未来随着长江中下游河道持续面临少沙状态,长江中下游河道演变呈进一步冲刷态势,河道槽蓄容积增加,相同防洪控制水位下的河道安全泄量增大,对长江中下游防洪形势及工程体系的调度运行产生影响。

3.7　小结

1）三峡水库蓄水运行以来,长江干流、洞庭湖、鄱阳湖均表现出冲刷趋势,荆江三口洪道同样冲刷下切,但冲刷下切速率低于荆江河段冲刷速率,造成三口分洪能力下降,增大了荆江防洪风险。

2）三峡水库蓄水运用以来,受不同水情条件影响,长江干流控制站的中高水各年水位流量关系综合线,年际随着洪水特性不同而经常摆动,变幅较大,但均在以往变化范围之内。通过分析长江中下游主要控制站 Z-Q 关系,与 20 世纪 90 年代综合线比较,三峡水库运用以来中下游各站呈现枯水位明显下降、中高水位无趋势性变化的特点。中下游泄流能力基本维持不变。

3）三峡工程运用后,长江中下游洪水传播特性有所变化,枝城与沙市站洪峰流量关系综合线偏左。中下游各段洪峰的坦化作用均有不同程度的变化,宜昌—枝城段的涨差系数增加,枝城—沙市段、沙市—监利段涨差系数呈减小的趋势,螺山—汉口段建库前后涨差系数变化不大。

4）上游水库蓄水运用后,长江中下游河道呈进一步冲刷趋势,长江干流河道槽蓄量呈增加趋势,河道蓄泄能力增强,河道安全泄量增大。三峡水库对荆江补偿调度及城陵矶补偿调度控制流量增大,可以延长对城陵矶和荆江地区补偿调度的时间,同时减小了三峡水库蓄量,有助于提升三峡水库防御洪水能力。计算表明,三峡等控制性水库蓄水运用至 2032 年,遇 1954 年洪水,三峡水库对城陵矶地区防洪补偿调度 27d,较现状工况 25d 延长了 2d。对荆江地区防洪补偿调度,拦蓄量 24.76 亿 m^3,较现状河道 46.86 亿 m^3 减小 22.10 亿 m^3,三峡水库对荆江河段防洪补偿调度 12d,较现状河道 14d 减少了 2d。

5）受河道冲刷及冲刷不均的作用,长江下游槽蓄总量有所增加,超额洪量总量减少,超额洪量分布有所变化调整。数学模型预测结果表明,在遇 1954 年洪水时,2032 年工况与现状工况相比,长江中下游超额洪量由 325 亿 m^3 减少到 313 亿 m^3,且由于中下游河道冲淤的不均匀性,特别是荆江河段的大幅冲刷,使得超额洪量存在自上向下转移的趋势。遇 1954 年实际洪水,城陵矶附近超额洪量减少 28 亿 m^3,武汉附近超额洪量增加 14 亿 m^3,湖口附近基本不变。超额洪量的转移,有可能对中下游的防洪布局产生一定的影响。

第4章 水沙因子对河床冲淤调整及岸坡稳定作用机理研究

根据中下游河床冲淤的特点,采用平面二维数学模型和局部水槽试验相结合的方法来研究水沙因子变化对河道冲淤以及岸坡稳定的影响。数学模型选取典型弯道河段,研究水沙因子变化对弯道水流动力特性及河床冲淤调整的作用机理;局部水槽试验则选取概化弯道段,重点分析泥沙调控下河床冲淤及岸坡稳定的特性。

4.1 研究平台的建立

4.1.1 数学模型建立及验证

4.1.1.1 数模模型基本方程

在弯道河段中,弯道环流的作用对水流泥沙运动影响很大,使水流凹岸流速增大,横断面上泥沙向凸岸输移,在现有的平面二维数学模型的基础上,增加弯道环流影响项,模拟计算概化弯道的水沙运动。

(1)基本方程组

对于一般宽浅水域,水平尺度远大于垂直尺度的水流,是一种重力作用下有自由表面的浅水流动。可假设:水体可视为不可压缩流体;压力 p 服从静压假定;Boussinesq假定成立;水流垂线分布不均匀在积分时产生的修正系数为1.0。

将各物理量沿水深积分得到直角坐标系下,平面二维水流运动基本方程如下。

质量守恒方程(连续性方程):

$$\frac{\partial Z}{\partial t} + \frac{\partial Hu}{\partial x} + \frac{\partial Hv}{\partial y} = 0 \tag{4-1}$$

动量守恒方程(运动方程):

$$\frac{\partial Hu}{\partial t} + \frac{\partial Huu}{\partial x} + \frac{\partial Huv}{\partial y} = -gH\frac{\partial Z}{\partial x} + \frac{\partial}{\partial x}\left(H\nu_t\frac{\partial u}{\partial x}\right) + \frac{\partial}{\partial y}\left(H\nu_t\frac{\partial u}{\partial y}\right) - c_f u\sqrt{u^2+v^2} + fHv \tag{4-2}$$

$$\frac{\partial Hv}{\partial t} + \frac{\partial Huv}{\partial x} + \frac{\partial Hvv}{\partial y} = -gH\frac{\partial Z}{\partial y} + \frac{\partial}{\partial x}\left(H\nu_t\frac{\partial v}{\partial x}\right) + \frac{\partial}{\partial y}\left(H\nu_t\frac{\partial v}{\partial y}\right) - c_f v\sqrt{u^2+v^2} - fHu \tag{4-3}$$

式中，H——总水深，$H=Z+h$，其中：Z 为水面高程，h 为静水面以下的水深；

t——时间；

u,v——笛卡尔坐标系下沿 x、y 方向流速沿水深积分平均值；

ν_t——紊动黏性系数；

c_f——底床摩擦系数，$c_f=\dfrac{n^2 g}{H^{\frac{1}{3}}}$，其中：$n$ 为床面曼宁系数，g 为重力加速度；

f——科氏力系数，$f=2\Omega\sin\varphi$，其中：φ 为水域的地理纬度；

ρ——水的密度。

实际计算区域常常是复杂和不规则的。当前，大多数学者通过坐标变换将复杂的物理区域转化到规则的计算空间，形成物理和计算区域的单元一一对应，控制方程通过数学转换并进一步在计算区域规则网格上离散求解。

转换可根据链导法，设物理平面上的流速为 $u(x,y)$、$v(x,y)$，坐标 (x,y) 与 (ξ,η) 间的关系为 $x=x(\xi,\eta)$、$y=y(\xi,\eta)$，则物理平面上对 x,y 的偏导数与计算平面上对 ξ,η 的偏导数之间的关系可用以下矩阵乘积的形式表示之。

$$\begin{bmatrix} \dfrac{\partial u}{\partial x} & \dfrac{\partial u}{\partial y} \\ \dfrac{\partial v}{\partial x} & \dfrac{\partial v}{\partial y} \end{bmatrix} = \begin{bmatrix} \dfrac{\partial u}{\partial \xi} & \dfrac{\partial u}{\partial \eta} \\ \dfrac{\partial v}{\partial \xi} & \dfrac{\partial v}{\partial \eta} \end{bmatrix} \begin{bmatrix} \dfrac{\partial \xi}{\partial x} & \dfrac{\partial \xi}{\partial y} \\ \dfrac{\partial \eta}{\partial x} & \dfrac{\partial \eta}{\partial y} \end{bmatrix} \tag{4-4}$$

对式(4-1)至式(4-3)进一步转换，得到正交曲线贴体坐标系下水流运动的基本控制方程式。

水流连续方程：

$$\frac{\partial Z}{\partial t} + \frac{1}{C_\xi C_\eta}\left[\frac{\partial(C_\eta H u)}{\partial \xi} + \frac{\partial(C_\xi H v)}{\partial \eta}\right] = 0 \tag{4-5}$$

ξ 方向动量方程：

$$\frac{\partial(Hu)}{\partial t} + \frac{1}{C_\xi C_\eta}\left[\frac{\partial}{\partial \xi}(C_\eta Huu) + \frac{\partial}{\partial \eta}(C_\xi Hvu) + Hvu\frac{\partial C_\xi}{\partial \eta} - Hv^2\frac{\partial C_\eta}{\partial \xi}\right] = -\frac{gu\sqrt{u^2+v^2}}{C^2} -$$

$$\frac{gH}{C_\xi}\frac{\partial Z}{\partial \xi} + \frac{1}{C_\xi C_\eta}\left[\frac{\partial}{\partial \xi}(C_\eta H\sigma_{\xi\xi}) + \frac{\partial}{\partial \eta}(C_\xi H\sigma_{\eta\xi}) + H\sigma_{\xi\eta}\frac{\partial C_\xi}{\partial \eta} - H\sigma_{\eta\eta}\frac{\partial C_\eta}{\partial \xi}\right] \tag{4-6}$$

η 方向动量方程：

$$\frac{\partial(Hv)}{\partial t} + \frac{1}{C_\xi C_\eta}\left[\frac{\partial}{\partial \xi}(C_\eta Huv) + \frac{\partial}{\partial \eta}(C_\xi Hvv) + Huv\frac{\partial C_\eta}{\partial \xi} - Hu^2\frac{\partial C_\xi}{\partial \eta}\right] = -\frac{gv\sqrt{u^2+v^2}}{C^2} -$$

$$\frac{gH}{C_\eta}\frac{\partial Z}{\partial \eta} + \frac{1}{C_\xi C_\eta}\left[\frac{\partial}{\partial \xi}(C_\eta H\sigma_{\xi\eta}) + \frac{\partial}{\partial \eta}(C_\xi H\sigma_{\eta\eta}) + H\sigma_{\eta\xi}\frac{\partial C_\eta}{\partial \xi} - H\sigma_{\xi\xi}\frac{\partial C_\xi}{\partial \eta}\right] \tag{4-7}$$

式中，ξ,η——正交曲线坐标系中两个正交曲线坐标；

u,v——沿 ξ、η 方向的垂线平均流速；

H——水深；

Z——水位；

C_ξ, C_η——正交曲线坐标系中的拉梅系数，$C_\xi = \sqrt{x_\xi^2 + y_\xi^2}$，$C_\eta = \sqrt{x_\eta^2 + y_\eta^2}$；

C——谢才系数；

$\sigma_{\xi\xi}, \sigma_{\eta\eta}, \sigma_{\xi\eta}, \sigma_{\eta\xi}$——紊动切应力，可表示为：

$$\sigma_{\xi\xi} = 2\nu_t \left[\frac{1}{C_\xi} \frac{\partial u}{\partial \xi} + \frac{v}{C_\xi C_\eta} \frac{\partial C_\xi}{\partial \eta} \right] \tag{4-8}$$

$$\sigma_{\eta\eta} = 2\nu_t \left[\frac{1}{C_\eta} \frac{\partial v}{\partial \eta} + \frac{u}{C_\xi C_\eta} \frac{\partial C_\eta}{\partial \xi} \right] \tag{4-9}$$

$$\sigma_{\xi\eta} = \sigma_{\eta\xi} = \nu_t \left[\frac{C_\eta}{C_\xi} \frac{\partial}{\partial \xi} \left(\frac{v}{C_\eta} \right) + \frac{C_\xi}{C_\eta} \frac{\partial}{\partial \eta} \left(\frac{u}{C_\xi} \right) \right] \tag{4-10}$$

式中，ν_t——紊动黏性系数，$\nu_t = C_u \dfrac{k^2}{\varepsilon}$，其中，$k$ 为紊动动能，ε 为紊动动能耗散率。

一般情况下，$v_t = Ku_* H$，$K = 0.5 \sim 1.0$，u_* 为摩阻流速，或者取 v_t 为某一常数。

1）悬移质不平衡输移方程。

将非均匀悬移质按其粒径大小可分成 n 组，且以 S_i 表示第 i 组粒径含沙量，则针对非均匀悬移质中第 i 组粒径的含沙量，二维悬移质不平衡输沙基本方程为：

$$\frac{\partial H S_i}{\partial t} + \frac{1}{C_\xi C_\eta} \left[\frac{\partial}{\partial \xi} (C_\eta H u S_i) + \frac{\partial}{\partial \eta} (C_\xi \eta H v S_i) \right] =$$

$$\frac{1}{C_\xi C_\eta} \left[\frac{\partial}{\partial \xi} \left(\frac{\varepsilon_\xi}{\sigma_s} \frac{C_\eta}{C_\xi} \frac{\partial H S_i}{\partial \xi} \right) + \frac{\partial}{\partial \eta} \left(\frac{\varepsilon_\eta}{\sigma_s} \frac{C_\xi}{C_\eta} \frac{\partial H S_i}{\partial \eta} \right) \right] + \alpha \omega_i (S_i^* - S_i) \tag{4-11}$$

式中，α_i——泥沙的含沙量恢复饱和系数（淤积时取 0.25，冲刷时取 1.0）；

ω_i——第 i 组泥沙的沉速；

S_i——分组粒径含沙量；

S_i^*——分组粒径挟沙力；

$\varepsilon_\xi, \varepsilon_\eta$——坐标系 ξ, η 方向的泥砂扩散系数，$\varepsilon_\xi = \varepsilon_\eta = v_t$；

σ_s——常数，$\sigma_s = 1.0$。

2）推移质不平衡输移方程。

非均匀推移质按其粒径大小可分成 n_b 组，窦国仁推移质不平衡输移基本方程为：

$$\frac{\partial h S_{bL}}{\partial t} + \frac{1}{C_\xi C_\eta} \left[\frac{\partial}{\partial \xi} (C_\eta h u S_{bL}) + \frac{\partial}{\partial \eta} (C_\xi h v S_{bL}) \right] =$$

$$\frac{1}{C_\xi C_\eta} \left[\frac{\partial}{\partial \xi} \left(\frac{\varepsilon_\xi}{\sigma_b} \frac{C_\eta}{C_\xi} \frac{\partial h S_{bL}}{\partial \xi} \right) + \frac{\partial}{\partial \eta} \left(\frac{\varepsilon_\eta}{\sigma_b} \frac{C_\xi}{C_\eta} \frac{\partial h S_{bL}}{\partial \eta} \right) \right] + \alpha_{bL} \omega_{bL} (S_{bL}^* - S_{bL}) \tag{4-12}$$

式中，S_{bL}^*——第 L 组推移质的挟沙能力，$S_{bL}^* = g_{bL}^* / (\sqrt{u^2 + v^2} h)$，其中：$g_{bL}^*$ 为单宽推移质输沙率；

S_{bL}——床面推移层的含沙浓度，$S_{bL} = g_{bL} / (\sqrt{u^2 + v^2} h)$；

α_{bL}——第 L 组推移质泥沙的恢复饱和系数，$\sigma_{bL} = 1$；

ω_{bL}——推移质的沉速。

3)河床变形方程。

$$\gamma_0 \frac{\partial Z_b}{\partial t} + \frac{1}{C_\xi} \frac{\partial g_{b\xi}}{\partial \xi} + \frac{1}{C_\eta} \frac{\partial g_{b\eta}}{\partial \eta} = \sum_{i=1}^{n} \alpha \omega_i (S_i - S_i^*) \tag{4-13}$$

式中, $g_{b\xi}$, $g_{b\eta}$——ξ, η 坐标系中 ξ, η 方向的推移质输沙率, 即 $(g_{b\xi}, g_{b\eta}) = \left(g_b \dfrac{u}{\sqrt{u^2 + v^2}}, \right.$

$\left. g_b \dfrac{v}{\sqrt{u^2 + v^2}} \right)$;

γ_0——淤积物干容重。

（2）弯道环流影响项

根据 DE Vriend 的研究, 推导得到横向动量交换项 M_u, M_v 如下:

$$M_u = \frac{1}{C_\xi C_\eta h} \left[\frac{\partial}{\partial \eta} (u\varphi C_\xi) + u\varphi \frac{\partial C_\xi}{\partial \eta} - 2v\varphi \frac{\partial C_\eta}{\partial \zeta} \right] \tag{4-14}$$

$$M_v = \frac{1}{C_\xi C_\eta h} \left[\frac{\partial}{\partial \zeta} (u\varphi C_\eta) + u\varphi \frac{\partial C_\eta}{\partial \zeta} + 2 \frac{\partial}{\partial \eta} (v\varphi C_\xi) \right] \tag{4-15}$$

式中, $\varphi = \dfrac{|u| h^2}{R_\eta} K_{TS}$, 其中: R_η 为等 η 线的曲率半径; K_{TS} 为横向动量交换系数, $K_{TS} = 5 \dfrac{\sqrt{g}}{kc} -$

$15.6 (\dfrac{\sqrt{g}}{kc})^2 + 37.5 (\dfrac{\sqrt{g}}{kc})^3$, k 为卡门系数, c 为谢才系数。

综上所述, 最后得到弯道曲线坐标系下的水流控制方程为:

水流连续方程:

$$\frac{\partial Z}{\partial t} + \frac{1}{C_\xi C_\eta} \left[\frac{\partial (C_\eta H u)}{\partial \xi} + \frac{\partial (C_\xi H v)}{\partial \eta} \right] = 0 \tag{4-16}$$

ξ 方向动量方程:

$$\frac{\partial (H u)}{\partial t} + \frac{1}{C_\xi C_\eta} \left[\frac{\partial}{\partial \xi} (C_\eta H u u) + \frac{\partial}{\partial \eta} (C_\xi H v u) + H v u \frac{\partial C_\xi}{\partial \eta} - H v^2 \frac{\partial C_\eta}{\partial \xi} \right] = -\frac{g u \sqrt{u^2 + v^2}}{C^2} -$$

$$\frac{g H}{C_\xi} \frac{\partial Z}{\partial \xi} + \frac{1}{C_\xi C_\eta} \left[\frac{\partial}{\partial \xi} (C_\eta H \sigma_{\xi\xi}) + \frac{\partial}{\partial \eta} (C_\xi H \sigma_{\eta\xi}) + H \sigma_{\xi\eta} \frac{\partial C_\xi}{\partial \eta} - H \sigma_{\eta\eta} \frac{\partial C_\eta}{\partial \xi} \right] - M_u$$

$$\tag{4-17}$$

η 方向动量方程:

$$\frac{\partial (H v)}{\partial t} + \frac{1}{C_\xi C_\eta} \left[\frac{\partial}{\partial \xi} (C_\eta H u v) + \frac{\partial}{\partial \eta} (C_\xi H v v) + H u v \frac{\partial C_\eta}{\partial \xi} - H u^2 \frac{\partial C_\xi}{\partial \eta} \right] = -\frac{g v \sqrt{u^2 + v^2}}{C^2} -$$

$$\frac{g H}{C_\eta} \frac{\partial Z}{\partial \eta} + \frac{1}{C_\xi C_\eta} \left[\frac{\partial}{\partial \xi} (C_\eta H \sigma_{\xi\eta}) + \frac{\partial}{\partial \eta} (C_\xi H \sigma_{\eta\eta}) + H \sigma_{\eta\xi} \frac{\partial C_\eta}{\partial \xi} - H \sigma_{\xi\xi} \frac{\partial C_\xi}{\partial \eta} \right] - M_v$$

$$\tag{4-18}$$

（3）基本方程的离散及求解

为数值求解平面二维水深平均水流运动方程组，必须将此方程组离散，由于控制体积法得到的离散方程具有良好的积分守恒性，为此本书采用控制体积法离散方程，并利用Partaker 和 Spalding 提出的 SIMPLER（Semi-Implicit Method for Pressure-Linked Equations Revised)计算程式求解耦合方程。对于某一给定流量级，根据 Partaker 和 Spalding 提出的 SIMPLER 计算程式，反复迭代直到流场结果满足精度；对悬移质不平衡输移方程和推移质不平衡输移方程在离散后采用欠松弛技术及逐行扫描的 TDMA 技术隐式求解；对河床变形方程采用有限差分离散，显式求解。

1）通用方程的离散。

为便于应用同一种数值离散公式进行数值求解，将水流运动方程式(4-16)式(4-18)写成统一的偏微分方程，则非恒定状态的通用微分方程为：

$$\frac{\partial C_{\xi}C_{\eta}H\Phi}{\partial t}+\frac{\partial(C_{\eta}Hu\Phi)}{\partial \xi}+\frac{\partial(C_{\xi}Hv\Phi)}{\partial \eta}=\frac{\partial}{\partial \xi}\left(\frac{C_{\eta}}{C_{\xi}}\Gamma H\frac{\partial \Phi}{\partial \xi}\right)+\frac{\partial}{\partial \eta}\left(\frac{C_{\xi}}{C_{\eta}}\Gamma H\frac{\partial \Phi}{\partial \eta}\right)+S \quad (4-19)$$

式中，Φ——通用变量；

Γ——扩散系数；

S——源项。

由通用微分方程式(4-19)及各控制方程可见，各方程的主要差别在源项上。源项通常是因变量的函数，为了使计算收敛加快，对各方程源项进行负坡线性化处理，即

$$S=S_C+S_P\Phi_P \quad (4-20)$$

式中，S_C——源项的常数部分；

S_P——Φ_P 的函数，$S_P\leqslant 0$。

根据控制体积法，将通用微分方程(4-19)在控制体积内积分，由对流扩散方程的特点，设节点之间物理量按幂函数规律变化，与对流及扩散强度有关，并利用方程(4-20)，可得方程式(4-19)的二维离散化方程如下。

$$a_P\Phi_P=a_E\Phi_E+a_W\Phi_W+a_N\Phi_N+a_S\Phi_S+b \quad (4-21)$$

$$F_e=(uC_{\eta}H)_e\Delta\eta,D_e=\left(\Gamma H\frac{C_{\eta}}{C_{\xi}}\right)_e\frac{\Delta\eta}{(\delta\xi)_e} \quad (4-22)$$

$$F_w=(uC_{\eta}H)_w\Delta\eta,D_w=\left(\Gamma H\frac{C_{\eta}}{C_{\xi}}\right)_w\frac{\Delta\eta}{(\delta\xi)_w} \quad (4-23)$$

$$F_n=(vC_{\xi}H)_n\Delta\xi,D_n=\left(\Gamma H\frac{C_{\xi}}{C_{\eta}}\right)_n\frac{\Delta\xi}{(\delta\eta)_n} \quad (4-24)$$

$$F_s=(vC_{\xi}H)_s\Delta\xi,D_s=\left(\Gamma H\frac{C_{\xi}}{C_{\eta}}\right)_s\frac{\Delta\xi}{(\delta\eta)_s} \quad (4-25)$$

$$a_P^0=\frac{C_{\xi}C_{\eta}H_P^0}{\Delta t},b=S_C\Delta\xi\Delta\eta+a_P^0\Delta\xi\Delta\eta\Phi_P^0 \quad (4-26)$$

$$a_W = D_w A(|P_w|) + \text{Max}(F_w, 0) \tag{4-27}$$

$$a_E = D_e A(|P_e|) + \text{Max}(-F_e, 0) \tag{4-28}$$

$$a_S = D_s A(|P_s|) + \text{Max}(F_s, 0) \tag{4-29}$$

$$a_N = D_n A(|P_n|) + \text{Max}(-F_n, 0) \tag{4-30}$$

$$a_P = a_E + a_W + a_N + a_S - S_P \Delta\xi \Delta\eta \tag{4-31}$$

式中，Φ_P^0 和 H_P^0——在时刻 t 的已知值，而所有无上标的数值如 $\Phi_P, \Phi_E, \Phi_W, \Phi_N, \Phi_S$ 表示在时刻 $t + \Delta t$ 的未知值；

P_e, P_w, P_n, P_s——派克里特数，为对流质量流量 F 与扩散传导系数 D 之比，如 $P_e = F_e/D_e$，其余可依次类推；而 $A(|P|)$ 取如下幂函数公式：

$$A(|P|) = \text{Max}[0, (1 - 0.1|P|)^5] \tag{4-32}$$

式中，$\text{Max}(A, B)$——A、B 中较大者。

2)动量方程的离散。

由于动量方程中包含有未知的流速 u, v 及水面梯度项 $-\partial Z/\partial \xi$，$-\partial Z/\partial \eta$，因此必须特殊考虑动量方程的离散。为避免产生波状速度场，采用交错网格体系，即将流速计算点布置在控制体积的相应交接面上，与其他计算点如水位、水深等错开半个网格，二维水流计算的控制体积见图 4.1。

根据图 4.1，可写出 ξ, η 方向的动量离散方程为：

$$a_e u_e = \sum a_{nb} u_{nb} + b + A_e(Z_P - Z_E) \tag{4-33}$$

$$a_n v_n = \sum a_{nb} v_{nb} + b + A_n(Z_P - Z_N) \tag{4-34}$$

式中，

$$A_e = g(HC_\eta)_e \Delta\eta, \quad A_n = g(HC_\xi)_n \Delta\xi \tag{4-35}$$

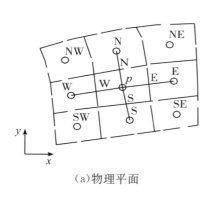

（a）物理平面

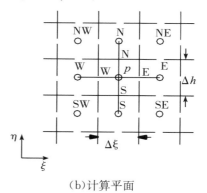

（b）计算平面

图 4.1　二维水流计算的控制体积

将式(4-33)、式(4-34)改写成如下形式：

$$u_e = \hat{u}_e + d_e(Z_P - Z_E) \tag{4-36}$$

$$v_n = \hat{v}_n + d_n(Z_P - Z_N) \tag{4-37}$$

式中,

$$\hat{u}_e = (\sum a_{nb} u_{nb} + b)/a_e, \hat{v}_n = (\sum a_{nb} v_{nb} + b)/a_n \tag{4-38}$$

$$d_e = A_e/a_e, d_n = A_n/a_n \tag{4-39}$$

以 u^*,v^* 表示一个以估计的水位场 Z^* 为基础的不完善的速度场,这种带星号的速度场将由下列离散化方程的解求得。

$$a_e u_e^* = \sum a_{nb} u_{nb}^* + b + A_e(Z_P^* - Z_E^*) \tag{4-40}$$

$$a_n v_n^* = \sum a_{nb} v_{nb}^* + b + A_n(Z_P^* - Z_N^*) \tag{4-41}$$

为了使算得的带星号的速度场逐渐接近满足连续性方程,必须改进水位估计值使之接近正确值,假设正确的水位值 Z 由式(4-42)得到:

$$Z = Z^* + Z' \tag{4-42}$$

式中, Z'——水位校正值。

相应地,速度分量校正可近似写成:

$$u_e = u_e^* + d_e(Z'_P - Z'_E) \tag{4-43}$$

$$u_e = u_e^* + d_e(Z'_P - Z'_E) \tag{4-44}$$

至此,问题的关键是水位和水位修正的求解,对此应将连续方程转化为水位方程和水位校正方程。

对连续方程离散,可得水位方程为:

$$a_P Z_P = a_E Z_E + a_W Z_W + a_N Z_N + a_S Z_S + b \tag{4-45}$$

式中,

$$a_E = g(HC_\eta \Delta\eta)_e^2/a_e, a_W = g(HC_\eta \Delta\eta)_w^2/a_w \tag{4-46}$$

$$a_N = g(HC_\xi \Delta\xi)_n^2/a_n, a_S = g(HC_\xi \Delta\xi)_s^2/a_s \tag{4-47}$$

$$a_P^0 = \frac{C_\xi C_\eta}{\Delta t}\Delta\xi\Delta\eta, a_P = a_E + a_W + a_N + a_S + a_P^0 \tag{4-48}$$

$$b = (HC_\eta)_w \hat{u}_w \Delta\eta - (HC_\eta)_e \hat{u}_e \Delta\eta + (HC_\xi)_s \hat{v}_s \Delta\xi - (HC_\xi)_n \hat{v}_n \Delta\xi + a_P^0 z_P^0 \tag{4-49}$$

对于水位校正,可导出类似方程

$$a_P Z'_P = a_E Z'_E + a_W Z'_W + a_N Z'_N + a_S Z'_S + b \tag{4-50}$$

式中, a_E, a_W, a_N, a_S, a_P 同式(4-46)至式(4-48),而 b 的计算式如下:

$$b = (HC_\eta)_w u_w^* \Delta\eta - (HC_\eta)_e u_e^* \Delta\eta + (HC_\xi)_s v_s^* \Delta\xi - (HC_\xi)_n v_n^* \Delta\xi + (Z_P^0 - Z_P)/\Delta t C_\xi C_\eta \Delta\xi\Delta\eta \tag{4-51}$$

3)求解方程式。

本数学模型采用 SIMPLER 计算程式进行求解。

(4)定解条件

1)初始条件。

计算初始流速场为零,初始水位场由推求一维水面比降给定计算域中某几个断面的水位,然后分段进行线性插值,在断面上不考虑横比降。

2)边界条件。

计算河段进口边界给定流量,相应的流速分布公式为:

$$u_i = \frac{Q}{\sum B_i H_i^{5/3}} H_i^{2/3} \qquad (4-52)$$

式中,Q——断面流量;

H_i——第 i 个节点处的水深;

B_i——第 i 个节点处的网格宽度,河段出口边界为给定水位。

固壁边界法向流速满足不可入边界条件,即其法向流速为零。固壁边界的切向流速采用部分滑移条件。

3)动边界技术。

为便于计算中自动判别水岸边界,采用干湿判断技巧,当网格水深小于某一定数时,认为此网格露出水面,可令糙率 n 取一个接近于无穷大的正数(如 10^{30}),同时为使计算进行下去,在露出单元水深点给定微小水深(0.0005m),当网格水深大于某一定数时,则认为此网格将淹没在水中,并纳入正常的运算。

4)收敛控制条件。

本书计算中采用对水位校正方程中质量源项的控制来确定收敛情况,即式(4-51)。控制水位校正方程的最大质量源 b_{max}。

$$b_{max} < 2.0 \times 10^{-9} \qquad (4-52)$$

(5)有关物理量和参数的选取

二维水流泥沙数学模型计算物理量和参数包括糙率系数、水流紊动黏性系数、计算时间步长、水流分组挟沙能力、床沙级配等,这些计算物理量和参数具有十分重要的作用。

1)糙率系数。

糙率系数综合反映了天然河流计算河段的阻力。天然河流阻力可由沙粒阻力、沙波阻力、河岸及滩面阻力、河流形态阻力等组成。因天然河流宽深比较大,故河岸阻力所占比重较小。就形态阻力而言,弯曲河段与顺直均匀河段不同。根据以往研究表明,本河段的糙率系数为 0.018～0.031。总体而言,河段糙率系数随流量增大而减小,这一糙率系数变化规律在天然冲积河流具有普遍性。

2)水流紊动黏性系数。

水流紊动黏性系数根据零方程紊流模型确定,$\nu_t = k u_* H$,其中,u_* 为摩阻流速,H 为水深,k 为常数,取值范围 0.5～1.0,本书 k 取 1.0。

3)计算时间步长。

采用全隐式计算,时间步长取为 10s。

4)床沙级配。

床沙级配的调整可按下列方式处理。

淤积时段末床沙级配为：

$$P_{bi} = \Delta Z_i / \Delta Z \qquad (4\text{-}53)$$

式中，ΔZ——本时段河床淤积总厚度；

ΔZ_i——粒径为 d_i 的泥沙淤积厚度；

冲刷时段末床沙级配为：

$$P_{bi} = [(E_m - \Delta Z)P_{obi} + \Delta Z_i]/E_m \qquad (4\text{-}54)$$

式中，P_{obi}——时段初床沙级配；

$\Delta Z, \Delta Z_i$——本时段河床冲刷厚度，为负值；

E_m——河床可动层厚度，对于沙质河床，E_m 相当于沙波波高，一般取 $2.0\sim3.0$m。

5)水流分组挟沙力。

分组挟沙力 $S_i^* = P_* S_*$，它由水流强度和床面级配控制。P_* 为分组挟沙力级配，可采用《内河航道与港口水流泥沙模拟技术规程》(JTJ/T 232—98)中推荐的模式三(B.0.1-4)进行计算。

$$S_* = k\left[\frac{\sqrt{u^2 + v^2}}{gh\omega}\right]^m \qquad (4\text{-}55)$$

式中，S_*——水流挟沙力；

ω——非均匀沙代表沉速，$\omega = \sum_{i=1}^{n} P_i \omega_i$，其中，$P_i$ 为悬沙级配；

k, m——系数。

4.1.1.2 弯道数学模型的建立及验证

本研究模拟河段选取典型河段调关——莱家铺弯道段，模型范围上起寡妇夹，下至塔市驿，模拟河段全长 45km。依地形变化的剧烈程度及计算区域的重要性差异，本数学模型采用不等距网格，纵向(水流方向)网格间距为 $15\sim100$m，横向(垂直水流方向)网格间距为 $10\sim50$m，纵向布置 541 条网格线，横向布置 81 条网格线，网格线基本保持正交。数学模型网格示意图见图 4.2(a)。

(1)水流验证

建模地形为 2014 年 2 月地形($Q=6600$m³/s)，水流验证采用同期实测水文资料。本河段各水位测站水位见图 4.2(b)，计算水位偏差均在 ±0.05m 以内，符合较好(图 4.3 和图 4.4)。各计算值与实测值较为一致，仅个别点有所偏差，最大偏差值在 0.15m/s 以内，模型验证符合《内河航道与港口水流泥沙模拟技术规程》(JTJ/T 232—98)的要求，较好地反映了调关——莱家铺段的水流运动规律，可用于计算分析调关——莱家铺平面水动力变化规律。

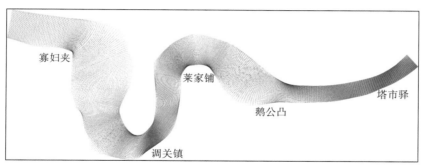

（a）数学模型网格示意图

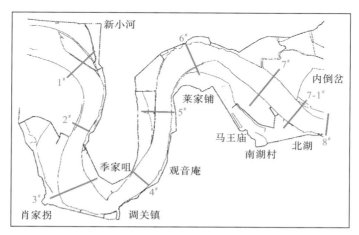

（b）水文断面位置

图 4.2　数学模型网格与水文断面位置

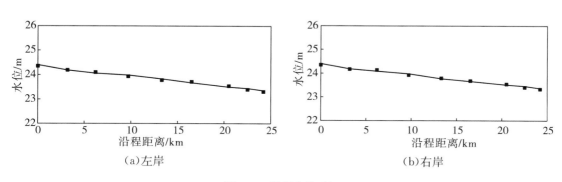

（a）左岸　　　　　　　　　　　　　　　　　（b）右岸

图 4.3　沿程水位验证

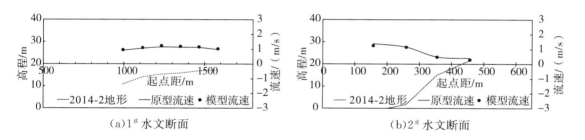

（a）1# 水文断面　　　　　　　　　　　　　　（b）2# 水文断面

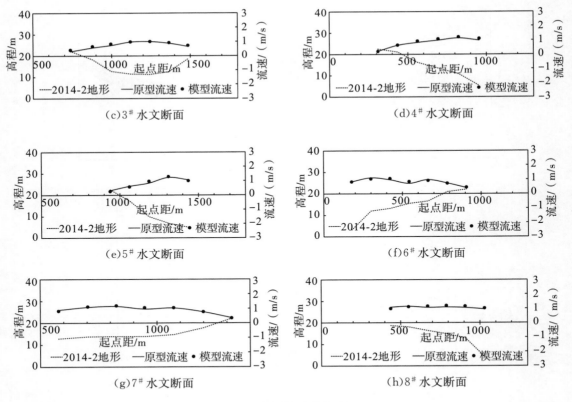

(c)3# 水文断面 (d)4# 水文断面

(e)5# 水文断面 (f)6# 水文断面

(g)7# 水文断面 (h)8# 水文断面

图 4.4 断面流速分布验证

（2）泥沙验证

模型初始地形为 2012 年 2 月，终止地形为 2016 年 1 月，中间输出地形为 2014 年 2 月。模型进口给定 2012 年 2 月至 2016 年 1 月监利站实测流量和含沙量过程（5～6d 概化成一级流量），出口水位根据监利水位和水面比降插补得到。分别验证了 2012 年 2 月至 2014 年 2 月以及 2014 年 2 月至 2016 年 1 月河床冲淤变化。

河道计算冲淤分布与实测冲淤分布见图 4.5。由图 4.5 可见，计算和实测冲淤分布基本吻合，冲淤幅度也基本相当，能够反映出不同水沙年份河道冲淤调整变化。

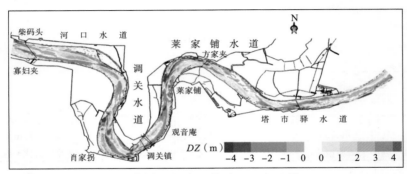

（a）实测 2012 年 2 月至 2014 年 2 月

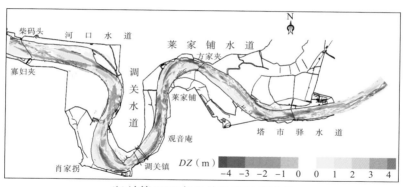

（b）计算 2012 年 2 月至 2014 年 2 月

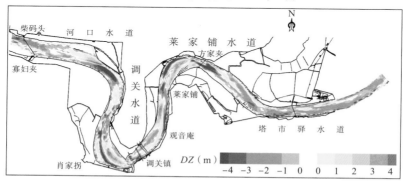

（c）实测 2014 年 2 月至 2016 年 1 月

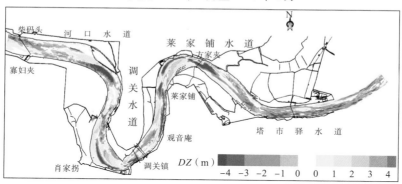

（d）计算 2014 年 2 月至 2016 年 1 月

图 4.5　河道计算冲淤分布与实测冲淤分布

4.1.2　局部水槽模型建立

试验水槽长 40m，宽 3.5m，高 0.8m，底坡 0.0001（图 4.6，图 4.7）。概化天然弯道水槽由量水堰、引水渠、进口前池、弯道实验段、沉砂池和回水渠道等组成。实验采用恒定流进行控制，上游进口与量水堰相连，采用量水堰流量读数控制，下游采用手摇式蝶形阀门进行水位控制，并设置 14 个水位观测点进行实时监控。弯道上下段顺直过渡段长度取值为 3～5 倍的断面宽度，以保证进口顺直段流态的均匀性，水流出弯后环流充分的衰减。

图 4.6　概化水槽

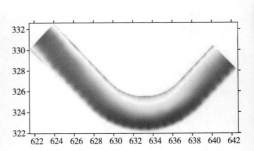

图 4.7　水槽平面水深

（1）模型比尺

$$\partial_L = \partial_h \ 正态, \partial_L = \partial_h = 100 \tag{4-56}$$

（2）重力相似

$$\partial_V = \sqrt{\partial_H} = 10 \tag{4-57}$$

（3）糙率相似

$$\partial_h = \frac{\partial_h^{2/3}}{\partial_L^{1/2}} = \partial_L^{1/6} \tag{4-58}$$

（4）沉降相似

$$\partial_\omega = \partial_V \frac{\partial_h}{\partial_L} = \partial_V \tag{4-59}$$

（5）悬浮相似

$$\partial_\omega = \partial_V \sqrt{\frac{\partial_h}{\partial_L}} = \partial_V \tag{4-60}$$

（6）起动相似

$$\partial_{V_0} = \partial_V \tag{4-61}$$

$$\partial_{v0} = \left[\frac{\partial_H}{\partial_d} \right]^{\frac{1}{6}} \frac{\partial_\omega}{\partial_{\left(\frac{\rho_s}{\rho}-1\right)}^{1/3} \partial_d}, \partial_{V_0} = \partial_\omega \tag{4-62}$$

$$\partial_d^{7/6} = \left[\frac{\partial_{\left(\frac{\rho_s}{\rho}-1\right)}^{1/3}}{\partial_H^{1/6}} \right]^{\frac{1}{6}} = \frac{11^{1/3}}{100^{1/6}} = \frac{2.224}{2.154} \tag{4-63}$$

$$\partial_d = 1, d_m = 0.2 \mathrm{mm} \tag{4-64}$$

（7）挟沙能力相似

$$\partial_S = \partial_{S_*} = \frac{\partial_{\gamma_s} \partial_\gamma \partial_V^3 \partial_h^2}{\partial_{\gamma_s-\gamma} \partial_\omega \partial_H^{4/3}} = \frac{\partial_{\gamma_s}}{\partial_{\gamma_s-\gamma}} = \frac{2.65/1.15}{11} = 0.2 \tag{4-65}$$

（8）河床变形相似

$$\partial_{t_2} = \frac{\partial_{\gamma_o}\partial_L}{\partial_S\partial_V} = \frac{\partial_{\gamma_o}\partial_L^{1/2}}{\partial_S} = \frac{\partial_{\gamma_o}\partial_{\gamma_s-\gamma}\partial_L^{1/2}}{\partial_{\gamma_s}} \tag{4-66}$$

$$\partial_{\gamma_o} = \frac{1.46}{0.7} = 2.1, \gamma_{s_p} = 2.65, \gamma = 1, \gamma_{S_m} = 1.15 \tag{4-67}$$

$$\partial_{\gamma_s} = \frac{2.65}{1.15} = 2.23, \partial_{\gamma_s-\gamma} = \frac{1.65}{0.15} = 11 \tag{4-68}$$

$$\partial_{t_2} \approx 100 \tag{4-69}$$

4.2　水沙因子对弯道河床冲淤及河势调整作用机理

三峡工程运用后，长江中游段弯曲河段冲淤特征变化较为显著，这种变化关系到河势稳定与防洪安全等重大问题。本节通过数值模拟计算并结合实测资料，分析研究不同地形及水沙条件下，典型弯道段水流和泥沙的运动输移规律，进一步探究水沙因子及河道边界变化对弯道段冲淤的作用，为分析弯道段河势调整与水沙调整之间的响应关系提供基础性认识，为进一步的机理分析提供支撑。

4.2.1　弯道段水流动力特征分析

为深入认识天然情况下调关—莱家铺河段水流特性，分别进行了同一地形不同流量、不同地形、相同流量的水流运动特性计算。

4.2.1.1　计算条件

同一地形的水流运动特性计算在 2014 年 2 月实测地形上进行，选取包括洪水在内的 4个流量级进行计算（表 4.1），研究各级流量下主流变化情况；不同地形的水流运动特性计算，分别取 2003 年 2 月和 2014 年 2 月地形，对比相同流量下主流和流速分布的差异。

表 4.1　　　　　　　　　　　　　　水流特性分析计算流量

计算流量/（m³/s）	模型出口（塔市驿）水位/m	备注
7280	26.190	枯水流量级
12600	29.394	平均流量级
20000	33.939	中水流量级
25000	34.894	平滩流量级

4.2.1.2　水动力变化特征分析

调关—莱家铺急弯段由两个反向弯道组成，水流运动呈明显的弯道水流特点，"大水取直，小水傍岸"，小水主流偏靠凹岸，随着流量的增大，动力轴线逐渐取直向凸岸侧移动。三峡水库蓄水前后，从相同流量条件下水动力轴线的变化来看（图 4.8），在各级流量下，三峡水库蓄水后水动力轴线均向凸岸摆动 100～250m,调关弯道的摆动幅度大于莱家铺弯道。水动力轴线的变化,反映了弯道水流和河床地形调整的相互作用和适应。三峡水库蓄水后,中水作用历时较长,主流区相应向凸岸摆动,主流区的冲蚀现象突出,弯道整体凹淤凸冲,凸岸边滩冲刷后退、面积萎缩。河床调整后,相同流量下主流也向凸岸进一步偏移(图 4.9)。图 4.10 为不同地形相同流量下典型断面流速分布变化。

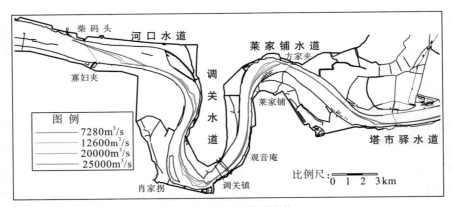

图 4.8　水动力轴线变化

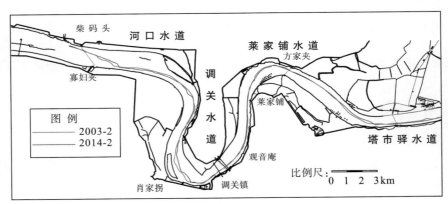

(a)$Q=7280\text{m}^3/\text{s}$

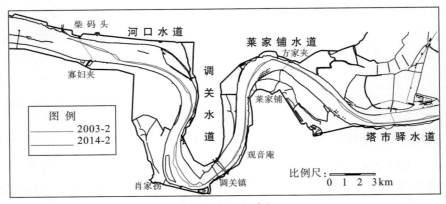

(b)$Q=12600\text{m}^3/\text{s}$

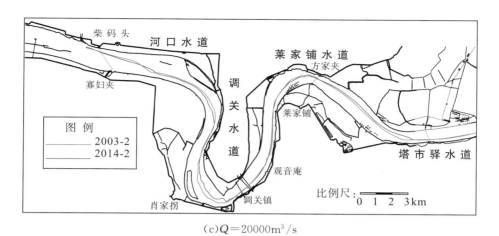

(c)$Q=20000\text{m}^3/\text{s}$

图 4.9 相同地形不同流量下水动力轴线变化

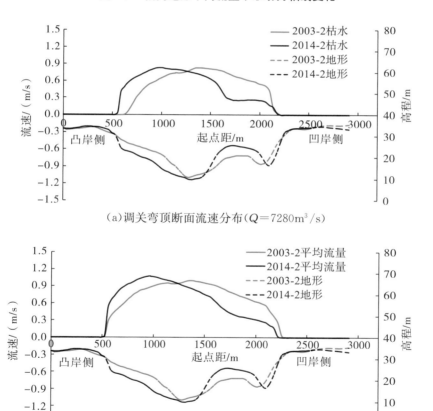

(a)调关弯顶断面流速分布($Q=7280\text{m}^3/\text{s}$)

(b)调关弯顶断面流速分布($Q=12600\text{m}^3/\text{s}$)

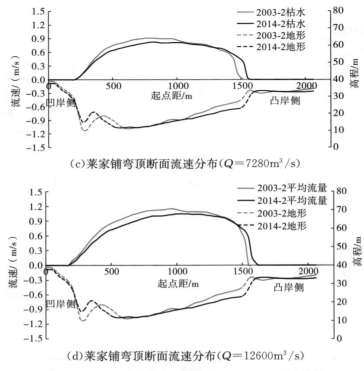

(c)莱家铺弯顶断面流速分布（$Q=7280\mathrm{m}^3/\mathrm{s}$）

(d)莱家铺弯顶断面流速分布（$Q=12600\mathrm{m}^3/\mathrm{s}$）

图 4.10　不同地形相同流量下典型断面流速分布变化

4.2.2　弯道段河床冲淤与水沙和河道边界的响应研究

4.2.2.1　三峡水库蓄水前后典型水沙条件

根据监利站实测水沙资料，选取三峡水库蓄水前后水量基本相当的大水年和一般水文年各 1 组，其中，大水年选取 1993 年（年径流量 4069 亿 m³）和 2012 年（年径流量 4037 亿 m³），一般水文年选取 1994 年（年径流量 3240 亿 m³）和 2011 年（年径流量 3329 亿 m³）。河床冲淤计算工况见表 4.2，各典型年流量统计见表 4.3。通过对比计算，研究相同地形不同水沙过程以及相同水沙过程不同初始地形的河道冲淤变化，分析水沙因子变化对弯曲河段河床冲淤的影响和作用机理。

表 4.2　　　　　　　　　　　　　　　河床冲淤计算工况

工况编号	地形	典型年	备注
1-1a	2003-2	1993	结合工况 2-1a、工况 2-2a，分析不同初始地形，相同水沙过程
1-2a	2003-2	1994	
2-1a	2016-2	1993	大水年，相同初始地形，不同水沙过程
2-1b		2012	
2-2a	2016-2	1994	一般水文年，相同初始地形，不同水沙过程
2-2b		2011	

表 4.3

各典型年流量统计

年份		最小流量 / (m³/s)	最大流量 / (m³/s)	[0, 6000] 持续天数 / d	(6000, 10000] 持续天数 / d	(10000, 20000] 持续天数 / d	(20000, 30000] 持续天数 / d	(30000, +∞) 持续天数 / d	(10000, 30000] 持续天数 / d
大水年	1993	3400	38000	89	84	119	50	23	169
	2012	6200	35100	0	179	132	36	19	168
一般水年	1994	3430	29000	98	119	126	22	0	148
	2011	6180	22800	0	217	134	14	0	148

4.2.2.2 河床冲淤对河道边界的响应

河床演变是泥沙运动的反应,泥沙随水流运动,水流受地形边界约束而形成不同的断面流速分布,从而导致泥沙冲刷和淤积的差异,即相同水沙条件在不同初始地形上最终形成的冲淤分布也有所不同。

三峡水库蓄水前,下荆江河道平面形态在堤防及护岸工程制约下,滩槽格局发生相应冲淤调整,但从长期来看弯道段总体相对平衡。三峡水库蓄水后,水文泥沙条件发生较大变化,新的河床边界是经过水流泥沙与河床长时间的相互作用而被塑造调整的结果,新的地形趋于适应新的水沙条件,从一个较长的时间阶段来看,地形对水沙的调整约束作用也趋于明显。

通过对比发现,地形边界的调整约束对河道冲淤变化影响较为明显。由图4.11可以看出,初始地形为三峡水库蓄水前地形时(工况1-1a),调关镇和莱家铺水道凹岸侧大幅冲刷,冲刷主要集中在弯顶及上下游附近,凸岸侧淤积;初始地形为近期2016年地形时(工况2-1a),受地形调整影响,水动力轴线向凸岸侧摆动。

与工况1-1a相比,凹岸侧冲刷范围和幅度均有所减小,冲刷部位由凹岸侧向河心及下游方向偏移,水流顶冲点下移,冲刷范围也整体向下游偏移。

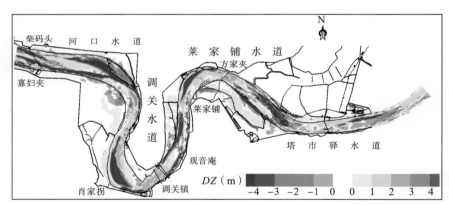

(a)典型年冲淤(工况1-1a,1993年水沙,2003年2月地形)

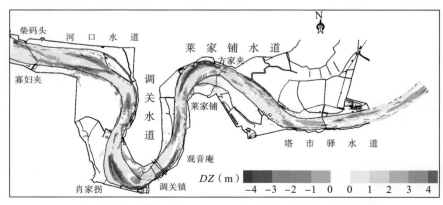

(b)典型年冲淤(工况2-1a,1993年水沙,2016年2月地形)

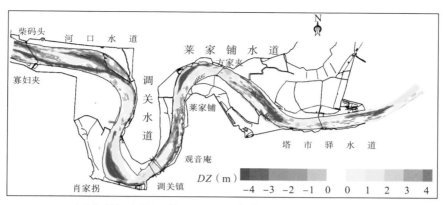

（c）典型年冲淤（工况 1-2a,1994 年水沙,2003 年 2 月地形）

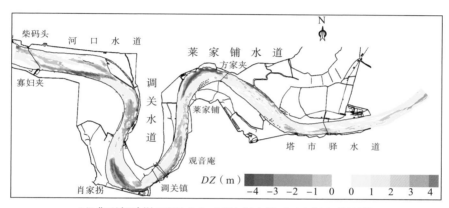

（d）典型年冲淤（工况 2-2a,1994 年水沙,2016 年 2 月地形）

图 4.11　相同水沙不同初始地形条件下的冲淤对比

4.2.2.3　河床冲淤对水沙变化的响应

（1）不同水沙条件对河道冲淤变化的影响

由图 4.12 可以看出,不同水沙作用下,河床冲淤特点如下:

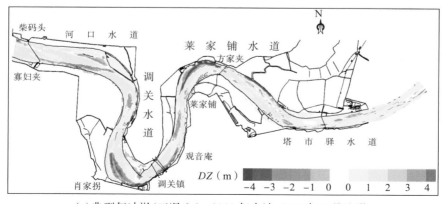

（a）典型年冲淤（工况 2-1a,1993 年水沙,2016 年 2 月地形）

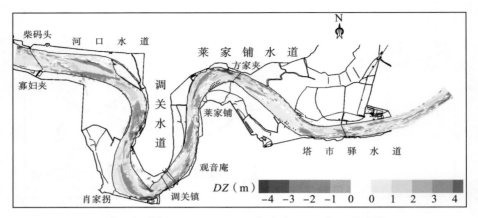

（b）典型年冲淤（工况 2-1b，2012 年水沙，2016 年 2 月地形）

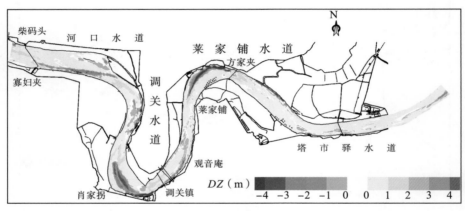

（c）典型年冲淤（工况 2-2a，1994 年水沙，2016 年 2 月地形）

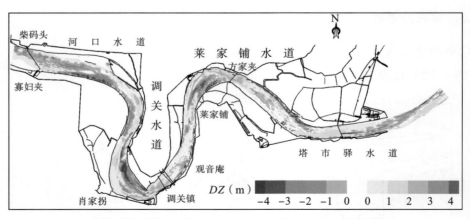

（d）典型年冲淤（工况 2-2b，2011 年水沙，2016 年 2 月地形）

图 4.12　不同水沙和相同初始地形条件下的冲淤对比

1）三峡水库蓄水前河道冲淤总体基本平衡，河道冲刷和淤积量较大，大水年大冲大淤明显；三峡水库蓄水后河床总体冲刷，但受三峡水库调蓄作用流量削峰平谷的影响，造床能力有所减弱,河床冲淤年内的调整幅度较蓄水前有所减小。

2)从冲淤部位来看,蓄水前在水沙作用下,枯水和洪水流量持续时间较长,小水傍岸大水取直,弯道段平面呈凹冲凸淤;蓄水后,中水流量持续天数较多,大沙年中水主流区域冲刷明显,弯顶附近河心位置冲刷、凹岸和凸岸侧均有所淤积,弯顶下游受水流顶冲作用大幅冲深;小沙年弯道段以冲刷为主,弯道出口段淤积。

（2）水沙因子变化分析

下荆江的水沙主要来源于宜昌以上长江干支流,其间虽有清江汇入,但径流占比很小,故可采用距离调关—莱家铺弯道段较近的监利站水沙资料来反映该段来水来沙情况。三峡水库蓄水运用后,中下游河道径流量年内分配与蓄水前相比主要表现为:枯水流量增加、中小水持续时间加长;汛期来水比例有所减小、洪峰流量削减、中高水持续时间有所减少。输沙量变化与径流量年内分配规律类似,如监利站输沙量汛期来沙比例稍有减少,但主汛期比例稍有增加。蓄水前(1951—2002 年)平均汛期输沙量占全年的 90.2%,主汛期输沙量占全年的 65.9%,蓄水后汛期输沙量占全年的 87.9%,而主汛期的输沙量占全年的 68.8%（图 4.13,图 4.14）。

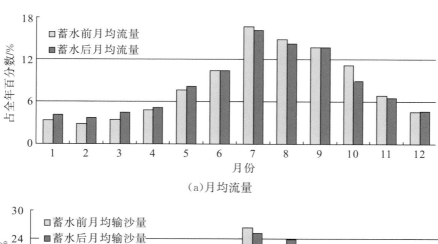

（a）月均流量

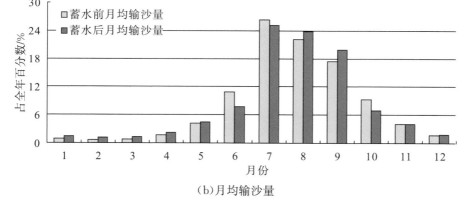

（b）月均输沙量

图 4.13　三峡蓄水前后监利站月均流量、输沙量年内分配对比

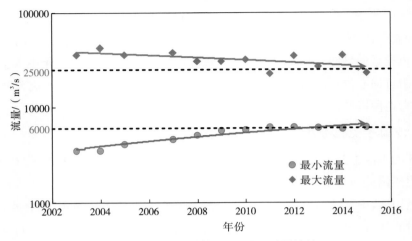

图 4.14　三峡蓄水后年度最大最小流量统计

　　三峡水库蓄水后，来沙减少，漫滩水流侵蚀滩面；水库调度削峰平谷，中水持续时间增长，水动力轴线向凸岸靠拢，边滩冲刷萎缩，弯曲半径增大。相关研究表明，下荆江平滩流量为 25000m³/s，枯水河槽塑造流量为 6000m³/s。受三峡水库调度的作用，近几年，最小流量低于 6000m³/s 的年份很少，流量主要集中在 6000～25000m³/s。

　　三峡水库蓄水调控后，水流过程的变化使不同流量作用在凸岸、凹岸的历时也相应发生变化。中水作用历时增长，水流弯曲半径小于河弯弯曲半径，凸岸边滩受主流作用时间较凹岸深槽大幅延长，加大了凸岸边滩的冲刷动力；与此同时，主流带与凹岸之间的回流使凹岸发生淤积。随着河道冲淤变化，床沙表现出一定程度的粗化趋势，而床沙粗化也会使由冲刷来补给的悬移质粒径必然变粗。从床沙组成来看，监利站小于 0.125mm 的床沙大量被清水冲刷，粒径在 0.125～0.250mm 的床沙沙量略有冲刷。根据监利站悬移质级配实测资料，平均粒径由 0.06mm 增大为 2015 年的 0.17mm，悬移质级配粗化明显，其中，$d>0.25$mm 粒径泥沙虽然所占比重不大，但是蓄水后该粒径占比增速最大，0.125～0.250mm 粒径的泥沙约占 30%，整体上占比略有减少，$d<0.125$mm 粒径泥沙减少最快，由最初的 80% 减小至 2015 年的 40% 左右。三峡水库蓄水后监利站悬移质逐年变化情况见图 4.15。

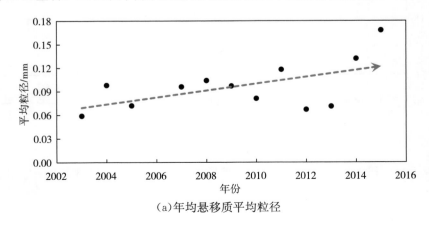

（a）年均悬移质平均粒径

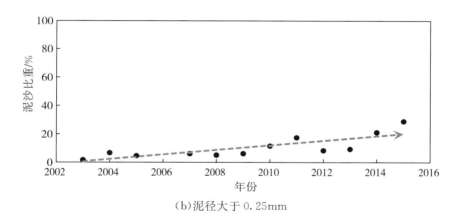

(b)泥径大于 0.25mm

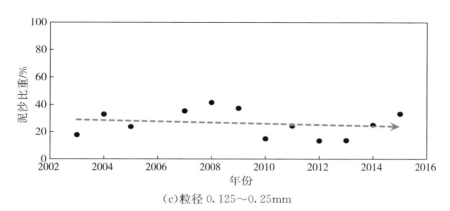

(c)粒径 0.125～0.25mm

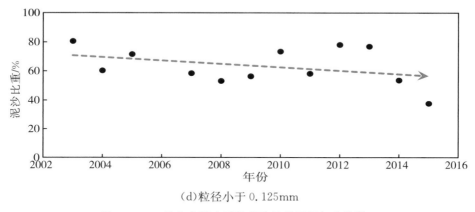

(d)粒径小于 0.125mm

图 4.15　三峡水库蓄水后监利站悬移质逐年变化情况

　　泥沙来源和组成改变了凹岸、凸岸的恢复和淤积幅度。弯道段高水时深槽落淤,低水时滩体落淤,边滩泥沙组成比主河槽细。三峡水库蓄水后,细颗粒泥沙大幅减少,直接影响凸岸边滩冲刷恢复,而床沙质补给恢复情况较好,粗颗粒泥沙则为水下潜洲的淤积提供了泥沙来源。

　　总体来看,水沙条件变化是三峡水库蓄水后弯道段河床冲淤变化的根本性因素,在年内径流过程和输沙变化的双重作用下,下荆江弯道段凸冲凹淤的现象普遍出现。随着三峡上游水库群的逐步蓄水运行,三峡水库出库沙量进一步大幅减少,2014—2017 年,出库沙量在 0.034 亿~0.104 亿 t,仅约为 2008—2013 年平均出库沙量的 1/5。上游来沙的减少,沿程虽有恢复和泥沙补给,但未来总体来沙量维持在较低水平,坝下总体呈现冲刷的态势。

4.3 水沙因子对岸坡稳定的作用机理研究

4.3.1 边壁切应力的水槽试验研究

本次概化天然弯道水槽共布置 12 个测量断面,其中 $0^{\#}$ 断面与 $11^{\#}$ 断面为等腰梯形断面,$1^{\#} \sim 10^{\#}$ 断面的断面形态根据淮河水利委员会水利科学研究院(简称"淮委水科院")对于天然弯道断面形态的统计研究进行设计。淮委水科院的统计研究表明,对于蜿蜒型弯道而言,弯顶位置存在明显的深坑,深坑偏向深槽中部区域,从而使得弯顶和弯道过渡段形成窄深和宽浅相间的横断面,深泓线呈显著的锯齿形;而对于典型的单弯道而言,弯道进口一般呈现"U"形的断面形态,到弯顶断面,一般呈现出对称或者不对称的"V"形断面形态,深槽一般偏向凹岸。图 4.16 中虚线所包含的区域为弯道深槽包络线,在弯道内部,主流偏向凹岸,断面形态呈偏"V"形布置,在弯道进、出口,断面形态呈现"U"形形态。在弯道断面设计时,严格保证各断面过流面积的一致性。在本次研究中,定义弯道断面中心角 θ,并设定在图中,弯道断面中心角起算断面由 $1^{\#}$ 断面开始,则 $1^{\#}$ 断面弯道断面中心角为 $0°$,$0^{\#}$ 断面位于弯道进口过渡断面,则 $0^{\#}$ 断面弯道断面中心角为 $-10°$,$2^{\#}$ 断面弯道断面中心角为 $10°$,$3^{\#} \sim 10^{\#}$ 断面依此类推,由于 $11^{\#}$ 断面位于弯道段下游断面,则设定 $11^{\#}$ 断面弯道断面中心角为 $100°$。

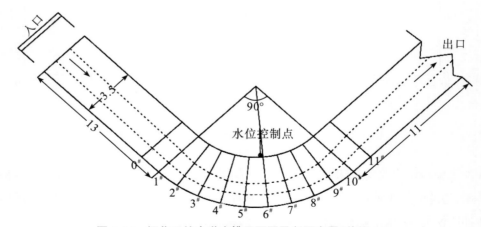

图 4.16 概化天然弯道水槽平面图及断面布置(单位:m)

概化天然弯道水槽各测量断面均设置 20~30 个壁面切应力测点,并在弯道凹岸一侧进行测点加密布置。在弯道水槽特征断面的凹岸,床面及凸岸均选取 6～10 个测量点位采用 ADV 测量近壁面三维流速并采用紊动动能法计算对应点位的壁面切应力。

弯道水槽定床试验采用多级流量、水位条件进行,综合考虑进口流量、岸坡坡前水位、垂线平均流速、岸坡坡比对于壁面切应力的影响(表 4.4)。弯道水槽定床物理模型试验总共进行 18 组,分为 6 级流量、6 级水位、4 级断面平均流速、3 级坡比进行,每组试验量测 360 个点位的三维近壁面流速,并分析切应力的分布规律及随流量、水位、坡比的变化规律。弯道水槽定床物理模型试验现场见图 4.17 和图 4.18。

表 4.4　　　　　　　　　　　弯道壁面切应力测量水槽模型实验组次

组次	流量 Q /(m³/s)	坡前水深 H /m	断面平均流速 /(m/s)	雷诺数 Re /(×10⁵)	岸坡坡比 s (垂向∶横向)	弗洛德数 Fr
1	0.043500	0.20	0.15	57	1∶1.5	0.00006036
2	0.082000	0.25	0.20	76	1∶1.5	0.00010730
3	0.138750	0.30	0.25	95	1∶1.5	0.00016766
4	0.161875	0.35	0.25	95	1∶1.5	0.00016766
5	0.222000	0.40	0.30	114	1∶1.5	0.00024143
6	0.231750	0.45	0.25	95	1∶1.5	0.00016766
7	0.043500	0.20	0.15	57	1∶2.0	0.00006036
8	0.082000	0.25	0.20	76	1∶2.0	0.00010730
9	0.138750	0.30	0.25	95	1∶2.0	0.00016766
10	0.161875	0.35	0.25	95	1∶2.0	0.00016766
11	0.222000	0.40	0.30	114	1∶2.0	0.00024143
12	0.231750	0.45	0.25	95	1∶2.0	0.00016766
13	0.043500	0.20	0.15	57	1∶2.5	0.00006036
14	0.082000	0.25	0.20	76	1∶2.5	0.00010730
15	0.138750	0.30	0.25	95	1∶2.5	0.00016766
16	0.161875	0.35	0.25	95	1∶2.5	0.00016766
17	0.222000	0.40	0.30	114	1∶2.5	0.00024143
18	0.231750	0.45	0.25	95	1∶2.5	0.00016766

图 4.17　弯道水槽现场

图 4.18　弯道水槽测量现场

4.3.1.1　弯道水动力分布规律

（1）弯道沿程动力轴线分布

不同流量下（0.04350m³/s、0.082000m³/s、0.13875m³/s）弯道沿程各断面测点纵向平均流速分布见图 4.19。在弯道离心力作用下，断面纵向流速分布由弯道进口断面对称分布逐渐向主流偏凹岸的不对称分布过渡。在不同流量下，水流动力轴线横向摆动范围较大，呈"大水取直，小水坐弯"的规律。

在小流量下，主动力轴线坐弯，曲率半径较大，进入弯道后主动力轴线较快偏向凹岸，主流顶冲点约在 40°断面处。在大、中流量下，水流取直进入弯道，主流对凹岸的顶冲点下移至 50°断面和 60°断面处，形成不同流量下弯道主流对凹岸顶冲点呈"大水下挫，小水上提"的规律。

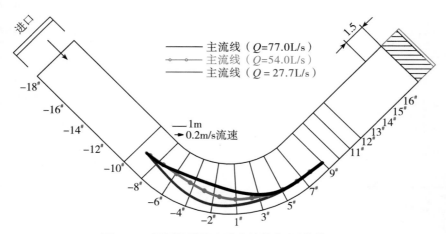

图 4.19　不同流量下主动力轴线分布（单位：m）

（2）弯道沿程断面环流分布

选取测量断面上各点的横向分速度 V_y 和垂向分速度 V_z 合成 YOZ 平面上的速度矢量。

图 4.20 为 90°弯道沿程断面环流分布。由图 4.20 可见,大流量下($Q=0.138 \mathrm{~m}^3/\mathrm{s}$)下弯道进口断面出现指向凹岸的横向流,断面无明显环流;至 20°断面,表层横向流速进一步增强,同时底部开始出现指向凸岸的横向流速,断面环流强度较弱;至弯顶前 40°断面时,表层及底部横向流速进一步增大,断面环流明显增强,环流的中心部位大致在浅滩与深槽的交接处;至弯顶处 50°断面时,深槽内底部横流得到充分的发展,断面环流结构更为明显;水流经过弯顶后至出口断面后,表层及底部环流均有减弱,环流结构减弱。

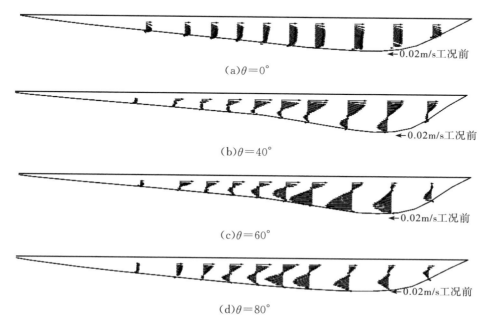

(a)$\theta=0°$

(b)$\theta=40°$

(c)$\theta=60°$

(d)$\theta=80°$

图 4.20　$Q=0.082 \mathrm{~m}^3/\mathrm{s}$,90°弯道沿程断面道环流分布

4.3.1.2　弯道壁面切应力沿程分布规律

（1）弯道凹岸切应力分布规律研究

弯道凹岸壁面平均切应力随弯道断面中心角的变化规律见图 4.21,图中 S 为岸坡坡比,其中壁面平均切应力的求解是根据实测壁面切应力经过积分求得的。

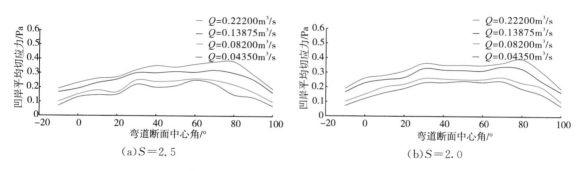

(a)$S=2.5$

(b)$S=2.0$

图 4.21　弯道凹岸壁面平均切应力随弯道断面中心角的变化规律

由图 4.21 可知,在弯道进口直道段,由于二次流作用较弱,壁面切应力的量值也较弯道内断面的壁面切应力量值小,约为弯顶以下断面壁面平均切应力量值的 45%～60%。弯道段凹岸壁面平均切应力最大值出现在弯顶下游的 $7^\#$～$8^\#$ 断面。根据 Blanckaert 的研究,该区域为二次流紊动最剧烈的区域,呈现出二次流饱和状态,且为弯道水流顶冲点。从弯道入口至弯顶断面,由于断面形态由"U"形逐渐转变为偏"V"形,主流动力轴线偏向凹岸,水流与凹岸壁面相互作用强烈,边界层内动量交换明显,凹岸壁面边界层内紊动增强,凹岸壁面切应力显著增加。在弯道弯顶前,随着弯道断面中心角增大,凹岸岸坡平均壁面切应力增大,在弯道弯顶附近壁面切应力基本保持稳定,在弯顶下游断面壁面平均切应力逐渐增大。由弯道凹岸壁面平均切应力沿程分布可知,弯道凹岸壁面平均切应力的分布规律与弯道内冲淤规律吻合良好。在弯道进口段,由于弯道环流较弱,凹岸壁面平均切应力量值较小,对应的凹岸侵蚀崩退较弱。进入弯道之后,随着主流动力轴线偏向凹岸一侧,水流与凹岸壁面相互作用增强,凹岸壁面边界层内动量交换加剧,壁面切应力增加。弯道凹岸坡脚切应力随弯道断面中心角的变化规律见图 4.22。

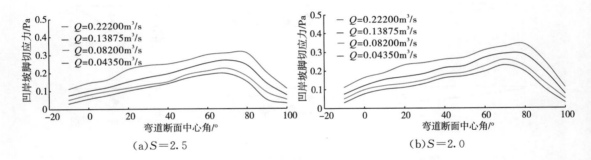

图 4.22 弯道凹岸坡脚切应力随弯道断面中心角的变化规律

由图 4.22 可知,弯道凹岸坡脚切应力在弯顶下游断面之前均呈现单调增加沿程分布规律,而后随着主流动力轴线逐渐居中,凹岸坡脚切应力开始逐渐减小。弯道凹岸坡脚切应力在弯顶下游弯道断面中心角约 70°时达到极值。其原因为弯道水流顶冲及弯道环流强度在该断面达到峰值,而后随着主流归槽,坡脚切应力逐渐减小。

(2)弯道凸岸切应力分布规律研究

弯道凸岸壁面平均切应力随弯道断面中心角的变化规律见图 4.23。由图 4.23 可知,弯道凸岸壁面平均切应力随弯道断面中心角的变化规律呈现双峰分布特征,而弯道凸岸平均切应力峰值出现在弯道进口与弯道弯顶下游断面,基本属于弯道进出口区域,而谷值出现在弯顶及弯顶下游断面。由于水流入弯后,主流动力轴线逐渐偏向凹岸,凸岸侧紊动较弱,凸岸壁面平均切应力约为凹岸壁面平均切应力的 70%。在弯顶下游断面,主流动力轴线逐渐居中发展,凸岸壁面平均切应力逐渐增加。弯道凸岸壁面平均切应力沿程分布规律印证了弯道凹冲凸淤的特性,在弯道凸岸,河岸岸坡切应力较小,床沙不易起动,悬沙在凸岸滩地落淤,引起岸滩淤长。

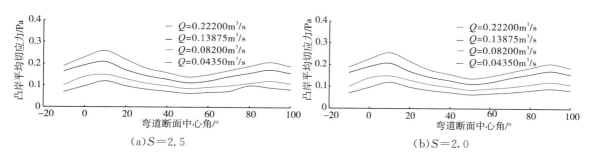

图 4.23　弯道凸岸壁面平均切应力随弯道断面中心角的变化规律

弯道凸岸坡脚切应力随弯道断面中心角的变化规律见图 4.24。由图 4.24 可知,弯道凸岸坡脚切应力随弯道断面中心角的变化规律呈驼峰分布,峰值在弯顶下游断面。该分布规律与主流动力轴线在概化天然弯道内的偏转以及概化天然弯道断面形态变化直接相关。在弯道进口,断面形态为"U"形断面,随着水流入弯,断面形态逐渐变化为偏"V"形断面,水流动力轴线偏凹岸,凸岸坡脚切应力基本保持稳定。弯道出口断面主流动力轴线回归弯道中心线,凸岸坡脚切应力保持稳定。

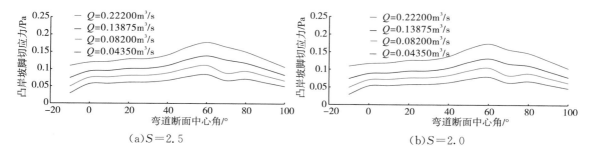

图 4.24　弯道凸岸坡脚切应力随弯道断面中心角的变化规律

4.3.1.3　弯道壁面切应力横向分布规律

本节主要研究了弯道直道过渡段 $0^\#$ 断面($\theta=-10°$),弯道段 $2^\#$、$6^\#$、$8^\#$ 断面($\theta=10°$、$\theta=50°$、$\theta=70°$)的弯道壁面切应力横向分布规律,其分布规律见图 4.25。将壁面切应力值与弯道断面形态联立进行分析,直观地反映了弯道壁面切应力的横向分布规律,并标注了不同弯道断面中心角 θ 情况下,弯道断面壁面切应力极值位置。

从图 4.26 可以看出,在弯道水槽直道过渡段($\theta=-10°$),断面形态为标准等腰梯形,等腰梯形断面切应力分布呈现对称分布特征,在凸岸侧壁面切应力自坡脚向坡顶先增加后减小,在靠近凸岸水面位置出现最小值,在床面区域,呈现双峰双谷的规律现象,在床面中心线处存在床面切应力极小值,在凹岸岸坡呈现由坡脚向坡顶先增加后减小的分布规律。由图 4.25 可知,随着断面平均流速的增加,壁面切应力分布呈正相关关系。由实测壁面切应力分布可知,直道段等腰梯形断面切应力分布特征具有较强的水力学规律性,本次实测断面切应力分布规律与 YUEN 的相关研究结果类似。

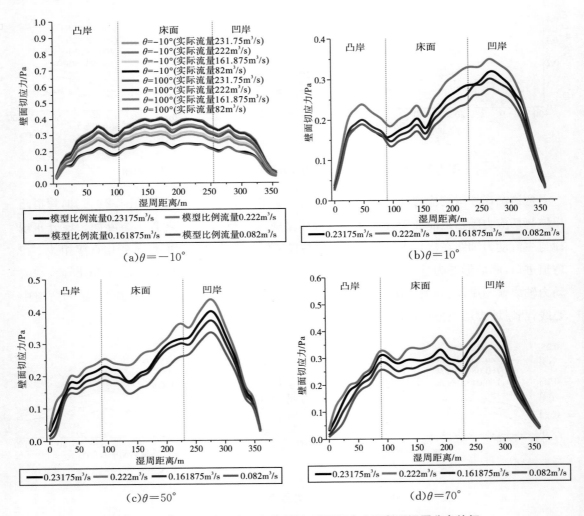

图 4.25　不同弯道断面中心角情况下,壁面切应力沿断面湿周分布特征

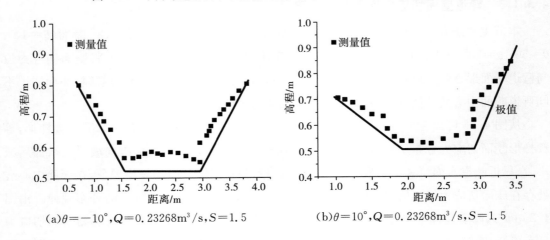

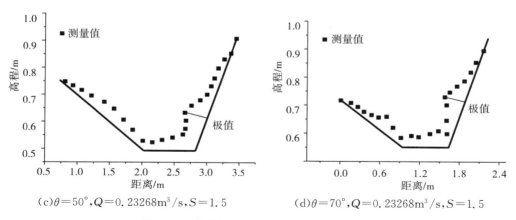

(c)$\theta=50°$,$Q=0.23268\text{m}^3/\text{s}$,$S=1.5$ (d)$\theta=70°$,$Q=0.23268\text{m}^3/\text{s}$,$S=1.5$

图 4.26 弯道断面切应力沿壁面分布趋势图

水流入弯后(弯道断面中心角 $\theta=10°$ 时),弯道形态逐渐由"U"形变为偏"V"形,凹岸岸坡变陡,主流动力轴线偏向凹岸,凹岸岸坡壁面切应力逐渐增加,明显强于凸岸岸坡壁面切应力,凸岸岸坡切应力值约为凹岸岸坡切应力值的 70%~80%。由实测结果可知,当弯道断面中心角 $\theta=10°$ 时,凹岸一侧床面切应力明显大于凸岸一侧床面切应力,且在床面中心附近存在极小值。

在弯道段弯顶断面(弯道断面中心角 $\theta=50°$ 时),深泓偏向凹岸,断面呈现偏"V"形,主流贴附凹岸,凸岸岸坡切应力明显弱于凹岸岸坡切应力。在凸岸岸坡,自坡脚至水面,切应力呈现先增加后减弱趋势,在床面段,切应力呈现"凹高凸低"的床面切应力分布规律。凹岸岸坡坡面切应力为凸岸岸坡坡面切应力的 1.24~1.37 倍。凹岸岸坡切应力自坡脚至水面呈现先增加后减小的趋势。

在弯顶下游断面(弯道断面中心角 $\theta=70°$ 时),由于水流顶冲作用且主流动力轴线偏向凹岸,凹岸岸坡坡面切应力较弯顶断面增强,凹岸壁面边界层内动量交换增强。而伴随着断面形态逐渐开始向"U"形过渡,深泓开始回归弯道中心线,凹岸岸坡壁面切应力与凸岸岸坡壁面切应力之间差值减小。在凸岸岸坡,壁面切应力自坡脚至水面先增大后减小。在床面,切应力极值出现在弯道中心线附近。凹岸岸坡切应力分布自坡脚至水面呈现先增加后减小的分布特征。

同时基于统计学原理对弯道凹岸壁面切应力极大值点距离明渠底面距离进行了统计分析,推导得到弯道凹岸壁面切应力极大值点与明渠底面之间的距离表达式为:

$$h_b=0.11\overline{p}\sin\left[\arctan\frac{1}{3}\right] \tag{4-70}$$

式中,h_b——壁面切应力极值点与明渠底面之间的距离;

$\overline{p}$——壁面切应力极值点的湿润距离;

s——坡比。

4.3.1.4 弯道壁面切应力单因子分析

对弯道凹岸壁面平均切应力以及弯道凸岸壁面平均切应力与来流流量、坡比、弯道断面中心角之间的关系进行单因子分析,并拟合了弯道岸坡壁面平均切应力与各个影响因子之间各自的函数关系。弯道凹岸壁面平均切应力与来流流量、坡比、弯道断面中心角单因子关系见图 4.27。图中 θ 为弯道断面中心角;Q 为来流流量;s 为岸坡坡比;τ_{avg} 为弯道岸坡壁面平均切应力,其中 $\tau_{concave-avg}$ 为弯道凹岸岸坡平均壁面切应力,$\tau_{convex-avg}$ 为弯道凸岸岸坡平均壁面切应力。

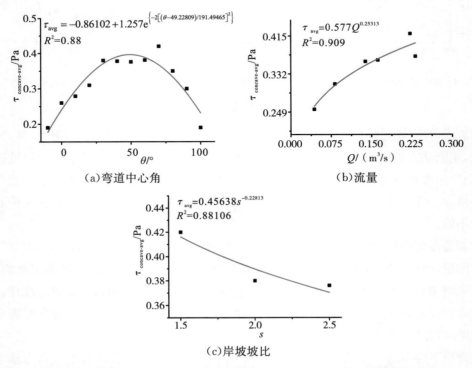

(a)弯道中心角 (b)流量

(c)岸坡坡比

图 4.27 弯道凹岸壁面平均切应力与流量、坡比、弯道断面中心角单因子分析

由图 4.27 可知,弯道凹岸壁面平均切应力与弯道断面中心角呈现单峰函数关系,峰值出现在弯顶断面。弯道凹岸岸坡壁面平均切应力随着进口流量的增加而不断增加,两者呈明显正相关关系。弯道凹岸岸坡壁面平均切应力随着弯道凹岸岸坡坡角减小而减小。弯道凸岸壁面平均切应力与来流流量、坡角、弯道断面中心角因子分析见图 4.28。

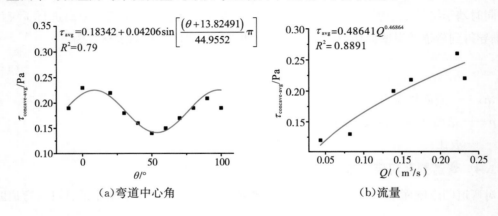

(a)弯道中心角 (b)流量

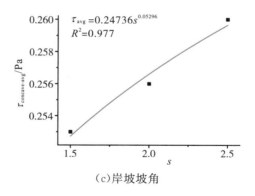

（c）岸坡坡角

图 4.28　弯道凸岸壁面平均切应力与来流流量、坡角、弯道断面中心角单因子分析

由图 4.28 可知,弯道凸岸岸坡平均切应力随弯道凹岸坡角减小而增加。弯道凸岸岸坡平均切应力随流量增加而增加,弯道凹岸岸坡平均切应力在弯顶断面附近存在极小值,而在弯道进口处存在极大值。综上分析可知,概化天然弯道凹岸、凸岸壁面平均切应力随流量、坡比、弯道断面中心角的变化规律不一致,存在区别的原因在于壁面切应力受水流、断面形态的综合影响,弯道内主流动力轴线偏转以及二次流分布特征是影响壁面切应力分布规律的关键因素。

4. 3. 1. 5　概化天然弯道壁面切应力计算模式

本次推导的弯道凹岸岸坡壁面切应力半经验半理论模式基本方程为纳维—斯托克斯方程以及连续方程。

垂线平均 $N\text{-}S$ 方程为:

$$\frac{\partial \overline{u}}{\partial x}+\frac{\partial \overline{v}}{\partial y}+\frac{\partial \overline{w}}{\partial z}=0 \tag{4-71}$$

$$\frac{\partial \overline{u}}{\partial t}+\frac{\partial}{\partial x}(\overline{uu})+\frac{\partial}{\partial y}(\overline{uv})+\frac{\partial}{\partial z}(\overline{uw})=-\frac{1}{\rho}\frac{\partial \overline{p}}{\partial x}+\nu\ \nabla^2\overline{u}-\left(\frac{\partial}{\partial x}\overline{u'u'}+\frac{\partial}{\partial y}\overline{u'v'}+\frac{\partial}{\partial z}\overline{u'w'}\right) \tag{4-72}$$

$$\frac{\partial \overline{v}}{\partial t}+\frac{\partial}{\partial x}(\overline{vu})+\frac{\partial}{\partial y}(\overline{vv})+\frac{\partial}{\partial z}(\overline{vw})=-\frac{1}{\rho}\frac{\partial \overline{p}}{\partial y}+\nu\ \nabla^2\overline{v}-\left(\frac{\partial}{\partial x}\overline{v'u'}+\frac{\partial}{\partial y}\overline{v'v'}+\frac{\partial}{\partial z}\overline{v'w'}\right) \tag{4-73}$$

$$\frac{\partial \overline{w}}{\partial t}+\frac{\partial}{\partial x}(\overline{wu})+\frac{\partial}{\partial y}(\overline{wv})+\frac{\partial}{\partial z}(\overline{ww})=-\frac{1}{\rho}\frac{\partial \overline{p}}{\partial z}-g+\nu\ \nabla^2\overline{w}-\left(\frac{\partial}{\partial x}\overline{w'u'}+\frac{\partial}{\partial y}\overline{w'v'}+\frac{\partial}{\partial z}\overline{w'w'}\right) \tag{4-74}$$

式中,x,y,z——纵向、横向以及垂向方向;

u,v,w——x,y,z 方向的流速;

p——压力;

ρ——流体密度;

g——重力加速度；

ν——运动黏度；

$\bar{u},\bar{v},\bar{w}$——雷诺平均流速；

u',v',w'——雷诺平均流速的脉动值，u',v',w'也可用来定义雷诺紊动应力的大小。

在本次的公式推导中，垂线平均沿 Z 方向进行，从床面(z_b)积分到自由水表面(z_w)，则垂线平均纵向流速 U 和垂线平均横向流速 V 可以写成：

$$U=\frac{1}{H}\int_{z_b}^{z_w}\bar{u}\,\mathrm{d}z \tag{4-75}$$

$$V=\frac{1}{H}\int_{z_b}^{z_w}\bar{v}\,\mathrm{d}z \tag{4-76}$$

式中，H——水深，且 $H=z_w-z_b$。

对式(2-7)沿水深积分可得：

$$\int_{z_b}^{z_w}\frac{\partial\bar{u}}{\partial x}+\frac{\partial\bar{v}}{\partial y}+\frac{\partial\bar{w}}{\partial z}\,\mathrm{d}z=0 \tag{4-77}$$

根据莱布尼兹定律，可将式(2-13)改写成下面的 3 个表达式：

$$\int_{z_b}^{z_w}\frac{\partial\bar{u}}{\partial x}\mathrm{d}z=\frac{\partial}{\partial x}\int_{z_b}^{z_w}\bar{u}\,\mathrm{d}z-\overline{u_w}\frac{\partial z_w}{\partial x}+\overline{u_b}\frac{\partial z_b}{\partial x} \tag{4-78}$$

$$\int_{z_b}^{z_w}\frac{\partial\bar{v}}{\partial y}\mathrm{d}z=\frac{\partial}{\partial y}\int_{z_b}^{z_w}\bar{v}\,\mathrm{d}z-\overline{v_w}\frac{\partial z_w}{\partial y}+\overline{v_b}\frac{\partial z_b}{\partial y} \tag{4-79}$$

$$\int_{z_b}^{z_w}\frac{\partial\bar{w}}{\partial z}\mathrm{d}z=\overline{w_w}-\overline{w_b} \tag{4-80}$$

根据上面 3 个表达式，最终可推导得到连续方程的最终表达式为：

$$\frac{\partial H}{\partial t}+\frac{\partial}{\partial x}(UH)+\frac{\partial}{\partial y}(VH)=0 \tag{4-81}$$

式(4-72)至式(4-81)为本次壁面切应力公式推导的基础表达式。介绍完基础表达式，下面正式开始推导弯道凹岸壁面切应力计算公式。

根据式(4-72)，可以将弯道纵向动量 N-S 方程写为式(2-12)的形式。

$$\rho\left(\frac{\partial\bar{u}}{\partial t}+\frac{\partial}{\partial x}(\overline{uu})+\frac{\partial}{\partial y}(\overline{uv})+\frac{\partial}{\partial z}(\overline{uw})\right)=\rho X-\frac{\partial\bar{p}}{\partial x}+\rho\nu\,\nabla^2\bar{u}-\rho\left(\frac{\partial}{\partial x}\overline{u'u'}+\frac{\partial}{\partial y}\overline{u'v'}+\frac{\partial}{\partial z}\overline{u'w'}\right)$$

$$\tag{4-82}$$

式中，$-\rho\overline{u'u'}$，$-\rho\overline{u'v'}$，$-\rho\overline{u'w'}$——雷诺紊动切应力；

其他字母定义如前所示。

当水流满足充分发展的均匀流特征时，则存在$\partial/\partial t=0$以及$\partial/\partial x=0$，且可忽略 $\nu\,\nabla^2\bar{u}$ 项，则可得到：

$$\frac{\partial\bar{u}}{\partial x}+\frac{\partial\bar{v}}{\partial y}+\frac{\partial\bar{w}}{\partial z}+\frac{\bar{v}}{r}=0 \tag{4-83}$$

$$\frac{\partial \overline{u}^2}{\partial x}+\frac{\partial \overline{uv}}{\partial y}+\frac{\partial(\overline{uw})}{\partial z}+2\frac{\overline{uv}}{r}+\left[\frac{\partial \overline{u'^2}}{\partial x}+\frac{\partial(\overline{u'v'})}{\partial y}+\frac{\partial(\overline{u'w'})}{\partial z}+2\frac{\overline{u'v'}}{r}\right]=-\frac{1}{\rho}\frac{\partial \overline{p}}{\partial s}+F_s$$

$$(4\text{-}84)$$

由式(4-83)与式(4-84),可以得到:

$$\overline{u}\frac{\partial \overline{u}}{\partial x}+\overline{v}\frac{\partial \overline{u}}{\partial y}+\overline{w}\frac{\partial \overline{u}}{\partial z}+\frac{\overline{uv}}{r}=-\frac{1}{\rho}\frac{\partial \overline{p}}{\partial x}+F_s-\left[\frac{\partial \overline{u'^2}}{\partial x}+\frac{\partial(\overline{u'v'})}{\partial y}+\frac{\partial(\overline{u'w'})}{\partial z}+2\frac{\overline{u'v'}}{r}\right]$$

$$(4\text{-}85)$$

根据弯道水流条件,可假定 $F_s=0$ 且 $\dfrac{\partial \overline{p}}{\partial s}=gS_0$,则式(2-21)可写成:

$$\rho\left[\frac{\partial \overline{u}^2}{\partial x}+\frac{\partial \overline{uv}}{\partial y}+\frac{\partial(\overline{uw})}{\partial z}\right]=\rho gS_0-\rho\left[\frac{\partial \overline{u'^2}}{\partial x}+\frac{\partial(\overline{u'v'})}{\partial y}+\frac{\partial(\overline{u'w'})}{\partial z}\right]-2\rho\left(\frac{\overline{uv}}{2r}+\frac{\overline{u'v'}}{r}\right)$$

$$(4\text{-}86)$$

对式(4-86)进行简化得到:

$$\rho\left[\frac{\partial \overline{u}^2}{\partial x}+\frac{\partial \overline{uv}}{\partial y}+\frac{\partial(\overline{uw})}{\partial z}\right]=\rho gS_0+\left[\frac{\partial \tau_{ss}}{\partial x}+\frac{\partial \tau_{ns}}{\partial y}+\frac{\partial \tau_{zs}}{\partial z}\right]-2\rho\left(\frac{\overline{uv}}{2r}+\frac{\overline{u'v'}}{r}\right) \quad (4\text{-}87)$$

对式(2-23)进行垂线平均,得到:

$$\rho\left[\frac{\partial HU_d^2}{\partial x}+\frac{\partial H(\overline{uv})_d}{\partial y}\right]=\rho gHS_0+\left[\frac{\partial H\overline{\tau_{ss}}}{\partial x}+\frac{\partial H\overline{\tau_{ns}}}{\partial y}\right]-2\rho\int_0^H\left(\frac{\overline{uv}}{2r}+\frac{\overline{u'v'}}{r}\right)\mathrm{d}z(4\text{-}88)$$

对式(4-88)而言,可以采用下列的假定:$\dfrac{\partial HU_d^2}{\partial x}=0$;$\dfrac{\partial H\overline{\tau_{ss}}}{\partial x}=0$。

则式(4-89)可简化为:

$$\rho\left[\frac{\partial H(\overline{uv})_d}{\partial y}\right]=\rho gHS_0+\left[\frac{\partial H(\overline{\tau_{ns}})}{\partial y}\right]-\tau_b\sqrt{1+s^{-2}}-2\rho\int_0^H\left(\frac{\overline{uv}}{2r}+\frac{\overline{u'v'}}{r}\right)\mathrm{d}z \quad (4\text{-}89)$$

式中,d——垂线平均值;

s——岸坡坡比;

H——水深。

该式即为弯道简单梯形断面情况下动量方程的垂线平均表达式。也可写成式(4-90)的形式:

$$\rho gHS_0+\left[\frac{\partial H(\overline{\tau_{yx}})}{\partial y}\right]-\tau_b\sqrt{1+s^{-2}}=\rho\left[\frac{\partial H(\overline{uv})_d}{\partial y}\right]+2\rho\int_0^H\left(\frac{\overline{uv}}{2r}+\frac{\overline{u'v'}}{r}\right)\mathrm{d}z \quad (4\text{-}90)$$

式中,$\rho\left[\dfrac{\partial H(\overline{uv})_d}{\partial y}\right]$——弯道二次流表达项;

$2\rho\displaystyle\int_0^H\left(\dfrac{\overline{uv}}{2r}+\dfrac{\overline{u'v'}}{r}\right)\mathrm{d}z$——弯道曲率产生的弯道附加雷诺应力项。

根据 KNIGHT 的研究,式(4-90)的右边两项可写为一个 $(m+ny)$ 的形式,即一个线性函数的形式,且本次研究假设:

$$\Gamma = \rho\left[\frac{\partial H\overline{(uv)}_d}{\partial y}\right] = \rho g H S_0 (1-k) \tag{4-91}$$

$$\rho\left[\frac{\partial H\overline{(uv)}_d}{\partial y}\right] + 2\rho\int_0^H\left(\frac{\overline{uv}}{2r} + \frac{\overline{u'v'}}{r}\right)\mathrm{d}z = \rho g H S_0(1-k) + ny \tag{4-92}$$

式中，Γ——常数函数；

k——弯道中心角以及弯道雷诺数的函数。

假设是根据前面对于弯道壁面切应力沿程分布特征和断面分布特征规律的研究而假定的。在分布特征的研究中发现，弯道二次流表达项与弯道中心角、断面形态、坡比以及雷诺数有着密切的关系，遂假定式（4-90）的右侧为中心角、雷诺数以及横向距离的函数。则式（4-90）可写成：

$$\rho g H S_0 + \left[\frac{\partial H\overline{(\tau_{yx})}}{\partial y}\right] - \tau_b\sqrt{1+s^{-2}} = \rho g H S_0(1-k) + ny \tag{4-93}$$

并假设 $\tau_b = \left(\frac{f}{8}\right)\rho U_d^2$，$\overline{\tau_{yx}} = \rho\lambda U_*H\frac{\partial U_d}{\partial y}$，$U_* = (\tau_b/\rho)^{\frac{1}{2}}$。则得到最终的计算表达式为：

$$\rho g H S_0 - \left(\frac{f}{8}\right)\rho U_d^2\left(\sqrt{1+s^{-2}}\right) + \frac{\partial}{\partial y}\left\{\rho\lambda H^2\left(\frac{f}{8}\right)^{\frac{1}{2}}U_d\frac{\partial U_d}{\partial y}\right\} = \rho g H S_0(1-k) + ny$$

$$\tag{4-94}$$

求解式（4-94）可得到横向流速分布的表达式（4-95）以及横向切应力分布的表达式（4-96）。

$$U_d = \left[A_3\left(H+\frac{y}{s}\right)^\alpha + A_4\left(H+\frac{y}{s}\right)^{(-\alpha-1)} + \omega\left(H+\frac{y}{s}\right) + \eta\right]^{\frac{1}{2}} \tag{4-95}$$

式中，

$$\alpha = -0.5 + 0.5\times\sqrt{1+\frac{s\sqrt{1+s^2}}{\lambda}\sqrt{8f}}，\omega = \frac{gS_0 - ns/\rho}{\frac{\sqrt{1+s^2}}{s}\left(\frac{f}{8}\right) - \frac{\lambda}{s^2}\sqrt{\frac{f}{8}}}，\eta = \frac{\rho g H S_0(k-1) + nHs}{\rho\sqrt{1+s^{-2}}\frac{f}{8}}$$

$$\tau_b = \frac{f}{8}\rho\left[A_3\left(H+\frac{y}{s}\right)^\alpha + A_4\left(H+\frac{y}{s}\right)^{(-\alpha-1)} + \omega\left(H+\frac{y}{s}\right) + \eta\right] \tag{4-96}$$

式中，

$$\alpha = -0.5 + 0.5\times\sqrt{1+\frac{s\sqrt{1+s^2}}{0.07}\sqrt{8f}}，\omega = \frac{gS_0 - ns/\rho}{\frac{\sqrt{1+s^2}}{s}\left(\frac{f}{8}\right) - \frac{\lambda}{s^2}\sqrt{\frac{f}{8}}}，\eta = \frac{\rho g H S_0(k-1) + nHs}{\rho\sqrt{1+s^{-2}}\frac{f}{8}}$$

$$k = 1.384(\sin\theta)^{28.28} + 0.096\ln(Re)，R^2 = 0.87$$

在式（4-95）和式（4-96）中，$A_3 = 2.22$，$A_4 = -3.52\times10^{-4}$，$R^2 = 0.92$。

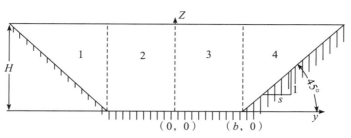

图 4-29 流速及切应力横向分布模式示意图

4.3.2 水沙因子对岸坡稳定的作用机理研究

本次研究结合弯道水槽并对其进行局部改造,弯道段断面呈现偏"V"形,水槽断面及平面水深见图 4.30、图 4.31,水槽试验模型布置见图 4.32。弯道进口段基本为梯形断面,弯道段断面呈不对称的"V"形,凹岸侧为深槽,弯道出口段断面基本呈梯形。水槽边坡凹岸侧为 1:2.0～1:3.5,凸岸侧采用 1:3.5～1:6.0。水槽床比例为水平 1:100,垂直 1:100。上游有量水堰控制流量,下游有推拉尾门控制水位,模型沙采用防腐处理的木粉。长江中悬移质泥沙大部分为冲泻质,其造床泥沙含量约占悬移质的 15%。本次试验加沙仅考虑造床泥沙。

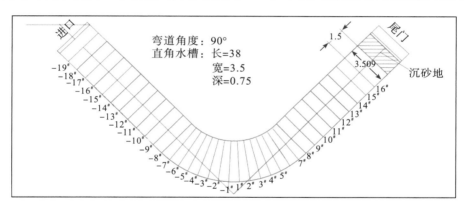

图 4.30 水槽断面布置示意图(单位:m)

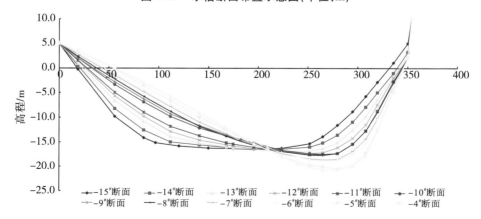

图 4.31 水槽断面水深示意图

图 4.32　水槽试验模型布置图

4.3.2.1　试验条件及工况

为分析水沙因子与河道冲淤相应关系,本次水槽试验重点研究沙量变化与河床冲淤的关系以及水量变化与河床冲淤的关系,建立冲刷强度与水沙的关系;同时在此基础上分析不同岸坡条件下岸坡稳定性,进而研究水沙变化与岸坡稳定的关系,主要研究内容如下:

(1)相同流量条件下,不同来沙量的河床冲淤变化(无护岸)试验工况(表 4.5)

本研究重点关注沙量减少后未护岸状态下弯道段冲淤变化及最大冲深变化、河床下切及展宽情况,探讨冲刷强度与来沙量关系。试验水流条件相当于天然中水条件,根据长江天然泥沙粒径分析,河床泥沙中值粒径在 0.2mm 左右。试验时水槽断面平均流速约 0.12m/s,平均水深 14cm。在试验中水槽加沙量应小于水流挟沙力。

表 4.5　　　　　　　　　　　　　　试验组次统计

工况	模型流量/(m³/s)	试验时间/h	模型含沙量/(kg/m³)
工况一	0.06	5	0
工况二	0.06	5	0.30
工况三	0.06	5	0.45
工况四	0.06	5	0.60
工况五	0.06	5	0.90

(2)相同流量条件下,不同来沙量的河床冲淤变化(有护岸)试验工况(表 4.6)

分析有护岸条件下河床冲淤与沙量因子的关系。本次研究对弯道凹岸侧进行守护,其防护范围一般在高程 0～−10m,试验水沙条件与无守护条件下弯道水槽试验相同。

表 4.6　　　　　　　　　　　　　　　　　试验组次统计

工况	模型流量/（m³/s）	试验时间/h	模型含沙量/（kg/m³）
工况一	0.06	5	0
工况二	0.06	5	0.30
工况三	0.06	5	0.45
工况四	0.06	5	0.60
工况五	0.06	5	0.90

（3）相同沙量条件下，不同来流量的河床冲淤变化（无护岸）试验工况（表 4.7）

三峡水库蓄水后，水量年际总体变化不大，但年内各月有所调整。本次重点关注水量变化后弯道段冲淤变化及最大冲深变化，未护岸状态河床下切及展宽情况，探讨冲刷强度与来水量关系。

表 4.7　　　　　　　　　　　　　　　　　试验组次统计

工况	模型流量/（m³/s）	试验时间/h	模型含沙量/（kg/m³）
工况一	0.060	5	0.9
工况二	0.140	5	0.9
工况三	0.120	5	0.9
工况四	0.075	5	0.9
工况五	0.090	5	0.4
工况六	0.075	5	0.4
工况七	0.060	5	0.4

（4）水沙因子变化对河床的冲淤影响试验工况

三峡水库蓄水后年内水量过程发生一定的变化，但总的水量变化不大（表 4.8）。通过水槽概化试验比较三峡水库蓄水前后河床冲淤变化，分析研究沿程断面变化特征、滩槽变化、近岸冲刷、岸坡稳定等。

表 4.8　　　　　　　　　　　　　　　　　试验组次统计

工况	模型流量/（m³/s）	试验时间/h	模型含沙量/（kg/m³）
工况一	0.090	5	0.3
工况二	0.050	5	0.6
工况三	0.120	5	0.9
工况四	0.075	5	0.4

4.3.2.2　水沙变化与岸坡稳定作用机理研究

冲积河流泥沙输移符合幂律函数关系，即来水来沙的输沙率幂律经验公式可表示为：

$$Q_S = KS^a Q^b \tag{4-97}$$

$$a = e^{-\frac{\alpha_*}{q}\frac{\omega}{q}x} \tag{4-98}$$

式中,Q_S——某断面输沙率;

Q——流量;

S——上游来沙量;

K——输沙系数;

a、b——输沙指数;

x——纵向沿程距离进口断面的距离;

ω——泥沙沉速;

α_*——泥沙恢复饱和系数;

q——单宽流量。

分析上式可知,对于某一固定断面,在相同泥沙、相同单宽流量条件下,a 为某常数。假定断面以垂直变化为主,$H = f(S) \propto S^a$,则$(H_1 - H_0) \propto (S_1^a - S_0^a)$。

根据相关文献,水流冲刷强度与河道断面形态尺度具有相关性,在实测水文资料统计和实测断面水深变化的相关性方面,一般认为近岸河道形态尺度与水沙条件之间存在定量关系,可用式(4-99)表示:

$$H \propto \frac{Q^2}{S} \Rightarrow H = f\left(\frac{Q^2}{S}\right) \tag{4-99}$$

式中,H——特征水深,可 $H = \frac{Q^2}{S}$ 的函数;

$\frac{Q^2}{S}$——某一时段内水体的冲刷强度;

Q——流量;

S——悬移质含沙量。

设某一河段,在同等水流作用时间下,同一流量 Q,两个不同的含沙量 S_0、S_1,对应两个不同的特征水深 H_0、H_1,将式(4-99)进行变换,则有:

$$(H_1 - H_0) \propto \left[f\left(\frac{1}{S_1}\right) - f\left(\frac{1}{S_0}\right)\right] \tag{4-100}$$

结合幂律函数关系式,可将式(4-100)写为:

$$(H_1 - H_0) \propto \left(\frac{1}{S_1} - \frac{1}{S_0}\right) \tag{4-101}$$

(1)无防护条件下沙量变化与冲刷的关系分析

根据实验成果,仅选取最大冲深出现的断面进行分析,可对数据进行统计分析。选取最深点的水深为特征水深,实测数据见图 4.33,对于任意的两组不同含沙量 S_i 和 S_j,$\Delta H = (H_j - H_i)$ 与 $\Delta(S^{-1}) = (S_j^{-1} - S_i^{-1})$ 呈线性关系,当 $\Delta(S^{-1}) = 0$ 时,$\Delta H = 0$。

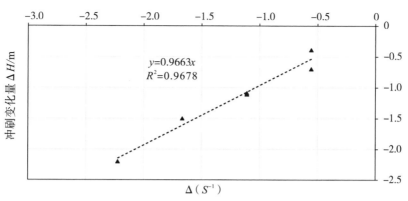

图 4.33　无防护条件下冲刷变化量与含沙量的关系

可写为：

$$\mathrm{d}H = 0.9663\mathrm{d}(S^{-1}) \tag{4-102}$$

则有 $H = \dfrac{c_1}{S} + c_2$，c_1、c_2 为常数，可根据数据拟合求解。假定初始未冲断面特征水深为 0，H 可理解为冲刷深度，取正值，则无防护条件下冲刷深度具体解为：

$$H = \frac{0.9663}{S} + 5.78 \tag{4-103}$$

根据式(4-103)，若 $S=0$，则 $H \rightarrow +\infty$，但模型试验做了清水冲刷试验，实际情况是 $S=0$ 时，$H=11.6$，用上式反算，当 $H_{\max}=11.6$ 时，对应的含沙量为 $S=0.17\,\mathrm{kg/m^3}$。

（2）防护条件下沙量变化与冲刷的关系分析

根据实验成果，采取防护条件下的方法进行分析，仅选取最大冲深出现的断面进行分析，可对数据进行统计分析。防护条件下冲刷变化量与含沙量的关系见图 4.34。

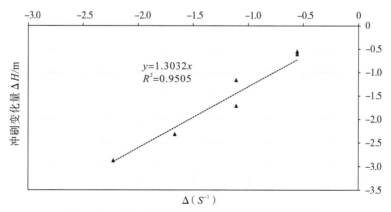

图 4.34　防护条件下冲刷变化量与含沙量的关系

假定初始未冲断面特征水深为 0，H 可理解为冲刷深度，取正值，则防护条件下冲刷深度具体解为：

$$H = \frac{1.3032}{S} + 5.66 \qquad (4\text{-}104)$$

(3)无防护条件下流量变化与冲刷深度变化的关系分析

根据试验成果,选取最大冲深出现的断面进行分析,可对数据进行统计分析。无防护条件下冲刷变化量与流量变化的关系见图4.35。假定初始未冲断面特征水深为0,H可理解为冲刷深度,取正值,无防护条件下冲刷深度具体解如下:

$$H = 1.183 \times \frac{Q^2}{10^8} + 5.96 \qquad (4\text{-}105)$$

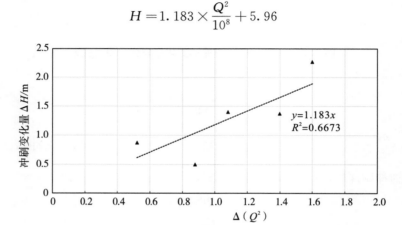

图4.35 无防护条件下冲刷变化量与水量变化量的关系

(4)水沙因子与冲刷深度的关系分析

1)水沙单因子分析。

为了更好地研究分析水沙因子(含沙量、水量)与冲刷深度的关系,本次对无防护条件下试验数据进行了整理分析,其关系见图4.36、图4.37。

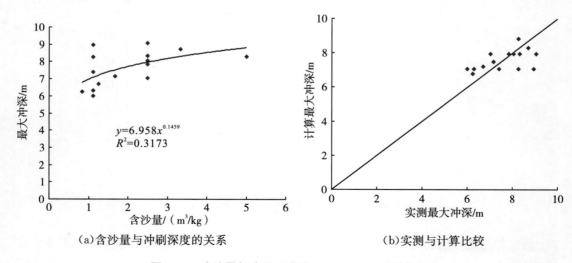

(a)含沙量与冲刷深度的关系 　　　　(b)实测与计算比较

图4.36 含沙量与冲刷深度关系以及实测与计算比较

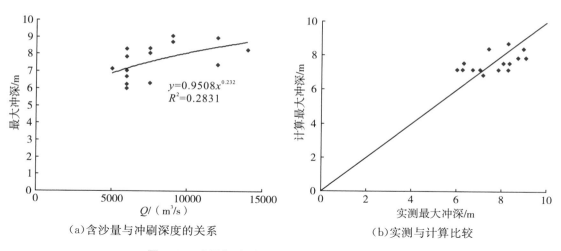

（a）含沙量与冲刷深度的关系　　　　　　（b）实测与计算比较

图 4.37　水量与冲刷深度关系以及实测与计算比较

图 4.36 为含沙量与最大冲深拟合结果的表达式为 $H=6.958S^{-0.1459}$。计算结果与实测结果相较，相关系数达到 0.56，且点据分布于中心线两侧，表明含沙量与最大冲深还是存在一定关系的。

图 4.37 为流量与最大冲深拟合结果，表达式为 $H=0.9508Q^{0.232}$。计算结果与实测结果相较，相关系数约 0.53，点据虽分布于中心线两侧，但计算结果变化范围略小于实测结果。实际上从实测点据和计算点据的分布来看，实测冲深范围略大于计算冲深范围，即不论是流量与冲深的关系还是含沙量与冲深的关系，单一因子均难以较为准确地反映实际冲深的变化规律。

2）水沙复合因子分析。

本研究利用以往的研究成果，对流量、含沙量与最大冲深进行了拟合，表达式为 $H=7.5377(Q^2/S/10^8)^{0.1693}$，拟合公式计算结果与实测结果的比较见图 4.38。

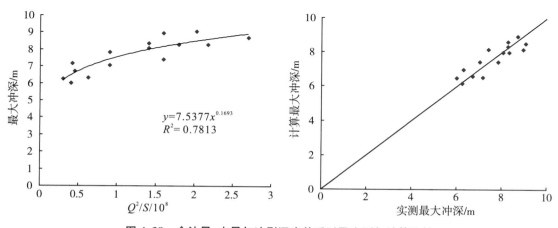

图 4.38　含沙量、水量与冲刷深度关系以及实测与计算比较

从图可以看出，计算结果与实测结果比较相关系数达到 0.88，点据比较均匀的分布于中心线两侧,曲线关系较好。与含沙量以及水量等单因子与最大冲深关系相比,复合因子反映出来的双因子与最大冲深关系精度获得了长足的提高。

在此基础上,为了更好地分析含沙量以及水量因子的系数,本次研究在上述单因子等成果的基础上利用试验数据,采用最小二乘法对冲刷深度与含沙量以及水量进行了研究。主要对 $H \sim Q^a(1/S)^b$ 的关系进行了拟合分析(图 4.39)。

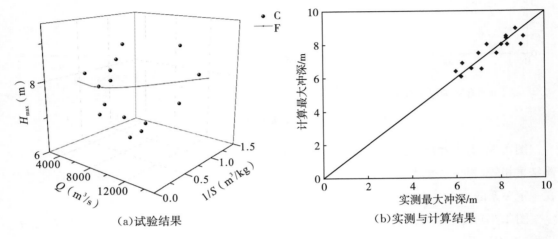

（a）试验结果　　　　　　　　（b）实测与计算结果

图 4.39　拟合公式计算与实测与计算比较

根据最小二乘法的计算结果,含沙量、流量与最大冲深表达式为 $H=0.3961Q^{0.3178}S^{-0.1878}$；拟合公式计算结果与实测结果的比较相关系数约 0.95,点据均匀分布于中心线两侧,表明计算结果与实测结果吻合良好。同时与其他公式相比,本公式的计算精度最高,并且能同时良好地反映流量及含沙量分别对最大冲深的影响权重。

4.4　小结

本章研究利用理论分析、数学模型以及水槽试验等手段,重点对新水沙条件下,泥沙因子对河道冲淤、河势调整及岸坡稳定的作用机理进行了研究,得出以下主要结论：

1)通过概化弯道水槽,研究了弯道壁面切应力分布规律。采用新型 MEMS 微电机系统柔性热膜式壁面切应力传感器精细测量了弯道水槽壁面切应力。在弯道水槽等腰梯形断面直水道段,凹、凸岸壁面切应力分布基本对称,在床面段,切应力呈现双峰分布特征。而在弯道内,伴随主流动力轴线偏凹岸,断面形态由"U"形转变为偏"V"形,断面切应力分布开始出现"凹高凸低"的分布趋势,弯道内断面的岸坡切应力分布规律存在明显的不对称特性。

2)揭示了弯道凹、凸岸壁面平均切应力与流量、水深、坡角、断面中心角之间的关系。试验表明,受弯道内主流动力轴线偏转以及二次流分布等因素影响,弯道凹岸岸坡壁面平均切应力峰值出现在弯顶断面,随着弯道凹岸岸坡坡角减小而减小。而弯道凸岸岸坡平均切应力在弯顶断面附近存在极小值,随弯道凹岸岸坡坡角减小而增加。

3)提出了弯道断面切应力极值点高程算法,基于统计学原理统计分析了弯道凹岸岸坡壁面切应力极值点距离明渠底面距离,推导得到弯道凹岸岸坡壁面切应力极大值点与明渠底面距离之间的函数关系,为后续岸坡防护范围等提供了技术支撑。

4)本次研究利用实验数据,采用最小二乘法研究了含沙量、流量与最大冲深的关系。在单一因子与河床冲刷变化分析的基础上,提出了复合因子与河床冲刷的关系,拟合公式计算结果与实测结果的相关系数约 0.95,可同时反映出流量及含沙量分别对最大冲深的影响权重,提升了预测精度。

第5章 河道整治工程安全运行对河道演变的响应研究

5.1 泥沙调控下长江中下游河床冲淤规律及岸坡失稳宏观认识

5.1.1 长江中下游崩岸现状调查

长江中下游河道的边界条件除有山体和阶地濒临江边以外,大部分是河漫滩冲积平原,河岸组成大部分为上层黏性土较薄、下层砂性土深厚的二元结构,总体抗冲性较差。长江中下游崩岸最活跃的河段是下荆江河段(蜿蜒型河道),城陵矶以下中游部分的崩岸也较普遍(分汊型河道),镇江扬州以下直至长江口三角洲地带两岸都易发生崩岸。长江中下游河道崩岸分布(由强到弱):中游下荆江>镇江以下—长江口段>下游九江—镇江段>武穴—九江段>城陵矶—黄石段>上荆江>黄石—武穴段>中游宜昌—枝江段。从平面分布来看,长江左岸比右岸崩岸强度大、范围广。

以三峡水库为核心的水库群建成后,长江中下游输沙量锐减,造成河床发生大范围、长时期的冲刷调整。根据不完全统计,2003—2018 年,长江中下游干流河道崩岸险情 946 处,总长 704km。在三峡水库蓄水运用初期,长江中下游崩岸较多,随着护岸工程的逐渐实施及河道冲淤的调整,崩岸强度、频次有所减轻(图 5.1)。但与三峡水库蓄水前相比,蓄水后长江中下游崩岸的频率和强度都有所增加。根据调查分析,三峡工程运用后长江中下游崩岸特性主要表现在以下几个方面:

1)从空间分布来看,长江中下游沿江均有崩岸发生,崩岸的范围和强度较蓄水前有所增加。

长江中下游干流河道岸线总长 5046.5km(含洲岸线),其中湖北省境内 1879.7km,湖南省境内 148.8km,江西省境内 242.2km,安徽省境内 1112.7km,江苏省境内 1169.9km,上海市境内 493.2km。根据不完全统计,2003—2018 年长江中下游干流河道共发生崩岸 946 处,累计总崩岸长度约 704.4km。长江中游崩岸以湖北省居多,下游以安徽省居多。长江中游崩岸多发生在荆江河段,且下荆江河段崩岸发生强度大于上荆江河段。2010 年 3 月,上荆江南五洲 1 处护岸发生崩塌,下荆江向家洲、北门口、团结闸、连心垸、集成垸共发生 5 处崩岸险情;2010 年 12 月,荆江发生崩岸 9 处,其中上、下荆江分别为 2 处和 7 处；2011 年 12 月，上、下荆江崩岸数量分别为 12 处和 27 处；2012 年 12 月，上、下荆江崩岸数量分别为 4 处和 17 处；2013 年 9 月，上、下荆江崩岸数量分别为 7 处和 13 处；2014 年 1—9 月，上、下荆江崩岸数量分别为 12 处和 27 处。三峡蓄水后长江中下游崩岸情况见表 5.1。

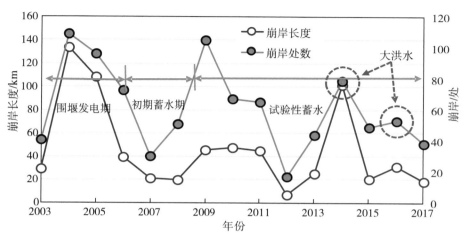

图 5.1　三峡蓄水后长江中下游崩岸情况

表 5.1　　　　　　　　　　**2013—2018 年长江中下游河道崩岸长度分布统计**　　　　　　　　　（单位：km）

年份	总长	湖北	湖南	江西	安徽	江苏
2013	25.460	4.40	2.21	9.50	8.510	0.84
2014	101.590	14.56	18.24	1.46	51.590	15.74
2015	20.600	20.59	—	—	—	0.01
2016	30.950	18.56	5.00	0.30	5.050	2.04
2017	18.050	3.60	1.15	7.56	4.430	1.31
2018	11.813	1.38	—	1.85	6.843	1.74
总计	208.463	63.09	26.60	20.67	76.423	21.68

　　长江中下游干流河道河岸松散，覆盖层较厚，一次大的崩岸崩宽可达数十米至数百米，外滩较窄的堤段一次崩岸即可危及堤防安全，对防洪安全构成了极大威胁。如 2016 年 7 月 22 日的黄冈团林崩岸、2016 年汛后的公安青安二圣洲崩岸、2017 年 4 月 19 日的洪湖燕窝虾子沟崩岸、2017 年 6 月 25 日的临湘新洲脑崩岸、2017 年 11 月 8 日的扬中三茅街道指南村崩岸等。

　　湖北省荆州市长江河道管理局提供的资料表明，三峡水库蓄水前的 1987—2002 年期间，荆江河段发生崩岸险情 91 处，崩长 65.55km，年均崩岸 6 处，年均崩长 4.4km；三峡水库蓄水后的 2003—2012 年期间，荆江河段发生崩岸险情 133 处，崩长 73.66km，年均崩岸 13 处，年均崩长 7.4km。

2)从年际变化来看,蓄水运用初期,长江中下游崩岸较多;随着整治工程的逐渐实施,崩岸强度、频次有所减轻。

长江中下游干流河道几乎每年的汛期和枯期都有险情发生。三峡工程不同蓄水阶段坝下游河道崩岸情况见表 5.2。从表 5.2 中可见,2003—2006 年三峡工程围堰发电期平均崩岸强度最强,2007—2008 年初期运行期平均崩岸强度有所减弱,2009 年以来的试验性蓄水阶段平均崩岸强度又有所增强。三峡工程建成后,长江中下游实施了大量的河道及航道整治工程,总体河势基本稳定,河道崩岸强度、频次逐渐减轻。统计资料表明,长江中下游干流河道其年均崩岸长度由 2003—2006 年的 77.7km 减小至 2007—2008 年的 20.2km、2009—2018 年的 35.3km,年均崩岸次数由 2003—2006 年的 80 处减小至 2007—2008 年的 41 处、2009—2018 年的 55 处。

表 5.2　　　　　　　　　　三峡工程不同蓄水阶段坝下游河道崩岸情况

阶段	崩岸长度/km		崩岸处数/处	
	总数	年均	总数	年均
2003—2006 年	310.9	77.7	319	80
2007—2008 年	40.4	20.2	81	41
2009—2018 年	353.1	35.3	546	55

3)从年内分布来看,汛期涨水期、汛后蓄水期以及枯水期均有崩岸发生。

长江中下游河道崩岸具有突发性、多发性、随机性等特点,主要分为窝崩、条崩和洗崩等 3 种类型,从查勘及调查结果看,窝崩、条崩最为常见。

汛期涨水期,流量增加,流速加大,河岸冲刷,岸坡逐渐变陡滩槽高差加大致使岸坡失稳。如 2010 年汛期,长江上游发生大洪水,7 月 24 日入库流量最大达到 71200m³/s。为减轻下游的防洪压力,三峡水库实施拦洪消峰调度,水库下泄流量由 7 月上旬的 25000m³/s 逐渐增加到下旬的 40000m³/s。荆江河段大埠街、公安南五洲、石首北门口等多段发生崩岸险情。

退水期,流量减小,河道水位下降,水流逐渐归槽,主流贴岸冲刷。特别是河岸土体受高水位浸泡时间长,水位退落较快时,岸坡失去静水压力的支撑而发生崩塌。枯水期,随着水位的进一步回落,上述崩岸仍在持续。

大洪水年,汛期崩岸强度大,汛后崩岸多、强度大。如在 1998 年大洪水作用下,长江河道共发生 330 余处崩岸险情,其中重大险情中游有 56 处。

4)从崩岸发生位置来看,三峡水库蓄水后长江中下游已护段与未护段均有崩岸发生,且以已护岸段崩塌为主。

长江中下游河道崩岸以自然岸段崩塌为主转变为以护岸段崩塌为主,2003 年 6 月三峡水库蓄水运用以来,位于坝下游的长江中下游河道的来沙量大幅度减少,引起该河段出现了自上而下的冲刷调整,荆江河段冲刷调整较为剧烈。河道演变的特点主要表现为枯水河槽冲刷较为严重,弯道近岸深槽向下游冲刷发展,熊家洲、七弓岭、观音洲等弯道凹岸护岸工程末端及其下游未护岸段河岸崩塌较为剧烈;新沙洲、八姓洲、七姓洲等凸岸边滩汛期遭冲刷切割,出现明显的撇弯切滩现象。其中,上荆江的林家脑、腊林洲、文村夹、南五洲、茅林口以及下荆江的北门口(下段)、北碾子湾末端至柴码头、中洲子(下段)、铺子湾(上段)、天字一号(下段)、杨岭子、八姓洲西侧沿线、七姓洲西侧(下段)、观音洲末端等处发生新的崩岸险情。已实施的护岸工程多处发生损毁现象,如上荆江的七星台、学堂洲以及下荆江的北碾子湾、金鱼钩、连心垸、中洲子(中段)、新沙洲(下段)、铺子湾(中段)、团结闸、姜介子、荆江门、七弓岭(下段)、观音洲(中段)等。

5.1.2　泥沙调控下长江中下游河床冲淤规律研究

以三峡水库为核心的梯级水库对下游河道的最根本影响在于改变了下游的来水来沙条件。水流是塑造河床的基本动力,径流大小、变幅、各流量级持续时间等要素决定了水沙两相流的造床动力特征;泥沙则是改变河床形态的物质基础,沙量的多少、颗粒的粗细影响着河床演变的方向。不同的水沙组合特征决定了河床的平面形态、断面特征、河弯数量、蜿蜒度等。

在河道上修建水利枢纽以后,其下游河床中出现最为明显的现象为冲刷。关于水利枢纽下游河床冲刷现象主要有含沙量显著降低、河床自上而下普遍冲刷、河床粗化、枯水位下降、纵比降调整等。同样的水沙条件变化,对于不同的河床边界可能造成不同的响应,而且这种响应由于冲刷历时的长短也可能发生动态变化。关于这种动态变化,一般的研究认为水库下游河床与水沙条件两者之间的不适应性在建库初期达到最大,因此河床变形也以初期最为显著,并因时递减。冲刷过程中,随着河床及岸滩抗冲特性的变化,形态调整也产生变化。水库下游的调整在趋向平衡的过程中,还会因为水文条件的变化出现间歇性的变缓和加速现象,完全达到平衡状态甚至需要上百年时间。

河床沿程冲刷受到枢纽运行方式、泥沙补给条件、河床抗冲性变化等影响,世界各地水库下游的河床演变千差万别。Grant 根据建坝后不同的流量变化、含沙量变化、粒径、比降等将坝下游地貌影响进行了分类。有的河流筑坝以后将引起下游河道强烈的反应,有的则几乎没有出现多大变化。例如,流入哈德孙湾的加拿大皮斯河,修建了本尼特坝,坝下游700km 的河床组成为卵石,建库后,卵石河床床沙很快粗化,河道很快就不再有明显改变。美国特里尼蒂河上的利文斯顿水库,仅坝下游有下切、展宽、粗化现象,60km 以外因海平面变化等其他因素影响已无多大反应。在欧美的很多河流上,由于水库的调蓄作用使下泄流量趋于均匀化,造成洪峰流量减小,导致平滩以下河槽容积减小。而在我国的一些河流,由于清水的冲刷作用,近期河槽反而向加宽或加深方向发展。我国的葛洲坝水利枢纽 1981 年蓄水运行后,坝下游河床冲刷下切、枯水位下降、河床粗化,1984 年总体上基本达到悬移质泥沙淤积动态平衡。三峡枢纽运行到现在,长江中下游出现全线冲刷,并仍在发展中。

随着三峡大坝下游来沙量大幅减少,长江中下游普遍冲刷。中游河段边滩与心滩普遍冲刷,部分河段主流大幅摆动,急弯河段(调关、荆江门、七弓岭弯道等)出现撇弯,汊道段洲头普遍冲刷,部分堤段近岸水下岸坡变陡、崩岸频度与强度增加等。弯道段的入弯水流摆幅及顶冲点洪枯变幅因流量变幅减小而有所减小,同时凸岸边滩将持续蓄水初期的上冲下淤趋势;而长江下游河道整体也呈冲刷趋势,弯道等局部特性与中游不受潮汐河段的冲淤存在一定的差异。且受潮汐影响,涨落潮量随上游径流变化的程度逐渐降低,吴淞口以下受径流影响很小。

三峡水库对下游河道演变的影响是极其复杂的,需要充分开展坝下游河道冲淤、河势变化与三峡工程水沙调节之间对应关系的研究,在此基础上针对长江防洪的需求对枢纽水沙调控提出合理建议。根据长江中下游河型分类,以下分别分析顺直河段、弯曲河段、分汊河段3类在三峡工程运行后的河道冲淤变化规律。

5.1.2.1 顺直河段河床冲淤特性

顺直河段在长江中下游分布相对较少,如周天河段、大马洲河段、铁铺水道、界牌河段、口岸直水道等。顺直河段河床形态顺直,两岸一般均交错分布有边滩,构成上下、左右互相影响的滩群,并在纵向水流作用下向下游推移。顺直河段滩群演变的主要特点表现为:当两侧可冲河岸受到边滩掩护时,河岸就不受冲刷;而没有边滩掩护时,深泓近岸,河岸就发生冲刷。这种冲刷可能导致河宽的增大,使河床呈现出周期性展宽的特性。这种周期性展宽就是两岸产生的崩岸现象。顺直河段泥沙输移以纵向水流为主,当犬牙交错边滩主要由悬移质泥沙组成时,边滩冲淤主要受年内年际来水来沙作用而呈周期性此冲彼淤,且年际周期性下移,但不同河段因受边界条件限制而下移幅度差别较大。长顺直段多出现在两个反向弯道之间,由于顺直段过长,受两反向弯道水流影响,水流极不稳定,不易形成稳定深槽。三峡工程蓄水运行后,顺直河段演变规律主要表现为以下几个方面:

1)清水冲刷条件下,边滩及高滩有所冲刷,甚至岸线崩退,冲刷的泥沙淤积在深槽处,“滩冲槽淤”,从而导致该类断面形态由偏“V”形向较为宽浅的“U”形转化,不利于形成稳定深槽。

2)在汛期,由于三峡水库及上游梯级水库的运用,在一定程度上大大降低了大洪水发生的频率,这种情况有利于维持该类型河段河势稳定。但汛后退水过程明显加快,加剧主流摆动,同时也增大了边滩与高滩等崩塌的概率,不利于汛后退水刷槽,从而对河势稳定性产生一定的不利影响。

3)过渡段主流摆动多变。主流受上游河势影响,上游河势的稳定是该类河段河势稳定的重要前提,如大马洲河势受上游乌龟洲主支汊影响很大。监利河弯乌龟洲汊道主泓1996年由左汊转到右汊后,汊道下游主流顶冲点上提,导致太和岭—铺子湾一带崩岸频繁发生,甚至影响到天星阁、洪水港等河段的稳定。

5.1.2.2 弯曲河段河床冲淤特性

弯曲河段在长江中游下荆江河段分布较为密集,主要由石首、北碾子湾、调关、莱家铺、监利、荆江门、熊家洲、七弓岭和观音洲 9 个弯曲段组成。下荆江河段历史上河势变化剧烈，近百年来石首河段发生 4 次裁弯，1994 年石首弯道发生切滩撇弯，主流切割向家洲后顶冲北门口段，该处发生大幅崩退。自然条件下弯曲河段的横断面变形主要表现为凹岸崩退和凸岸的相应淤长。当河弯曲折率增大到某种程度时，在一定水流泥沙和河床边界条件下，可能发生切滩和撇弯现象。在相邻河弯不断靠近形成狭颈时，则在洪水漫滩水流作用下可能发生自然裁弯。无论发生裁弯、切滩或撇弯，都会构成对上下游河势变化的重大影响，尤其是自然裁弯，将会引起上下游崩岸的剧烈变化。

三峡工程蓄水运用前，河道输沙相对平衡，弯道横向输沙一般表现为"凹冲凸淤"，下荆江弯道段最显著的演变特点是"撇弯切滩"，即凸岸边滩逐渐淤长，而凹岸逐渐冲刷崩退，凸岸边滩发展至一定程度，在不利水文年情况下，凸岸边滩受冲分离，导致"撇弯切滩"甚至是自然裁弯。三峡工程运行后，原有的水沙平衡被打破，水沙条件呈不平衡状态，引起河床形态调整，河床变化与蓄水前截然不同（如调关—莱家铺弯道段、荆江门—城陵矶），下荆江弯道段凸冲凹淤的现象普遍出现，造成凸岸岸线不断崩塌。由于大部分弯道凹岸岸线均已实施护岸，三峡水库蓄水前的自然撇弯切滩或将不复存在；部分弯道调整剧烈，如七弓岭弯道，凹岸河心形成水下潜洲，水动力轴线弯曲系数减小，河道有向分汊型转化的趋向。

长江下游以弯曲分汊为主。该类河段凸岸有较大规模的边滩，凹岸一般没有边滩或边滩规模很小。对于受潮汐影响的下游弯曲河段，其演变规律与中游存在一定的差异。弯道段总体仍呈现凹淤凸冲的特性。

5.1.2.3　分汊河段河床冲淤特性

分汊河段在长江中下游分布尤为广泛，约占长江中下游总长的 60%。从平面形态来看，分汊河段又可分为顺直分汊型、弯曲分汊型和鹅头分汊型 3 种。这 3 种汊道不管是双汊还是多汊，都要视其各汊的形态来决定其平面变形的具体特征。当某支汊为顺直分汊型时，其崩岸与顺直单一河道的平面变化造成的崩岸特点类同，即主要表现为深槽与边滩的交错分布和平行下移。当某支汊为曲率适度的弯道时，仍遵循一般弯道凹岸崩坍、凸岸淤积的规律。当某支汊为鹅头分汊型时，则与蜿蜒型弯道的平面变形造成的崩岸特点类同。

主支汊的交替消长是分汊型河道的一个主要特征。绝大多数分汊河道均分布有凹岸边滩、凸岸边滩及洲头低滩等边心滩。分汊河段凸岸边滩年内遵循"洪淤枯冲"的演变规律，而洲头低滩、凹岸边滩则表现为"洪冲枯淤"。切滩是分汊河段滩体演变的另一个主要特征，分汊河段的边滩和洲头低滩均存在切割现象。

三峡工程蓄水后，坝下持续冲刷，河道边、心滩冲刷，高滩崩退，短汊（或比降较大的汊道）发展等是分汊河段演变的主要特点。分汊河段的冲淤变化主要表现为江心洲洲头低滩的冲淤调整，同时部分还伴随着主支汊的交替转换。从沿程变化来看，距三峡工程越近的分汊河段，河床变化更为显著，江心洲低滩冲刷、高滩崩退的变化态势明显，距离三峡工程越远，受三峡蓄水的影响明显减弱，河床变化的剧烈程度相应也会有所降低。

对于分汊河段,从河道演变与崩岸关系来看,一般发展中的汊道、汊道汇流顶冲段及深泓靠岸段为崩岸易发段。发展中的汊道呈冲刷态势,汊道过流增加,流速增大,汊道内冲刷幅度大,易发生崩岸。汊道汇流处两股水流存在一定交角,汇流段一般河道较窄,受河道形态及汊道之间水流强弱影响,汇流后水流一般不居中而下,而是偏向其中一侧。在水流长期顶冲下,水深岸陡易发生崩岸,另外,汊道分流变化,汇流后顶冲位置有可能发生变化,崩岸段相应有所改变。如发生主支汊易位现象,也可能导致汇流后顶冲位置发生左右岸变化现象。许多汊道汇流段长期处于崩岸险工段状态,如上荆江的青安二圣洲及文村夹段、马圲河段江调圩,安庆河段马窝,贵池河段桂家坝,太子矶河段秋江圩。

5.1.3　泥沙调控下长江中下游岸坡失稳特性分析

5.1.3.1　岸坡失稳原因分析

崩岸作为河道平面变化的体现形式,从宏观来说,是冲积平原河流水流与河床相互作用的产物。在崩岸区内,水流的动力作用使近岸河床和河岸泥沙发生起动、扬动、输移,而河床边界条件决定了近岸河床抗冲性能以及约束水流的固有特性。影响长江中游河岸崩塌的因素既有自然因素也有人为因素,主要有以下几个方面。

(1)河岸抗冲能力弱

长江中下游干流河道为冲积平原河流,河岸地质构造除局部河段有濒江的低山丘陵外,大部分河岸由厚度25~100m的疏松沉积物组成,且对二元结构,上层为相对较薄的河漫滩黏性土,下层为深厚的砂性土,深处可达60余m,总体抗冲性较差。河道崩岸与岸坡组成密切相关,特别是水流长期贴岸段与迎流顶冲段为抗冲性较弱的二元结构时,在水流的冲刷下极易发生崩岸。上荆江的地质情况明显好于下荆江,下荆江的崩岸强度明显大于上荆江。

(2)水沙条件变化

三峡工程运用后,上游来沙减少及三峡水库蓄水显著改变了来水来沙条件,中下游输沙量减幅高达90%,使长江中下游干流河道发生了长时期、长距离冲刷的严峻新形势。河道在全线冲深的同时,受弯道环流和迎流顶冲段流速较大等因素的影响,呈现出迎流顶冲段冲深幅度明显大于河段平均冲深幅度的特点。如三峡水库库蓄水后上荆江沙市河弯观音矶、刘大巷矶、盐观段箭堤矶、灵黄段灵官庙矶冲深近10m。河道冲深导致水下岸坡普遍变陡,根据长江中下游干流河段护岸工程经验,当河道岸坡陡于1∶2时,发生崩岸的可能性较大。今后随着上游梯级水库的建成及运用,长江中下游将长期处于低含沙水平,水流长期处于不饱和状态,河道将长期处于冲刷的态势。

长江中下游系沙质河床,受河道持续冲刷的影响,局部河势调整剧烈。主流顶冲点的上提下挫、汊道分流比的调整变化都会产生新的崩岸险情。如上荆江沙市河段太平口心滩、三八滩和金城洲段等,下荆江调关弯道段、熊家洲弯道段主流摆动导致出现了切滩撇弯现象,特别是下荆江弯曲半径较小的急弯段如调关、莱家铺、尺八口弯道段,出现了"凸冲凹淤"现象,导致荆江河段滩岸坍塌十分严重,相继出现重大崩岸险情。如青安二圣洲受河段主流摆动影响,近岸河床刷深,岸坡失稳;石首北门口未守护段崩岸强度逐渐加剧。

与此同时,水文过程的改变也是河道崩岸的影响因素,水库蓄水期致使中下游水位下降速度较快,河岸也易发生崩塌。

（3）人为因素

一些人类活动如近岸挖沙、突加荷载、水工建筑物（如丁坝、矶头等坝式护岸、码头、桥墩)等也可以直接改变岸坡的稳定程度,引起岸坡稳态的恶化或直接造成失稳。

5.1.3.2　岸坡失稳的实列分析

（1）虾子沟岸坡失稳分析

1)虾子沟崩岸现状。

虾子沟崩岸位于长江中游簰洲湾河段进口左岸,2017 年汛前 4 月 19 日,洪湖长江干堤燕窝虾子沟堤段发现崩岸险情,对应堤防桩号为 413＋250～413＋325,编号为 1 号崩岸。崩区长约 75m、最大崩宽约 22m,离堤脚最近 14m。洪湖长江干堤崩岸见图 5.2。为保障洪湖长江干堤度汛安全,湖北省下拨特大防汛经费对该处崩岸实施了长 300m(对应堤防桩号为 413＋140～413＋440)的应急抢护工程。

 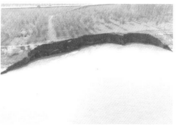 

(a)桩号 413＋250～413＋325　　(b)桩号 412＋500～412＋605　　(c)桩号 409＋600～409＋623

图 5.2　洪湖长江干堤崩岸

2017 年汛后 10 月 27 日至 11 月 10 日,虾子沟段又发生了 4 处崩岸,分别编号为 2、3、4、5 号崩岸。4 处崩岸的特征数据为:2 号崩岸发生在 10 月 27 日,对应堤防桩号 412＋500～412＋605,崩区长约 105m,崩区最大宽约 17m,离堤脚最近距离约 80m;3 号崩岸发生在 11 月 8 日,对应堤防桩号 412＋000～412＋080,崩区长约 80m,最大吊坎高约 5m,离堤脚最近距离约 150m;4 号崩岸发生在 11 月 10 日,对应堤防桩号 410＋000～410＋050,崩区长约 50m,最大崩宽约 8m,最大吊坎高约 2m,离堤脚最近距离约 160m;5 号崩岸发生在 11 月 10 日,对应堤防桩号 410＋400～410＋428,崩区长约 28m,最大崩宽约 4m,最大吊坎高约 1.5m,离堤脚最近距离约 160m。

2017 年 11 月 10 日至 2018 年 1 月 20 日,虾子沟段又陆续发生了 5 处崩塌险情,分别编号为 6、7、8、9、10 号崩岸。其中,10 号崩岸对应堤防桩号 412＋350～412＋405,崩区长约 55m,最大崩宽约 6m;6 号崩岸对应堤防桩号 410+120~410+150,脚槽崩塌长 36m,最大崩宽 6m,吊坎高 1m;7 号崩岸对应堤防桩号 409+800~409+820,脚槽崩塌长 24m,最大崩宽 7m,吊坎高 1.5m;8 号崩岸对应堤防桩号 409+600~409+623,坡面崩塌长 23m,崩长 24m,最大崩宽 13m,吊坎高 3.5m;9 号崩岸对应堤防桩号 409+100~409+200,坡面崩塌长 34m,脚槽崩塌长 214m,其中 64m 坡面有散抛石脚槽损毁。

2)虾子沟深泓线及断面变化。

虾子沟崩岸段位于中游簰洲湾河段,该段河道主流线出上游嘉鱼河段后在肖家洲—殷家角一带贴岸进入簰洲湾河段。由于该河段由一系列的反向弯道组成,主流在弯顶凹岸贴岸,又过渡到下一个弯道凹岸,平面走向较为复杂。从总体看来,主流贴岸段稳定在以下部位:进口右岸肖家洲—倒口、左岸姚湖—虾子沟、右岸簰洲镇、左岸东荆河口—新沟、左岸邓家口—老堤角、右岸双窑—居字号一带。在两岸堤防的控制下,近年来簰洲湾河段主流线平面位置总体较为稳定,但上下深槽过渡段间局部有所左右摆动。

从总体来看,断面的冲淤变化规律为:①近岸河床以刷深为主,$1^\#$~$9^\#$ 断面的最大冲深基本都在 5m 以上,局部断面的最大冲深更是达到 10m 以上,如 $4^\#$ 断面 1998—2018 年最大冲刷深度达到了 10m 左右,$5^\#$ 断面 1998—2018 年最大冲刷深度达到了 13m 左右,$6^\#$ 断面 1998—2018 年最大冲刷深度也达到 8m 左右。②除局部崩窝区域外,岸坡的后退趋势相对不太明显,在所有的断面中,除 $4^\#$ 断面由于崩岸发生导致岸坡有所后退外,其他断面岸坡 1998—2018 年基本不存在明显冲刷后退的趋势。

虾子沟段深泓线变化见图 5.3,虾子沟段典型断面变化情况见图 5.4。

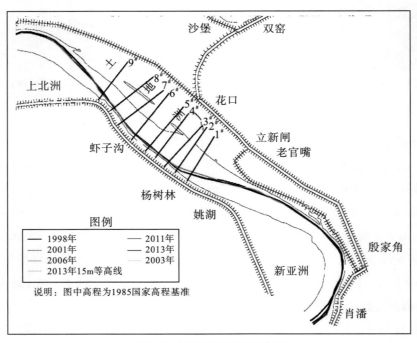

图 5.3　虾子沟段深泓线变化

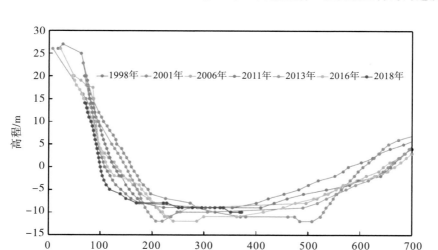

图 5.4　虾子沟段典型断面变化情况

　　表 5.3 为虾子沟段 15m 高程以下近岸坡比的统计数据。总体而言,该段岸坡坡比趋势性的变化特征不太明显。1# 断面 1998—2018 年坡比逐渐变缓;2# 断面 1998—2018 年坡比明显变陡,至 2018 年坡比达到了 1∶1.85;3# 断面 1998—2018 年变化不大;4# 断面 1998—2018 年逐渐变缓;5#、6# 断面 1998—2018 年明显变陡;7# 断面 1998—2018 年变化不大;8# 断面 1998—2018 年逐渐变陡,至 2018 年坡比达到了 1∶1.49;9# 断面 1998—2018 年变化不大。

表 5.3　　　　　　　　　　　　　虾子沟近岸坡比变化

断面	1998 年	2001 年	2006 年	2011 年	2013 年	2016 年	2018 年
1#	1∶4.23	1∶5.73	1∶5.49	1∶5.80	1∶3.49	1∶8.36	1∶7.64
2#	1∶3.53	1∶3.41	1∶2.72	1∶2.91	1∶2.16	1∶3.32	1∶1.85
3#	1∶2.64	1∶2.88	1∶2.99	1∶2.78	1∶3.11	1∶2.87	1∶2.16
4#	1∶2.87	1∶3.48	1∶2.68	1∶2.19	1∶3.19	1∶3.05	1∶4.01
5#	1∶5.36	1∶8.16	1∶3.63	1∶3.59	1∶3.35	1∶3.13	1∶3.52
6#	1∶5.29	1∶5.60	1∶3.83	1∶4.24	1∶5.33	1∶4.51	1∶3.69
7#	1∶2.57	1∶3.76	1∶3.10	1∶2.44	1∶3.08	1∶4.17	1∶2.91
8#	1∶2.70	1∶3.18	1∶2.08	1∶2.84	1∶2.00	1∶2.63	1∶1.49
9#	1∶3.92	1∶5.12	1∶4.93	1∶4.27	1∶4.86	1∶5.83	1∶3.18

　　(2)桂家坝岸坡失稳分析

　　枞阳桂家坝崩岸区位于长江贵池河段(图 5.5)左汊出口左岸,对应枞阳江堤桩号 35＋000～37＋300。2012 年以来崩岸持续发生,2015 年 8—10 月,先后发生 4 处崩岸(图 5.6),对防洪工程和群众生命财产安全构成威胁。

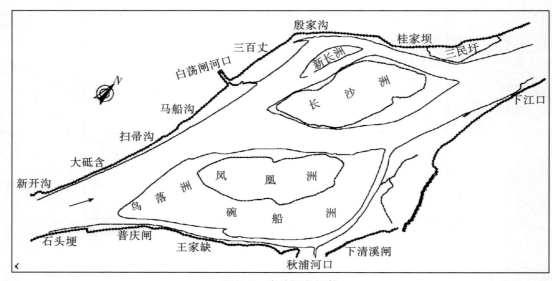

图 5.5　贵池河段河势

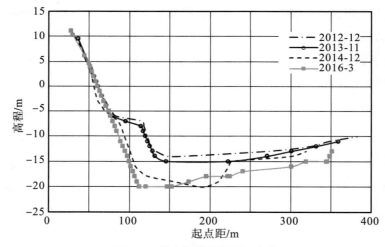

图 5.6　桂家坝崩岸段断面变化

1)河段河势演变分析。

贵池河段系首尾束窄、中间展宽的多分汊河段,江中长沙洲、凤凰洲将水流分为左、中、右 3 汊,受进口段主流摆动及汊道阻力变化的影响,河势一直处于变化之中。左汊分流比由 2004 年 29％增至 2011 年 36％,目前仍在发展中,新长洲与长沙洲之间汊道冲刷,水流直接顶冲桂家坝岸坡,引发崩岸。

2)近岸水下地形套绘分析。

根据桂家坝崩岸段 2012 年 12 月、2013 年 11 月、2014 年 12 月和 2016 年 3 月水下地形测图套绘分析,2012—2016 年,该段前沿深槽冲刷下移并向近岸发展,−5m 高程以下岸坡呈逐年冲刷后退态势,岸坡变陡,深槽下切。2016 年较 2012 年,近岸深槽最大下切幅度在

7m 左右。岸坡逐年呈变陡趋势,近岸平均坡度基本陡于 1∶3.0,局部陡坡达到 1∶1.5。经现场调查比较,桂家坝崩岸段 0m 高程以上岸坡均为细粒层河漫相,0m 高程以下为粗粒层河床相。利用边坡稳定程序计算不同工况下稳定性。计算结果表明,岸坡在 1∶2.0 左右时,呈不稳定状态,可能产生崩岸。

5.2　河床冲淤、河势调整及岸坡变化对河道整治工程的响应研究

5.2.1　长江中下游河道整治工程现状

长江中下游河道在挟沙水流与河床边界相互作用下,岸线常发生崩退,岸线的崩退不仅改变河道的平面形态,引起上下游河势的调整变化,而且对堤防工程的安全、航道的稳定、沿江港口码头、引排水设施及公路、铁路桥梁等涉水建筑物的安全和正常运行产生严重影响,给防洪安全和两岸经济发展带来巨大危害。新中国成立后,为了防洪、航运、岸线利用等综合开发治理的需要,国家及各级政府采取护岸、裁弯、堵汊、疏挖、岸线调整等综合治理措施,持续开展了长江中下游河道治理工作,其中护岸工程是应用最为广泛的治理措施。20 世纪 50—60 年代对重点堤防和重要城市江段的岸坡实施了防护;20 世纪 60—70 年代,在下荆江实施了系统裁弯工程,对部分趋于萎缩的支汊如安庆的官洲西江、扁担洲右夹江、玉板洲夹江,铜陵河段的太阳洲、太白洲水域,南京的兴隆洲左汊进行了封堵;20 世纪 80—90 年代中期,开展了界牌、马鞍山、南京、镇扬等河段的系统治理;1998 年大水后,国家投入巨资开展防洪工程建设,对危及河势稳定及防洪安全的岸段进行了治理;2003 年三峡水库蓄水运用以来,长江中下游河道总体呈现冲刷下切的态势,为积极应对清水下泄,沿江各省组织实施了荆江河段河势控制应急工程、宜昌—湖口以及湖口以下崩岸治理项目。据不完全统计,自新中国成立以来,长江中下游总计完成护岸长约 1600km,工程的实施对防洪保安、稳定岸线、控制河势等方面发挥了重要作用。新水沙条件下河道整治工程存在以下几方面的问题。

1)新水沙条件下,河道整体呈现冲刷下切态势,原先护岸区岸坡展宽受到抑制后呈现冲刷下切,已护岸段水下岸坡坡比变陡,近岸河床冲深,在水流顶冲、淘刷等作用下岸坡依旧呈现不稳状态。

2)新水沙条件下,局部河势调整,原先岸坡较稳定区域可能成为新的崩岸区,需要重新进行防护。如中游急弯段冲淤特性发生相应的调整,原先凹冲凸淤的规律发生相应变化,防护的区域也需要进行相应的调整。弯道入流顶冲部位的变化亦产生新的崩岸险段。

3)人类活动改变了局部水动力及河床冲淤,原先的护岸工程已不能完全适应新的形势,需重新调整。例如,近期泰州大桥上游侧发生较大窝崩;深水航道二期和畅洲整治工程的实施,遏制了左汊的发展态势。但左汊潜坝工程后潜坝下游左右岸发生明显的冲刷,河床局部发生变化,左右岸存在崩岸险情,原先护岸工程需重新调整。

5.2.2 护岸工程与河床冲淤、河势调整及岸坡稳定的响应研究

5.2.2.1 护岸工程与河床冲淤的响应研究

（1）典型顺直河段

1）河道演变分析。

选取周天河段为典型河段分析三峡工程运行后顺直河段的冲淤演变特点。

①河段概况。

周天河段位于长江中游荆江河段（图5.7），上起郝穴，下迄古长堤，全长27km。该河段上与郝穴水道相连，下与藕池口水道相接，以胡汾沟为界自上而下分为周公堤和天星洲两个水道，水道内边滩交错，自上而下有戚家台边滩、九华寺边滩、周公堤心滩、蛟子渊边滩、新厂边滩、陀阳树边滩、天星洲洲体。20世纪初期，周天河段已发展成为单一河道，1933年本河段上、下边滩初步定型，基本形成目前的河势。三峡水库蓄水前，周天河段河床演变主要表现为洲滩的消长和过渡段深泓平面位置的摆动。

上段周公堤水道为进口受郝穴矶头限制的微弯放宽河道，水道内有九华寺边滩、戚家台边滩、蛟子渊边滩及周公堤心滩等淤积体，构成上起上码头，下至蛟子渊的滩脊，将靠左岸一边的上深槽与右岸一边的下深槽隔开，主流自上深槽翻越滩脊向下深槽过渡。周公堤水道过渡槽位置极不稳定，变动范围最大达10km。

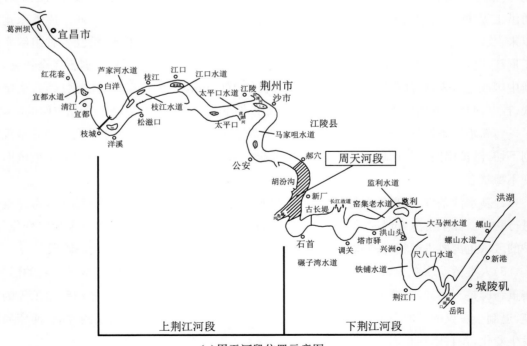

（a）周天河段位置示意图

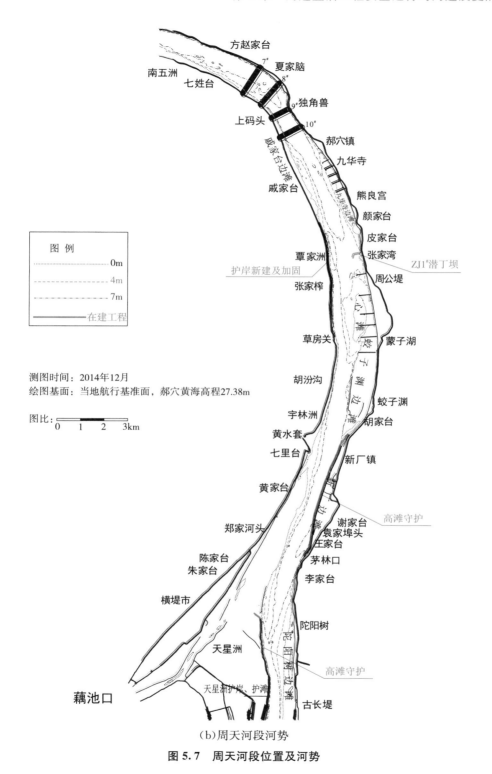

（b）周天河段河势

图 5.7　周天河段位置及河势

下段天星洲水道为顺直放宽并有藕池口分流的喇叭形河道，自胡汾沟—古长堤，长约

16km。进口胡汾沟附近，河道宽1800m，到黄水套缩窄为1300m，黄水套以下又逐渐放宽，至陀阳树附近最宽达4000m以上（包括天星洲）。河道左侧有新厂边滩和陀阳树边滩，右侧有天星洲大型淤积体，由上游至下游构成滩脊，主流从右岸上深槽（即周公堤水道的下深槽）向左岸下深槽过渡，在跨越滩脊时水流分散，以致跨河槽位置时上时下，变动频繁。

周天河段近年来实施了大量的整治工程。2001—2002年枯季实施周天河段清淤应急工程，对周公堤水道过渡段浅埂进行疏浚，在蛟子渊边滩中上段修建了4道护滩建筑物。2006年12月至2008年4月对周天河段实施了航道整治控导工程。在九华寺以下修建5道丁坝，以限制枯季主流左摆，引导主流走上过渡，在周公堤一带修建2道丁坝，并对原清淤应急工程中的 $1^{\#}$、$2^{\#}$ 护滩建筑物进行加长，以稳定和巩固蛟子渊边滩。2013年9月在荆江一期工程治理中对颜家台下游张家湾附近修建1道潜丁坝，在右岸张家榨一带4124m岸线进行护岸及加固，对左岸新厂边滩和天星洲左缘进行高滩守护。2016—2020年在长江崩岸治理中对南五洲长约850m的岸线实施了护岸工程。

②河床冲淤变化。

周天河段泥沙冲淤变化受主流摆动影响较大，三峡水库蓄水后，郝穴水道出口主流右摆，周公堤水道过渡段主流变化较大，出现了主流左摆的迹象。从上游郝穴水道出口的冲淤分布可知（图5.8），水道左岸有所淤积，右岸呈持续冲刷态势，说明在上游郝穴水道出口附近，主流有所右摆，相应的周公堤水道主流受郝穴矶头挑流作用减弱，河道主流受弯道特性影响加大，同时主流在周公堤水道进口发生左摆；控导工程实施后，过渡段虽然稳定为上过渡形式，但主流还在一定幅度内摆动。

2）护岸工程与河道冲淤的响应关系。

周天河段位于上荆江段，左岸为荆江大堤，右岸为荆南长江干堤。该段的河道整治工程以护岸工程为主。据记载，明初至清末即开始修筑荆南大堤，其中较大规模的护岸工程出现在1852年的郝穴段，并在此修建了郝穴矶头。新中国成立之后，经过多年的治理，河道总体河势格局基本稳定下来。周天河段左岸郝穴—古长堤的岸线基本上都有砌石或抛石护岸，右岸护岸相对较少，只在覃家洲、草房关有零星的砌石护岸。

由于周天河段平面形态顺直，主流不稳左右摆动幅度较大，对于主流贴岸的部位坡脚冲刷则易导致崩岸现象，需要进行加强守护。三峡水库蓄水后，受清水下泄影响，河床冲刷导致局部河势变化，产生新的险工段。近年来该河段九华寺边滩淤积，戚家台近岸冲刷，2014年后，戚家台区域岸坡大幅冲刷，最大冲深超过约6.0m。右岸胡汾沟一带水流受航道整治工程影响偏向右岸，近岸也有所冲刷。茅林口2001年实施护岸工程后，由于长期主流贴岸，加之来沙大幅减少，已护工程前沿冲刷，滩岸崩退。这些部位形成新的险工段，需要加强监测并及时守护。

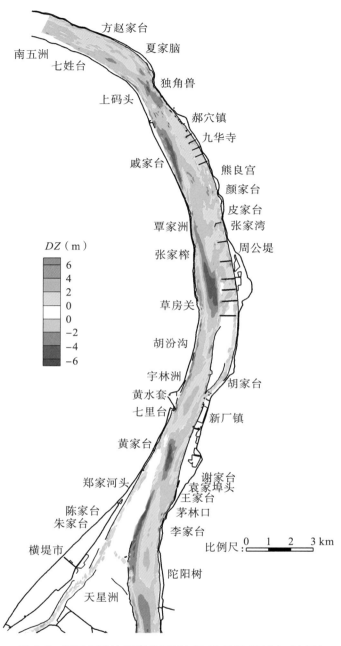

图 5.8　周天河段冲淤变化(2014 年 12 月至 2016 年 11 月)

(2)典型弯曲河段——调关—莱家铺段

1)河道演变分析。

长江中游调关—莱家铺段由 2 个反向弯道组成,长 22.5km,弯道凸岸有大规模滩体,深槽贴靠凹岸,滩、槽分明。三峡水库蓄水前的 1987—2002 年,调关—莱家铺段凹岸冲刷,凸岸淤积现象明显,枯水河槽冲刷 594 万 m³,滩体淤积 815 万 m³;三峡水库蓄水初期的 2003—2006 年,坝下来沙量大幅减少,调关—莱家铺段河床滩槽均表现为冲刷,其中,河槽 冲刷 982 万 m³,滩体冲刷 438 万 m³,且平面形态上,呈现"凸岸边滩冲刷,凹岸深槽淤积,水 下潜洲形成并持续淤积"的现象;三峡工程试验性蓄水后的近几年,弯道段凸岸边滩由冲转 淤,凹岸潜洲仍表现为淤积态势,从横断面变化来看,弯道段的枯水河槽冲刷断面展宽,平滩 河槽河宽则有所减小,滩、槽变化不一致是近几年的新现象。下荆江调关—莱家铺弯道段河 道冲淤见图 5.9,调莱段 0m 线变化见图 5.10。

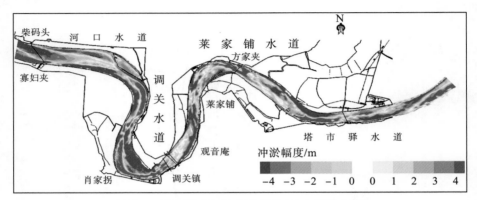

(a)2003 年 2 月至 2014 年 2 月(三峡水库蓄水后)

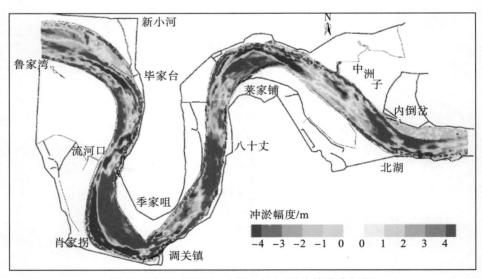

(b)2002 年 10 月至 2009 年 9 月(三峡水库蓄水初期)

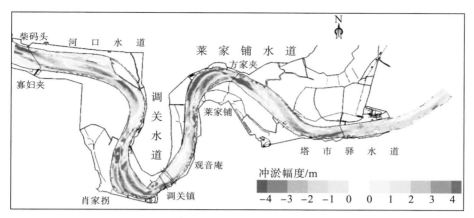

(c)2012 年 2 月至 2016 月至 1 月(近期)

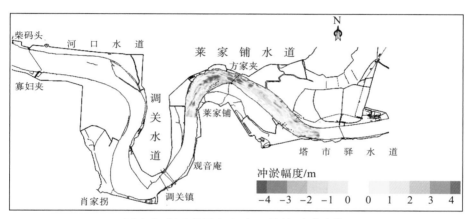

(d)2013 年 7 月至 2014 年 2 月(年内落水期)

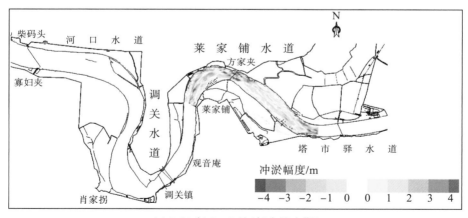

(e)2014 年 2—7 月(年内涨水期)

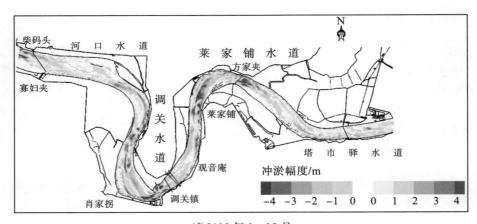

(f)2016年1—12月

图5.9 下荆江调关—莱家铺弯道段河道冲淤(年际年内)

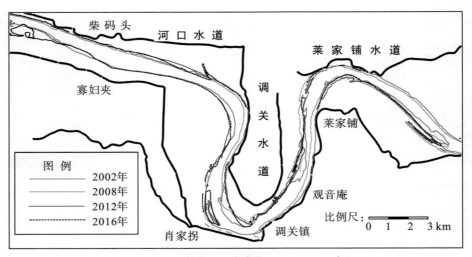

图5.10 调莱段0m线变化(2002—2016年)

为进一步分析近期河道变化特点,在调关—莱家铺弯道段,选取14个典型断面,分析整个河段横向变化情况(图5.11)。从典型断面变化来看:①顺直段断面滩槽形态基本稳定,河槽冲刷下切2～5m;②弯道进口段(断面T-1)河槽冲深,由"U"形向"V"形发展,2012—2016年最大冲深约8.5m;③调关弯道段,三峡水库蓄水后,断面形态由偏"V"形向"W"形转化,凸冲凹淤,凹岸侧形成心滩,弯顶断面形态由"单深槽向双深槽"方向发展,近几年,调关弯道凹岸心滩及右槽淤高,心滩左侧有所冲刷,深槽冲淤相间,高滩局部冲刷;④弯道间过渡段(T-4、T-5)断面形态变化不大,河槽冲刷下切;⑤莱家铺弯道段滩槽形态基本稳定,2012—2016年深槽有所冲刷,凹岸低滩还淤积约3m;⑥弯道出口段断面形态稳定,深槽冲深,2012—2016年最大冲幅在3m左右。

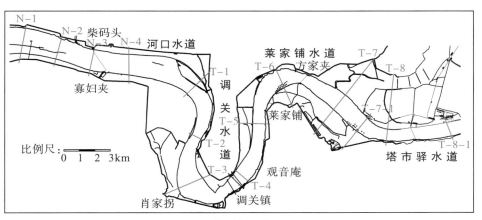

（a）典型断面位置

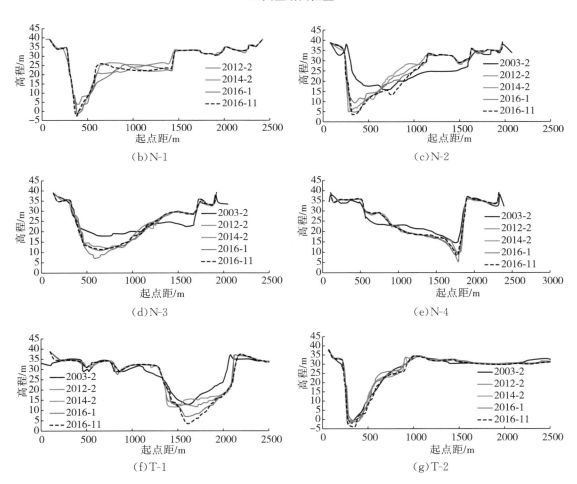

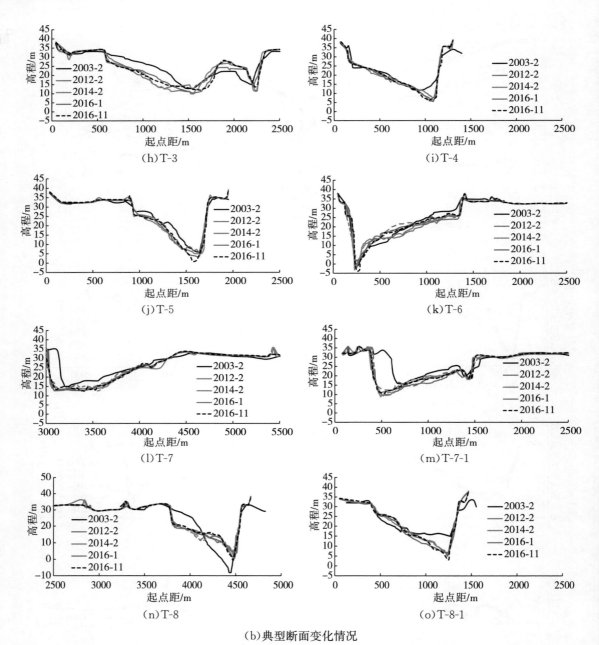

（b）典型断面变化情况

图 5.11   近期调关—莱家铺弯道段典型断面位置及变化情况

综上所述，下荆江河段急弯段属于边滩发育的蜿蜒河道，三峡水库蓄水前、蓄水初期和近几年，弯道段变化呈现出一定的阶段性。三峡水库蓄水前，凸岸边滩规模较大，主河槽呈窄深偏"V"形，深槽贴靠凹岸侧，滩、槽分明，冲淤沿断面的横向分布符合弯道"凹冲凸淤"的一般规律。三峡水库蓄水后，水沙过程和输沙总量发生较大变化，河床在新的水沙条件下发生冲淤调整，蓄水初期滩、槽总体上均表现为冲刷，横向断面呈"凹淤凸冲"。但近年来，弯道段枯水河槽冲刷断面展宽，凸岸边滩有所回淤，平滩河槽河宽则有所减小，滩、槽变化不一致。

2)护岸工程与河道冲淤之间的响应关系。

调关—莱家铺段位于下荆江中部,该段实施过系统的河势控制工程,1998 年后实施了长江重要堤防隐蔽工程,下荆江河势及岸线进一步稳定。

调关弯道顶点处有调关矶头,由 1933 年抛石形成后不断加固,该段为急弯段卡口,曾于 1991 年、1993 年、2004 年汛期发生堤身崩塌、平台下挫冲刷等险情,鉴于其重要性,险情发生后均对其进行了加固或整治,未来仍需加强监测来保持矶头节点的稳定性。

从近期和预测的河床冲淤变化来看,右岸调关镇上下游受主流顶冲冲刷明显,右岸区域需要重点监测和守护加固;莱家铺左岸弯顶以下区域如遇大水年份受主流顶冲下移的影响近岸局部冲深较大,也需要加强守护或加固;未来来沙量维持在较低水平,小沙年可能会引起调关和莱家铺凸岸边滩持续冲刷,因此需要密切关注凸岸边滩及凸岸岸线,如因切滩水流而导致局部凸岸岸坡失稳,需及时守护。

(3)典型分汊河段——嘉鱼河道

1)演变分析。

嘉鱼河段为长江中游典型的微弯分汊河段(图 5.12),其进口有石矶头节点控制,洪水水面宽由 1300m 逐渐放宽至 4200m。中部有护县洲和复兴洲将水流分为 3 汊,其中,左汊稳定为主汊,相对弯曲,分流比均在 69% 以上,左汊分流比随着流量的增加而减小;中汊习称为嘉鱼中夹;右汊习称为嘉鱼夹,只在中洪水期过流,分流比仅为 2.3%～3.7%,枯水断流。

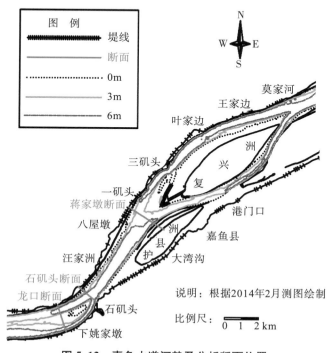

图 5.12　嘉鱼水道河势及分析断面位置

　　三峡水库蓄水前,嘉鱼河段河床的演变特征为河道内边、心滩的冲淤消长和深泓线的左右摆动,河道演变具有周期演变的特征。具体表现在汪家洲边滩周期性的淤积、切割、并入复兴洲低滩,左汊河道相应经历单一左槽→双槽→单一左槽,并保持相对稳定的一个演变周期。

　　三峡水库蓄水后,局部高滩崩退、低滩冲刷萎缩,过渡段断面趋于宽浅,边心滩周期性演变特征不复出现。根据三峡水库蓄水后的演变特点,交通部门于 2006—2009 年对该河段实施了航道整治工程,主要包括嘉鱼水道复兴洲洲头、左右缘护滩带,整治工程对稳定洲滩格局起到了一定作用,但河床冲淤特点的变化仍较为明显。具体来看,三峡水库蓄水后,嘉鱼水道边心滩周期性演变的规律被打破,三峡工程运用后,汪家洲边滩一直保持较小的规模,但复兴洲低滩并没有淤积上延,反而出现了洲头低滩冲刷萎缩的现象,加之口门右侧的护县洲左缘局部岸线冲刷崩退,嘉鱼分汊口口门区趋于展宽;嘉鱼水道分汊段的主汊是优势相对明显的短流程汊道,近年来短汊发展,使主汊的地位进一步强化。从河床冲淤来看(图 5.13 和图 5.14),总体上复兴洲洲头已建工程前沿水下低滩有所冲刷,分流区宽浅化,嘉鱼中夹进口有冲有淤,护县洲左缘岸线有所崩退。2006—2008 年,嘉鱼河段分汊段的支汊淤积近 1500 万 m³,但嘉鱼分汊段的主汊基本维持冲淤平衡状态;2008—2016 年,嘉鱼分汊段整体基本冲淤平衡,但主汊道淤积略少,可见短汊(比降较大)汊道呈现出发展的态势。

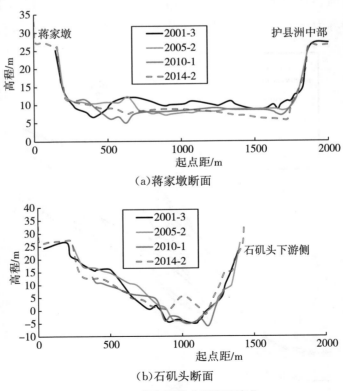

(a)蒋家墩断面

(b)石矶头断面

图 5.13　嘉鱼河段典型断面变化

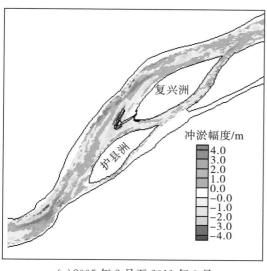
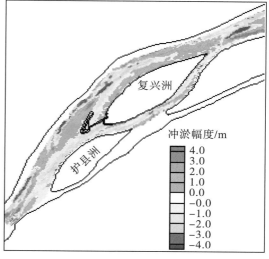

(a)2005 年 2 月至 2011 年 3 月　　　　　　　　(b)2011 年 3 月至 2014 年 2 月

图 5.14　嘉鱼河段河床冲淤变化示意图

2)河道整治工程与河道冲淤之间的响应关系。

嘉鱼河段左岸为洪湖长江干堤,右岸为咸宁长江干堤,1998 年后两岸均进行了加高培厚,江中护县洲、复兴洲上有民堤,高洪水时,均可被淹没。从总体上来看,嘉鱼水道在护岸工程及控制性矶头的限制作用下,两岸岸线总体较稳定。

三峡水库蓄水后,该分汊河段河势基本稳定,局部高滩崩退、低滩冲刷萎缩,过渡段断面趋于宽浅。航道整治工程曾对复兴洲头低滩进行守护,但局部滩槽冲淤变化导致护县洲左缘及左岸 3 个人工护岸矶头附近冲刷仍然明显,需要重点关注,必要时进行岸线守护。

5.2.2.2　护岸工程与河势调整的响应研究

随着上游梯级水库的建设,河道冲淤特性发生了相应的调整,局部汊道等分流格局也在变化之中,河道整治工程的效果、布设位置等也相应发生调整。本次重点以贵池河段及芜湖河段进行分析。

(1)贵池河段河道整治工程与河势调整的响应

1)贵池河段河势变化分析。

贵池河段上起新开沟,下至下江口,全长约 23.3km,属多分汊型河道(图 5.15)。河段内分布有碗船洲、凤凰洲、长沙洲、兴隆洲,枯水位时碗船洲和凤凰洲、兴隆洲和长沙洲连为一体,分河道为左、中、右 3 汊,左、右汊较弯曲,右汊总体呈萎缩态势。中汊顺直、流程短,发展较快,目前为主汊。1959 年左、中、右汊分流比分别为 31.0%、35.1%、33.9%,2011 年 7 月实测资料表明,左、中、右汊分流比分别为 36.0%、57.7%、6.3%。

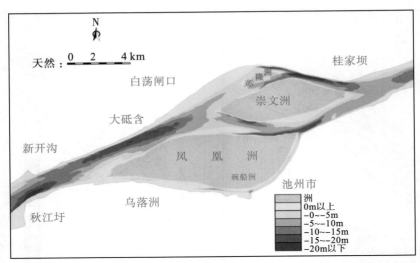

图 5.15　贵池河段河道

20 世纪 50—60 年代,中汊发展成为主汊,右汊进口深槽贴右岸,但深槽较窄;左汊主流偏北,深槽靠左岸一侧,上段有兴隆洲分汊,兴隆洲左汊为主汊。由于凤凰洲汊道进口主槽偏左岸,大洪水水流趋直顶冲长沙洲、兴隆洲洲头,右汊进口淤积,20 世纪 80 年代初,原进口右岸侧深槽淤浅,乌落洲边滩淤长成为大边滩,进入右汊的水流由乌落洲中间窜沟进入,右汊分流比减小,相应中汊分流比增加明显,左汊分流比变化较小。进入 20 世纪 90 年代,右汊进口有所冲刷,深槽仍靠右岸一侧,但进口水深较浅,而乌落洲浅滩淤高长大,而左汊主流仍走兴隆洲北汊。1998 年大洪水兴隆洲右汊冲刷,左汊进口主流右摆。兴隆洲左缘冲刷,头部冲刷后退。

自 2001—2016 年中汊进口滩槽发生改变,原深槽偏右岸侧,2016 年深槽偏左岸一侧,右岸侧淤积成浅滩,中汊分流比增加,汊道内出现滩槽易位现象,中汊内主流顶冲点的位置发生变化(图 5.16)。左汊兴隆洲冲刷下移,兴隆洲右汊冲刷发展,近岸出现 -10m 槽,右汊分流比增加,近岸流速增加,水深岸陡发生崩岸。兴隆洲左、右汊交汇后主流顶冲桂家坝沿岸,近岸出现 -20m 槽,桂家坝沿岸发生多次崩岸。

凤凰洲分汊前进口断面深槽一直偏靠左岸,水深一般在 -20m 左右,多年来岸坡变陡,局部岸坡在 1∶2 左右。乌落洲边滩多年来呈淤积趋势,1998—2003 年变化较小,进入右汊的深槽多年来总体为淤浅,20 世纪 80 年代前 -5m 槽相通,20 世纪 90 年代前 0m 槽相通,-5m 槽不通。20 世纪 90 年代后 0m 槽不通,进口淤浅,2016 年右汊进口河床最低高程在 2m 左右。相应乌落洲浅滩已淤高至 11m 左右,中水已不过水。凤凰洲左汊进口断面多年来总体向窄深方向发展,两岸边滩淤积,自 1986—2003 年深槽刷深在 5m 以上,1986 年最深点在 -8m 左右,2003 年最深点在 -15m 左右,2016 年最深点在 -18m 左右。

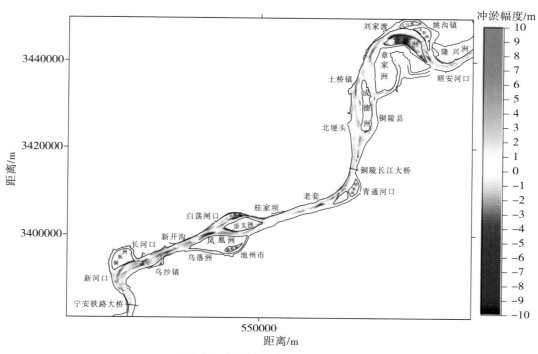

图 5.16　河道冲淤(2012—2016 年)

长沙洲分汊前河床断面总体为左淤右冲,左岸淤积出现大边滩,河床中央冲刷明显,1986—1998 年冲刷在 5m 以上,深槽右移。长沙洲左汊,兴隆洲分汊前的 20 世纪 80—90 年代,深槽靠左岸侧,最深点在－15m 左右,1998—2003 年深槽明显右移靠右岸侧,左岸河床淤高达 20m。长沙洲左汊出口桂家坝断面 1986—1998 年总体有所淤浅,1986 年最深点在－15m 左右,1990 年 9 月最深点在－11m 左右,2003 年河床左冲右淤,深槽刷深,最深点在－21m 左右,至 2016 年左岸近岸有所冲深,最深点在－23m 左右。

2)河道整治工程与河势调整的响应分析。

随着贵池河段汊道分流发生调整、顶冲点亦发生移位,使得岸线出现崩塌,原护岸段护岸功能减弱。由于汊道上游主流北偏,凤凰洲右汊进口淤积,分流比由 1959 年的 34% 降至目前的 5%,原凤凰洲右汊中上段护岸段沿岸水流减弱,河床淤积。汊道进口段左岸由于主流深槽贴岸,沿岸冲深,岸坡变陡且冲刷向下发展,大砥含崩岸区经多次守护。

长沙洲左汊自 1959—1988 年分流比由 28% 增加至 38.9%,1988—2008 年分流比减小,由 38.9% 变为 28.8%,2008—2011 年左汊分流比又增加至 38.7%。而左汊内又有兴隆洲分汊。20 世纪 60—80 年代新生洲左汊发展,左岸侧崩退,左汊凹岸侧进行了守护(图 5.17);20 世纪 90 年代后左汊进口主流右摆,兴隆洲右汊发展,水流顶冲左岸桂家坝一侧,导致左汊崩岸段向下发展。2001 年已对桂家坝上游进行了长达 3038m 护岸。2010 年发生崩岸,2011—2012 年进行了应急守护,由于近岸冲刷 2012—2016 年近岸深槽最大冲刷 7m,2013—2017 年又进行了多次守护。近年左汊分流比虽无增加,但崩岸区水流顶冲点下移,深槽向近岸移动,河床继续冲刷下切,经多次守护,仍为崩岸预警区。

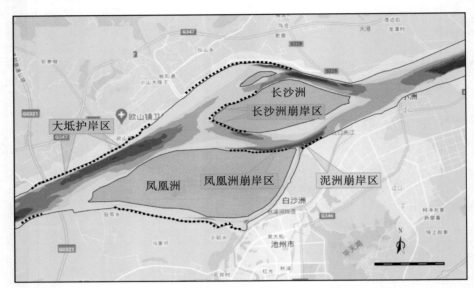

图 5.17　贵池河段护岸工程布置示意图

(2)芜裕河段河道整治工程与河势调整的响应

1)芜裕河段河势变化分析。

芜裕河段上起三山河口,下至东、西梁山,全长约 49.8km,河道在大拐以下呈 90°急弯,大拐以上为微弯分汊型河道,六凸子水域江中分布有潜洲。大拐—弋矶山段河道顺直单一,弋矶山以下为首尾束窄、中部展宽的陈家洲汊道,江中自上而下分布有曹姑洲、新洲、陈家洲等沙洲(图 5.18)。

芜裕河段是长江中下游河势演变较剧烈的河段之一,20 世纪 70 年代实施了大拐等重要险工段的守护工程,1998 年大水后,又对影响防洪安全的重点险工段进行了治理,但局部水域如大拐以上的潜洲水域、大拐以下的陈家洲水域河势仍然处于调整之中。本河段近期河势变化特点如下:

①芜裕河段上段(大拐以上)呈微弯河段,进口河宽在 1.5km 左右,至大拐河宽在 1.1km 左右,中间放宽段达 3km 左右,河道放宽段出现分汊,分汊的潜洲最大高程在 9m 左右,洪水期潜洲基本淹没于水下,中枯水露出水面。左岸主流深槽贴岸,近岸出现−30m 槽,岸坡一般在 1:3 以内,曾多次出现崩岸,中间放宽段潜洲右汊近年冲深发展,右汊中段近右岸冲刷幅度达 10m 以上,出现−20m 槽,多次出现崩岸,深槽冲深向下发展,崩岸位置也向下发展。

②裕溪水道黄山寺—张家湾段 2002 年实施护岸工程后,顶冲点下移,岸线崩退,北水道进一步向弯曲发展,致使河道阻力增加,过流不畅。同时,曹姑洲头新切割出一条新槽,并呈发展之势,裕溪水道又出现衰退迹象。

　　③陈家洲洲头的浅滩区域频繁切滩,形成横向水流,导致陈家洲左汊分流比大幅调整,影响下游河段的河势稳定。1964 年陈家洲洲头滩地冲出窜沟,即陈捷水道,陈捷水道上游即新洲,20 世纪 60 年代曹捷、陈捷水道发展,陈家洲北水道淤积,分流比减少,1968 年 12 月出现断流,1973 年陈捷水道淤积,陈家洲北水道有所发展。芜裕河段冲淤见图 5.19。

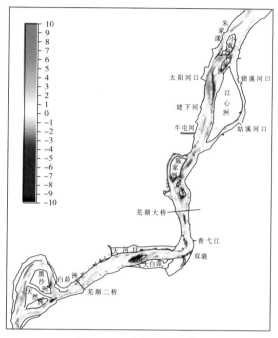

图 5.18　芜裕河段河势

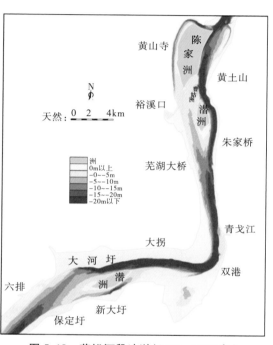

图 5.19　芜裕河段冲淤(2003—2016 年)

　　2)河道整治工程与河势调整的响应分析。

　　新大圩位于芜湖河段大拐段右岸。新大圩附近江中有一潜洲,于 20 世纪 80 年代中形成;2002 年后潜洲与右岸之间形成宽 400m 的窜沟,20 世纪 90 年代受上游黑沙洲右汊分流比增加影响,新大圩段护岸冲刷后退;1995 年开始实施新大圩段护岸工程,随后潜洲洲体左冲右淤,潜洲右汊分流比减小,新大圩段岸坡相对稳定。但 2005 年后潜洲右汊发展,新大圩段岸坡冲刷后退。前沿深槽冲刷下切,2007—2010 年深槽最大冲刷下切达 10m。潜洲右汊出现 −10m 槽,自 2002—2016 年 −10m 槽总体呈冲刷下游态势,岸坡变陡,成为近期的崩岸区。

　　新大圩护岸工程 1995 年开始,至 2000 年共护长 1660m,2002 年又进行了抛石加固2500m,2007 年 7 月新大圩发生崩岸,进行了应急抢险,沉树 400 组,抛石 5800m³,2007 年10 月在 7 月发生的崩岸下游又发生崩岸,2008 年对崩岸进行整治,抛石量 8.7 万 m³。

　　2009 年汛后在以上两处崩岸下游又发生两处崩岸,已护岸坡工程塌入江中。2010 年汛前在 2009 年两处崩窝下游又发生崩岸,导致已护坡工程滑入江中。2011 年汛后又发生崩岸,2012 年汛后崩岸上段又发生崩岸,2015 年、2016 年、2017 年崩窝下游又多次发生新的崩岸。2012—2017年对崩岸段进行应急治理,护岸总长1590m。芜湖河段护岸工程布置示意图见图5.20。近年因潜洲分流增加,右汊冲刷,水流顶冲点下移,右岸新大圩段深槽冲刷向下发展,深槽冲刷下切。

图5.20 芜湖河段护岸工程布置示意图

5.2.2.3 护岸工程与岸坡稳定的响应研究

（1）岸坡坡比变化实测资料分析

随着上游梯级水库群的建设,水沙因子发生了变化和调整,进而河床冲淤及岸坡等也发生了相应的调整。本次研究选取典型河段安徽段桂家坝以及秋江圩等险工险段进行分析。

秋江圩、枞阳桂家坝崩岸区位于长江贵池河段（图5.21）,2003年以来该区域经常发生崩岸险情。根据桂家坝崩岸段近期实测水下地形测图（图5.22）套绘分析,2012—2016年,该段前沿深槽冲刷下移并向近岸发展,高程−5m以下岸坡呈逐年冲刷后退态势,深槽下切,岸坡呈逐年变陡趋势,近岸平均坡度基本陡于1∶3.0,局部陡坡达到1∶1.5（表5.4）。秋江圩右岸岸坡一般在1∶3.5,局部1∶1.4（图5.23,表5.5）。同时可看出,随着抛石护岸等相关工程的实施,岸线冲刷后退的趋势得以遏制,但抛石工程前沿仍持续刷深。

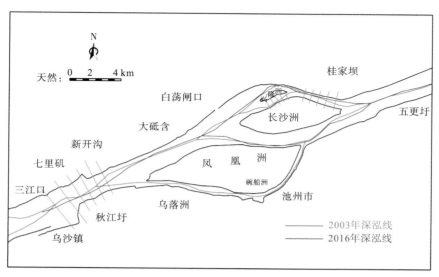

图 5.21　秋江圩、桂家坝典型断面布置示意图

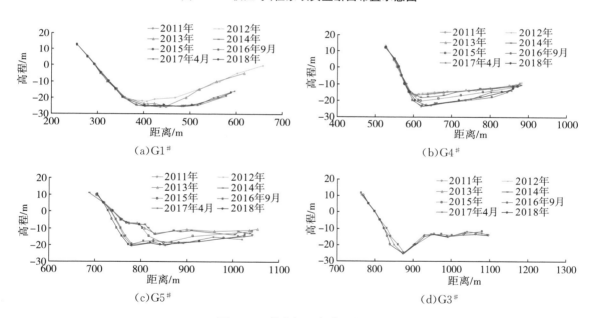

（a）G1#　　　　　　　　　　　　　（b）G4#

（c）G5#　　　　　　　　　　　　　（d）G3#

图 5.22　桂家坝历年典型断面

表 5.4　　　　　　　　　　　桂家坝历年断面坡比统计结果

断面号	时间	0～−5m	−5～−10m	−10～−15m	−15～−20m
G1#	2012	1∶3.2	1∶3.2	1∶3.0	1∶3.8
	2013	1∶2.2	1∶3.0	1∶3.6	1∶4.2
	2016.9	1∶2.8	1∶3.6	1∶3.4	1∶2.8
	2017.4	1∶2.4	1∶3.4	1∶4.0	1∶3.2
	2018	1∶3.0	1∶3.4	1∶2.8	1∶3.2

断面号	时间	0～-5m	-5～-10m	-10～-15m	-15～-20m
G3#	2011	1：2.0	1：2.4	1：2.0	
	2012	1：1.6	1：1.8	1：3.6	
	2013	1：2.0	1：2.0	1：2.6	
	2014	1：2.0	1：2.4	1：2.0	
	2015	1：1.8	1：1.6	1：2.8	1：4.6
	2016.9	1：1.6	1：2.0	1：1.8	1：2.0
	2017.4	1：1.8	1：1.6	1：2.0	1：2.6
	2018	1：1.4	1：1.6	1：2.2	1：3.2
G4#	2013	1：3.6	1：10.6		
	2014	1：4.0	1：11.6		
	2015	1：3.8	1：9.4	1：2.8	
	2016.9	1：2.4	1：2.0	1：2.0	
	2017.4	1：2.2	1：2.0	1：1.6	1：3.2
	2018	1：1.6	1：2.2	1：2.2	1：3.0
G5#	2016.9	1：2.8	1：3.4	1：2.0	1：4.0
	2017.4	1：3.0	1：2.2	1：3.0	1：2.2
	2018	1：2.8	1：2.4	1：1.6	1：1.6

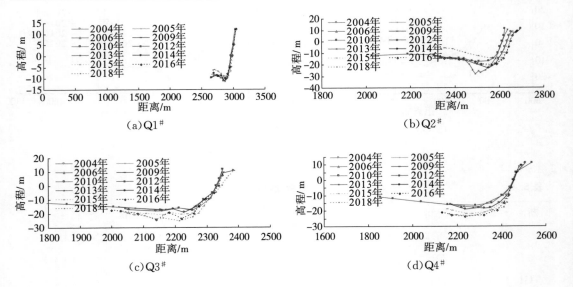

(a)Q1#　　(b)Q2#　　(c)Q3#　　(d)Q4#

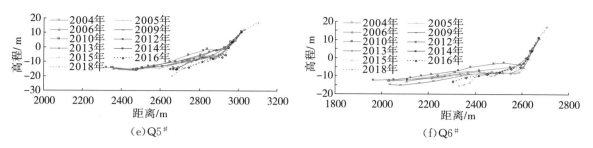

（e）Q5#　　　　　　　　　　　　（f）Q6#

图 5.23　秋江圩历年典型断面

表 5.5　　　　　　　　　　　　秋江圩历年断面坡比统计

断面号	时间	0～－5m	－5～－10m	－10～－15m	－15～－20m
Q1#	2015	1：6.8	1：10.8		
	2016	1：7.2	1：11.2		
	2018	1：4.2	1：13.6		
Q2#	2012	1：2.0	1：1.6	1：4.2	
	2014	1：2.0	1：2.6	1：3.0	1：3.0
	2015	1：1.4	1：1.6	1：2.4	1：3.8
	2016	1：1.6	1：2.0	1：3.0	1：6.4
	2018	1：1.4	1：1.8	1：3.0	
Q3#	2012	1：1.8	1：2.6	1：6.2	
	2014	1：2.8	1：5.4	1：4.6	
	2015	1：2.0	1：5.4	1：4.6	1：3.8
	2016	1：2.8	1：5.6	1：4.0	1：3.2
	2018	1：3.8	1：4.2	1：3.4	1：3.4
Q4#	2012	1：3.0	1：7.2	1：9.2	
	2013	1：2.8	1：6.6	1：14.6	
	2014	1：2.6	1：4.0	1：6.8	
	2015	1：2.8	1：3.2	1：4.8	1：11.0
	2016	1：2.0	1：2.6	1：4.2	1：6.4
	2018	1：2.0	1：2.0	1：2.4	1：13.4
Q5#	2004	1：9.0	1：32.2	1：48.4	
	2005	1：9.0	1：34.6	1：47.0	
	2006	1：9.8	1：37.2	1：46.8	
	2009	1：13.2	1：31.4	1：45.4	
	2010	1：37.4	1：19.2	1：32.8	
	2012	1：24.8	1：25.4	1：39.6	

断面号	时间	0～−5m	−5～−10m	−10～−15m	−15～−20m
Q5#	2015	1：4.2	1：33.8		
	2016	1：3.0	1：24.2	1：25.6	
	2018	1：4.6	1：15.8	1：24.8	1：12.2
Q6#	2004	1：4.2	1：62.6		
	2006	1：4.2	1：67.6		
	2009	1：10.4	1：44.8	1：52.4	
	2010	1：14.2	1：61.8		
	2012	1：48.8	1：42.2		
	2015	1：5.8	1：49.6		
	2016	1：5.8	1：35.8		
	2018	1：5.6	1：22.6	1：26.4	

(2)岸坡坡比变化水槽试验成果分析

为研究分析水沙变化、防护条件下河床冲淤变化特性,本次利用第4章建立的水槽进行了多组试验,其试验加沙量与无防护条件下的试验条件一致。有、无防护条件下研究区域典型断面变化对比见图5.24和图5.25。

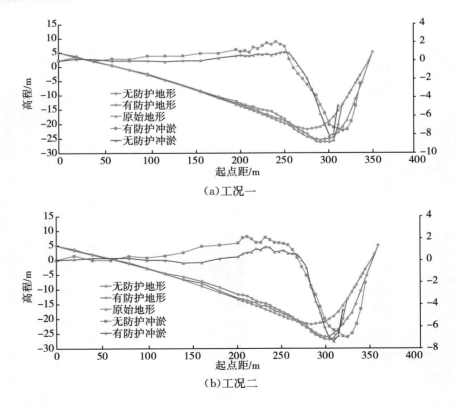

（a）工况一

（b）工况二

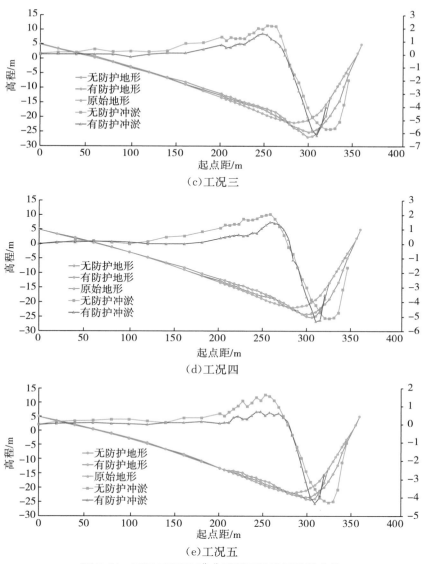

（c）工况三

（d）工况四

（e）工况五

图 5.24   不同工况下 2#典型断面地形及冲淤变化

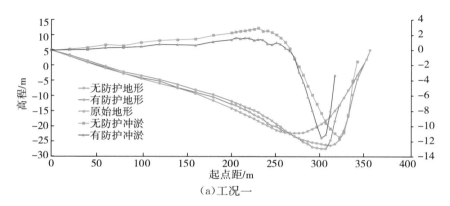

（a）工况一

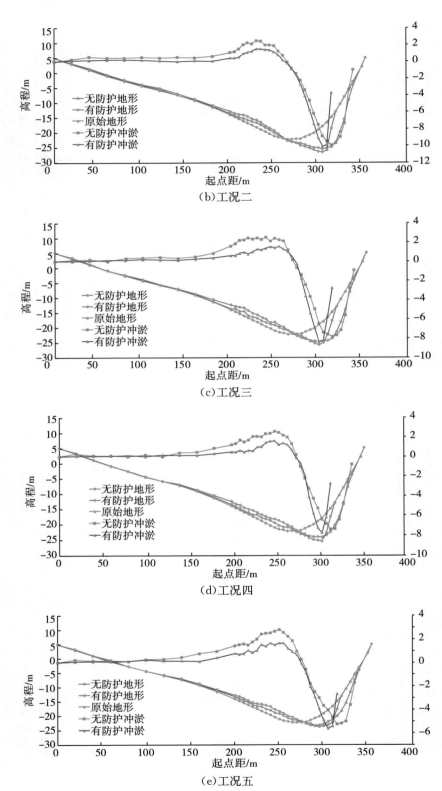

图 5.25　不同工况下 7# 典型断面地形及冲淤变化

对比同等水沙条件、有无防护条件下河床冲淤及地形,总体可以看出无防护条件下凹岸侧岸坡表现为冲刷展宽,有防护条件下冲刷最深点较无防护条件下有所远离凹岸侧。

2#断面位于弯顶附近,7#断面位于弯顶下。无护岸情况下,河床表现为弯道凹岸侧冲刷,岸坡冲刷后退,近岸冲深,最深点右移,相应深槽左侧即弯道凸岸一侧河床淤积,弯道凹岸侧冲刷,泥沙在凸岸一侧局部淤积。不同工况下典型断面变化示意图见图 5.26。

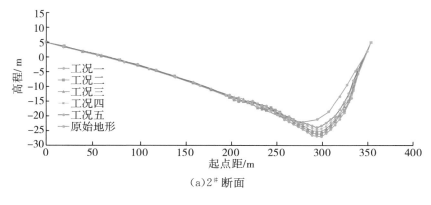

(a)2# 断面

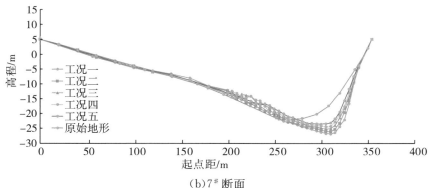

(b)7# 断面

图 5.26　不同工况下典型断面变化示意图

有护岸状态下,冲刷主要发生在护岸前,护岸后河床不再展宽,主要表现在下切,河床凹岸侧冲刷幅度较未护岸小,但在护岸前局部冲深大于未护岸情况,在凸岸侧护岸后的淤积要小于未护岸情况,在护岸后河床总体冲淤变化要小于未护岸情况。在来流条件不变情况下,来沙量越小河床冲刷越大,在弯道段凹岸侧,来沙量越小,展宽越大,近岸冲深也越大。

通过典型断面不同水沙条件、有无防护条件下断面岸坡坡比的对比分析可知,随着沙量的减少、岸坡逐渐变陡;在有防护条件下,岸坡展宽受到限制,但最大冲深有所增加,岸坡进一步变陡(表 5.6 和表 5.7)。

表 5.6　　　　　　　不同工况下典型断面岸坡坡比变化（无防护）

断面号	断面高程/m	工况一	工况二	工况三	工况四	工况五
2#	−5～−10	1∶1.93	1∶1.21	1∶1.24	1∶1.11	1∶1.20
	−10～−20	1∶2.61	1∶1.43	1∶1.58	1∶1.63	1∶1.68
7#	−5～−10	1∶2.03	1∶0.97	1∶0.97	1∶1.08	1∶1.14
	−10～−20	1∶3.03	1∶0.78	1∶0.98	1∶1.12	1∶1.22

表 5.7　　　　　　　不同工况下典型断面岸坡坡比变化（有防护）

断面号	断面高程/m	工况一	工况二	工况三	工况四	工况五
2#	−5～−10	1∶1.93	1∶1.93	1∶1.93	1∶1.93	1∶1.93
	−10～−20	1∶2.61	1∶1.15	1∶1.18	1∶1.26	1∶1.31
7#	−5～−10	1∶2.03	1∶2.03	1∶2.03	1∶2.03	1∶2.03
	−10～−20	1∶3.03	1∶1.26	1∶1.22	1∶1.37	1∶1.35

（3）河道整治工程与岸坡稳定的响应分析

1）根据实测岸坡资料分析可知,桂家坝及秋江圩 2012—2016 年河道前沿深槽冲刷下移并向近岸发展,高程−5m 以下岸坡呈逐年冲刷后退态势,岸坡变陡,深槽下切。岸坡逐年呈变陡趋势,近岸平均坡度基本陡于 1∶3.0,局部陡坡达到 1∶1.5;秋江圩右岸岸坡一般在 1∶3.5,局部陡坡达到 1∶1.4。同时可以看出,随着抛石护岸等相关工程的实施,岸线冲刷后退的趋势得以遏制,但抛石工程前沿仍持续刷深,危及工程自身安全,同时岸坡仍将发生新的险情。

2）从水槽试验研究成果分析可知,有防护条件下岸坡展宽受到限制,但最大冲深有所增加,岸坡进一步变陡。为此,凹岸侧防护应充分考虑护岸工程前沿的冲刷。

5.3　岸坡稳定调控需求分析

以三峡水库为核心的长江上游大中型水库陆续建成,这些水库大多采用汛末或汛后蓄水、汛前消落的调度方式,使得长江中下游汛末、汛后 9—11 月流量有所减小。与三峡水库蓄水前相比,2003—2017 年宜昌站 9—11 月来水量减幅为 9%～30%,特别是 10 月来水量,减幅达到了 30%,同期水位也发生了明显的下降。蓄水期导致坝下游水位快速下降,增加了坝下游河段发生崩岸的风险,对堤防安全和河势稳定构成了极大的威胁。

5.3.1　三峡工程运用前后宜昌站退水期水位变化分析

本次研究根据实测资料分析了三峡工程蓄水前后宜昌站退水期的水位下降速率。蓄水前后分别采用 1996—2003 年、2008—2015 年各 8 年的系列资料。

实测资料分析表明,1996—2003 年,宜昌站在汛期及汛后水位降落过程中（7 月 1 日至

10 月 31 日),出现日降水位大于等于 0.2m 的天数总计达 229d,平均每年出现天数达 29d 左右,每年持续时间相差不大,均在 27～34d。

三峡水库蓄水后的 2008—2015 年,宜昌站在汛期及汛后水位降落过程中(7 月 1 日至 10 月 31 日),出现日降水位大于 0.2m 的天数总计达 202d,平均每年出现天数达 25d 左右,略小于三峡水库蓄水前。其中 2011 年、2013 年、2015 年持续时间较短,分别为 19d、16d、16d,其余年份均在 28～35d。

宜昌站三峡水库蓄水前后流量变化—水位变化拟合公式为:

蓄水前 1996—2003 年:

$$\Delta Q = 1503\Delta H^2 + 3649\Delta H - 10 \tag{5-1}$$

蓄水后 2008—2015 年:

$$\Delta Q = 621\Delta H^2 + 2474\Delta H + 55 \tag{5-2}$$

式中,ΔQ——流量变化,m^3/s;

ΔH——相应水位变化,m,ΔH 范围为 0.2～0.3m。

三峡水库蓄水前后水位变化与流量变化关系存在一定的差异(图 5.27)。三峡水库蓄水前对应 0.2m 水位变化,相应流量变化平均在 780m^3/s 左右,而三峡水库蓄水后对应 0.2m 水位变化,流量变化为 575m^3/s;对应 0.25m 水位变化,三峡水库蓄水前流量变化 1000m^3/s 左右,而蓄水后流量变化在 710m^3/s 左右。即对于退水期而言,在流量变化相同情况下,三峡水库蓄水后水位变化更大。从三峡水库蓄水后退水期崩岸明显增多的现象来看,崩岸受水位快速下降影响较大,且同样流量降幅情况下,水位下降更多。

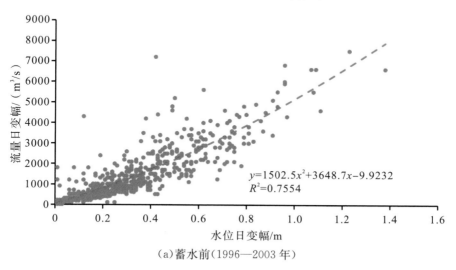

$y=1502.5x^2+3648.7x-9.9232$
$R^2=0.7554$

(a)蓄水前(1996—2003 年)

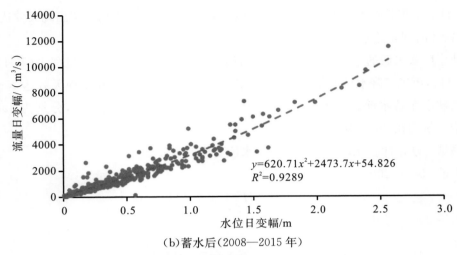

（b）蓄水后（2008—2015 年）

图 5.27　三峡前后水位变化与流量变化关系（宜昌站）

图 5.28 为蓄水前 2000 年和蓄水后 2010 年 8—12 月水位变化过程对比，两者径流量基本相当，但三峡水库蓄水后，受水库汛末蓄水作用影响，坝下游流量年内过程发生较大改变，年内退水速度明显加快。

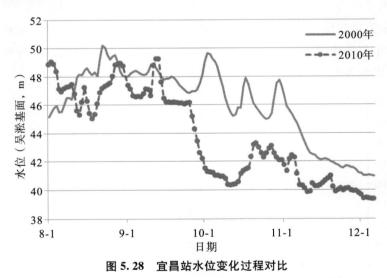

图 5.28　宜昌站水位变化过程对比

5.3.2　荆江河段实测水位变化与崩岸的关系

三峡工程运用前，在一个水文年内，洪水期（6 月至 10 月底）与汛后退水期（11—12 月中旬）为崩岸主要发生阶段。三峡工程运用后，崩岸分布主要发生在汛期调度期（6 月初至 9 月中旬）与蓄水期（9 月中旬至 10 月底）。三峡工程的蓄水作用导致长江中下游退水期明显提前，特别是蓄水期水位陡降对崩岸的发生频率和规模都具有较大的影响，河岸短期内会出现整体下滑、严重崩塌，崩岸后近岸河床泥沙部分被水流带向下游，崩塌形式以坐滑为主；在相同落水期时段内,水位陡降崩塌与水位缓降崩塌情况相比,河岸崩塌频率和规模明显增大。以荆江河段枝城站、沙市站为例,两站 8—10 月月平均流量明显减小,最大减幅近 30％,相应月均水位也明显下降。枝城站月平均流量和水位变化见图 5.29,沙市站月平均流量和水位变化见图 5.30。

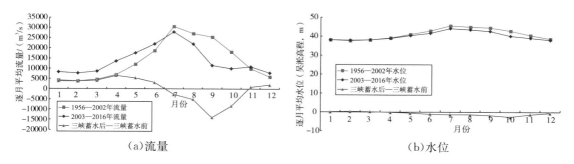

（a）流量　　　　　　　　　　　　　　（b）水位

图 5.29　枝城站月平均流量和水位变化

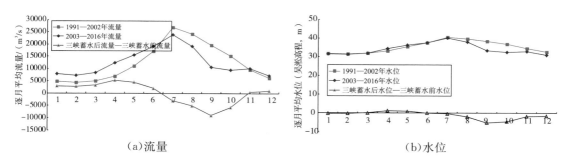

（a）流量　　　　　　　　　　　　　　（b）水位

图 5.30　沙市站月平均流量和水位变化

依据查勘调研及实测资料分析,荆江险工险段的近岸河床演变与退水速率有关,退水速率越大,近岸深槽冲刷,岸坡变陡,岸坡失稳的概率越大。以荆江河段北门口为例,2016 年 8 月 17 日至 9 月 3 日,石首站(距离北门口崩岸断面位置约 5km,见图 5.30)水位从 35.11m 退至 31.15m,日均水位下降约 0.25m(图 5.31),近岸 10m 冲刷坑面积由 2016 年 7 月 4 日的 53907m² 增至 2016 年 10 月 7 日的 80216m²,增幅达 48.8％,北门口段典型断面近岸岸坡剧烈崩塌,近岸河床冲刷后退明显(图 5.32),崩退约 35m,原凸咀部位消失。2018 年 8 月 22 日至 9 月 16 日石首站水位从 34.96m 下降 30.46m,日均水位下降 0.24m,北门口再次发生崩岸(图 5.33,图 5.34)。

快速退水过程中发生崩岸的概率较大,最根本的原因是退水过程中土层力学性质及应力状态改变,一方面,在快速退水过程中由于黏性土体渗透性较低,河岸黏性土体内水分来不及排出而对河岸产生额外渗透压力;另一方面,由于洪水期河岸土体长时间的浸泡,黏性土体的强度指标降低;再者水位降低,长江静水压力减小。这些因素都会促使河岸土体失稳而发生崩岸。三峡水库蓄水后与蓄水前相比,汛后蓄水期相同的日均流量变幅下,水位变幅普遍增加,这也是导致蓄水后崩岸频度明显加强的原因之一。

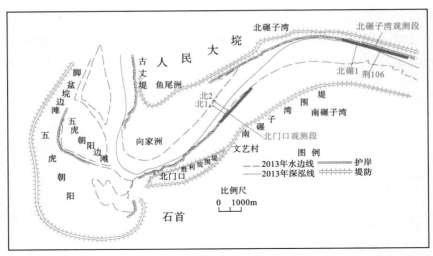

图 5.30　石首河段河势示意图

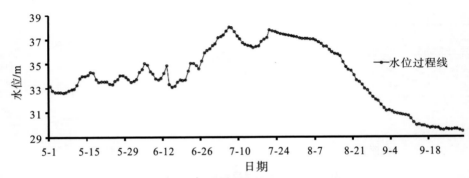

图 5.31　2016 年石首站退水水位过程线

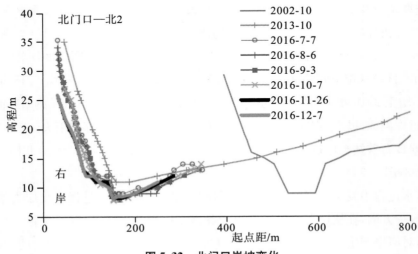

图 5.32　北门口岸坡变化

图 5.33　北门口崩退前后岸坡形态变化
（2016 年 9 月初）

图 5.34　北门口凸咀下游崩岸远观
（2017 年 8 月初）

5.3.3　概化水槽岸坡失稳试验成果

在天然或者人工河道中，水位会由于径流、枢纽调节和调水过程而发生涨落，当河道水位低于邻近的地下潜水位时，地下水会透过岸坡渗入河道，形成入河渗流；相反，当河道水位高于邻近潜水位时，河道水位会反渗进入地下水，形成出河渗流，入河渗流以及出河渗流均会引起岸坡稳定性的变化，可能是诱发河道岸坡崩塌的关键因素之一。

利用第 4 章的概化水槽（图 5.35）进行试验，水槽长 40m，宽 3.5m，高 0.8m，底坡0.0001。概化天然弯道水槽由量水堰、引水渠、进口前池、弯道实验段、沉砂池和回水渠道等组成。试验采用恒定流进行控制，上游进口与量水堰相连，采用量水堰流量读数控制，下游采用手摇式蝶形阀门进行水位控制，并设置 14 个水位观测点进行实时监控。在凹岸岸坡土体内部布置了 6 台孔隙水压力计对存在入河渗流情况下的孔压变化进行量测，并针对岸坡内部土体孔隙水压力变化与崩岸之间的关系进行分析。

图 5.35　水槽布置示意图

在图 5.36 中，ΔH 为渗流井—主槽水头差（cm），s 为坡比。由图 5.36 可知，在凹岸岸坡坡比1：1.5时,随着水头差的增加,孔隙水压力极值相应增加。孔压分布由内至外呈现递减趋势。将孔压变化与岸坡崩塌记录对比可知,孔隙水压力变化曲线的拐点在时间上基本与崩岸发生、发展的几个重要阶段基本对应,孔隙水压力的上升拐点预示了弯道凹岸渗流侵蚀的开始,孔隙水压力下降的拐点表明此时岸坡失稳基本已经形成,岸坡崩塌的速率已经减弱。

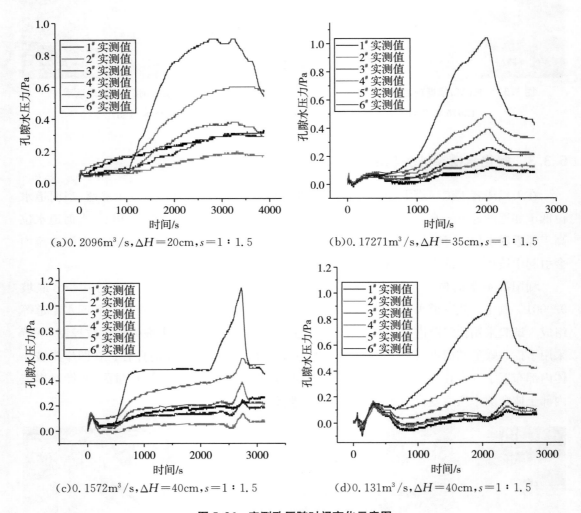

(a)0.2096m³/s,ΔH=20cm,s=1：1.5

(b)0.17271m³/s,ΔH=35cm,s=1：1.5

(c)0.1572m³/s,ΔH=40cm,s=1：1.5

(d)0.131m³/s,ΔH=40cm,s=1：1.5

图5.36 实测孔压随时间变化示意图

根据模型试验的模拟结果,本次研究还尝试分析了弯道凹岸岸坡内部孔隙水压力极值与主槽渗流井水头差之间的函数关系。由图5.37可知,当主槽渗流井水头差小于0时,孔隙水压力的极值基本处于一个区间之内;当主槽渗流井水头差大于20cm时,土体内部孔隙水压力极值发生明显的增加然后呈减小的趋势,极值点发生在35cm附近;而且,当主槽渗流井水头差大于35cm时,孔隙水压力极值出现减小的趋势。可见,主槽—渗流井之间水头差与孔隙水压力之间存在某种相关关系,而且这种相关关系也与土体性质有关。

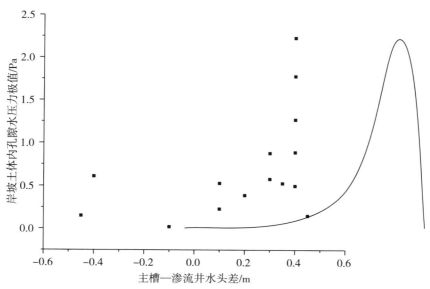

图 5.37　弯道主槽—渗流井水头差与岸坡内孔隙水压力极值关系

5.3.4　岸坡稳定指标初探

三峡水库运用后,汛末蓄水时长江中下游退水明显加快,同时水库蓄水后与蓄水前相比,同样的流量降幅,退水水位变化更大。统计表明,三峡水库蓄水前,对应 0.2m 的水位流量变化平均在 780m³/s 左右,而三峡水库蓄水后,对应 0.2m 的水位流量变化为 575m³/s。水槽试验表明,退水速度的加快增加渗流的水头差,增加岸坡失稳的风险。为此从岸坡稳定角度出发,优化三峡水库调度,适当减缓退水速度,减小水位变幅。

而从弯道凹岸岸坡内部孔隙水压力极值与主槽渗流井水头差之间的函数关系,可以看出土体内部孔隙水压力极值点一般发生在 35cm(渗流井水头差)附近。为此,针对现状条件下同一流量三峡水库蓄水后水位变化加大的情况,结合水槽试验孔隙水压力极值点分布的成果,以及荆江河段实测水位变化情况,建议水位变幅一般控制在 0.30m 以内。

在此基础上,选择三峡水库蓄水后荆江河段的沙市站水位流量关系进行拟合,选择2009—2017 年汛期 7 月 1 日至 10 月 31 日水位、流量过程进行拟合,分析水位变幅与流量变幅的相关关系(图 5.38)。沙市站流量日变幅与水位日变幅的拟合结果表明,当日流量骤降超过 1000m³/s 时,水位日降幅将超过 35cm。前文分析中提及当水位骤降幅度超过 35cm时,岸坡土体孔隙水压力明显增大,增大了岸坡失稳的可能性,因此,为减少荆江河段的岸坡失稳的风险,建议控制水位日降幅不超过 35cm,即控制沙市站日流量降幅不超过 1000m³/s,对应宜昌站流量变幅约为 1250m³/s。

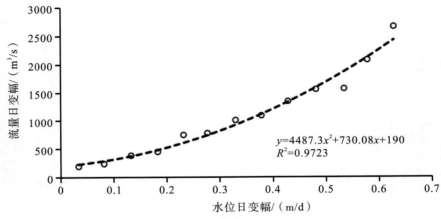

$y=4487.3x^2+730.08x+190$
$R^2=0.9723$

图5.38 沙市站流量日变幅与水位变幅相关性

从长江中下游来水来沙条件来看,随着上游梯级水库的陆续运用,未来相当长时期内长江中下游将维持一个低含沙水平,河道将长期处于冲刷态势,河道冲刷使得局部河势调整加剧,水流顶冲点上提下移,出现新的险情,河道冲刷使得已护岸段坡脚淘刷,增加了崩岸发生的风险。因此从岸坡稳定的角度出发,一方面应通过调控避免水位骤降带来崩岸风险,另一方面应根据河道冲刷发展及演变趋势,采取工程措施及时治理可能的新增崩岸段,全面加固已有护岸工程,以保证岸坡的稳定。

5.4 主要结论

本节利用现场踏勘、实测资料分析、河演分析、理论分析以及水槽试验等方法,重点对新水沙条件下的长江中下游河道冲淤及分布规律、泥沙调控下岸坡失稳、泥沙调控下长江中下游河道整治工程及防洪工程对河道冲淤、河势调整及岸坡变化的响应等进行了研究,得出以下结论。

1)新水沙条件下崩岸的范围和强度有所加大,已护和未护岸线均有崩岸现象发生;中游崩岸多发时间主要在退水期,下游则多发生在洪水或退水期,部位主要在弯道及顶冲段。

2)随着三峡水库坝下游来沙量大幅减少,中下游河段出现河床显著冲刷、边滩与心滩普遍冲刷,部分河段主流大幅摆动。中游急弯河段(调关、荆江门、七弓岭弯道等)出现撇弯,汊道段洲头普遍冲刷,弯道段的入弯水流摆幅及顶冲点洪枯变幅因流量变幅减小而有所减小,同时凸岸边滩将持续蓄水初期的上冲下淤趋势;而下游河段弯道等局部特性与中游不受潮汐河段的冲淤存在一定的差异,仍呈现凹冲凸淤的趋势,且受潮汐影响,涨落潮量随上游径流变化的程度逐渐降低,吴淞口以下受径流影响很小。

3)河道整治工程与河道冲淤响应研究表明,新水沙条件下护岸区域总体表现为冲刷下切,岸坡存在隐患且整治工程自身也存在崩塌危险;未护岸冲刷区域有所展宽下切形成新的险工段,需加强守护。整治工程与河势调整响应研究表明,随着水情、工情的变化,整治建筑物河段及相邻河段入流顶冲点、汊道分流等发生调整,整治建筑物的功能以及布设位置等均需有所调整。整治工程与岸坡响应研究表明,随着沙量的减少河床冲刷下切、岸坡逐渐变陡;有防护条件下岸坡展宽受到限制,但最大冲深有所增加,岸坡进一步变陡,危及岸坡及整治工程安全。

4)梳理总结了水位变化与岸坡稳定的关系,采用水槽试验重点分析了弯道凹岸岸坡内部孔隙水压力极值与主槽渗流井水头差之间的函数关系。一般条件下,岸坡内部孔隙水压力极值点发生在水头差约 35cm 附近,此时岸坡崩塌发生。针对现状条件下相同流量降幅三峡水库蓄水后水位变化加大的情况,结合水槽试验孔隙水压力极值点分布的成果,以及荆江河段实测水位变化情况,从岸坡稳定的需求来看,建议在水沙调控中,水位变幅一般控制在 0.30m/d 以内,对应宜昌站流量变幅约为 125m³/(s·d)。

第6章　基于库区防洪安全的泥沙调控研究

6.1　库区防洪安全对泥沙调控的需求分析

长江流域已形成以三峡水库为核心的世界规模最大的巨型水库群,在流域防洪方面发挥着巨大的作用。水库群联合调度不仅改变了流域径流时空变化,还从宏观上改变了河流泥沙的时空分布。对于库区而言,水库内泥沙累积性淤积,不仅影响水库防洪效益的长期发挥,还可能影响库尾防洪安全。因此要保证水库防洪功能的长期发挥,泥沙调控的需求实现两个目的:一是防洪库容不损失或尽量少损失,二是库尾段洪水位不抬高。

6.1.1　防洪库容长期维持的需求分析

就泥沙方面而言,水库减淤的目的是为了减少防洪库容损失而有利于工程防洪功能的长期保持。为了减少水库泥沙淤积,无疑要求水库在汛期尽量保持在低水位运用来加大水库的排沙比,并尽可能减少蓄洪运用的机会,减少水库的淤积。而防洪作为三峡水库的首要任务,对下游防洪减灾是三峡工程必须承担的任务,在遭遇大洪水时水库必须对洪水位进行有效调控,水库蓄洪引起的泥沙淤积是不可避免的。目前三峡水库实施中小洪水滞洪调度,拦蓄洪水,利用一部分洪水资源,库水位抬高且超汛限水位运行的时间较长,致使排沙比下降,水库淤积量相对增多,一定程度上加大了防洪的风险。

6.1.2　库尾段洪水位不抬高的需求分析

库尾段如果由于水库淤积而引起洪水位的抬高,将会严重威胁该地区重要城市的防洪安全。如位于三峡库尾段的重庆主城区河段从大渡口—唐家沱长约37km,嘉陵江在河段中部入汇,全河段宽窄相间,河宽变化范围为300～1400m。河床由卵石组成,宽阔段有江心碛坝(图6.1)。自然情况下,汛期淤积,汛后冲刷,年内冲淤基本平衡。2008年三峡工程试验性蓄水以前,重庆主城区河段处于未受三峡大坝壅水影响的天然状态,其年内变化规律是汛期淤积、非汛期冲刷,主要走沙期多数为9月中旬至10月中旬。三峡水库试验性蓄水后,一定程度上制约了重庆主城区的走沙。

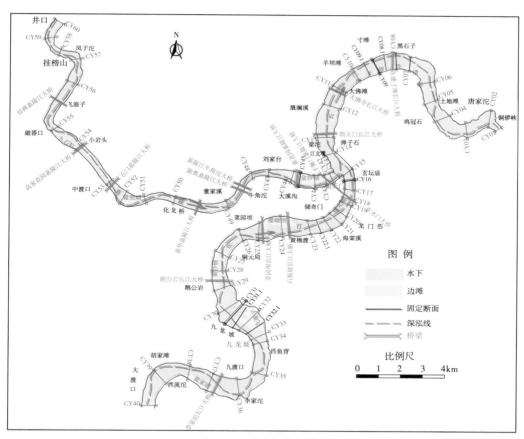

图 6.1　重庆河段河势

6.2　三峡水库泥沙淤积对防洪影响分析

6.2.1　泥沙淤积总量对防洪影响分析

防洪库容是判断水库防洪能力的重要指标。由于三峡水库入库泥沙大幅减少,2003—2018 年年均入库沙量 1.48 亿 t,较初步设计论证值减少 70%,水库淤积及防洪库容损失情况远好于设计值。实测资料表明,2003—2018 年,三峡水库干支流累计淤积 17.43 亿 m³,年均淤积 1.089 亿 m³,其中,16.127 亿 m³ 淤积在高程 145m 以下,占总淤积量的 92.5%;1.303 亿 m³ 淤积在水库防洪库容内,占总淤积量的 7.5%,占防洪库容 221.5 亿 m³ 的0.6%。第 2 章数学模型预测表明,在考虑上游水库联合调度条件下,三峡水库运用 100 年,对于优化调度方案、联合调度方案防洪库容损失 7.14 亿 m³、9.16 亿 m³,损失率为 3.2%~4.1%(图 6.2),与初步设计确定的水库平衡时防洪库容损失 31 亿 m³,防洪库容损失率14%相比,有较大的富裕,三峡水库防洪库容可以长期保持。

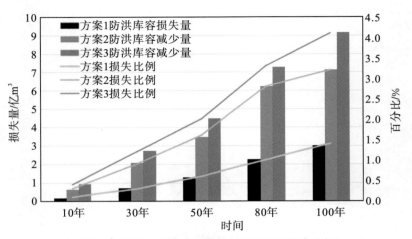

图 6.2　三峡水库不同运用年限防洪库容损失分析

6.2.2　泥沙淤积分布对防洪影响分析

三峡水库变动回水区从江津—涪陵长约 173km,常年回水区涪陵—大坝,长约 486.5km。175m 试验性蓄水运用后,回水末端上延至江津附近。

在水库淤积沿程分布上,输沙量法分析表明,水库淤积主要集中在清溪场以下的常年回水区内,其淤积量占总淤积量的 93%,朱沱清溪场库段淤积量仅占总淤积量的 7%;在淤积泥沙粒径上,整个库区淤积以粒径小于 0.062mm 悬移质泥沙为主,约占总淤积量的 86.3%;在淤积时程分布上,以汛期淤积为主,2003—2018 年 6—9 月淤积量占总淤积量的 86.8%。三峡库区累计冲淤量沿程分布见图 6.3。

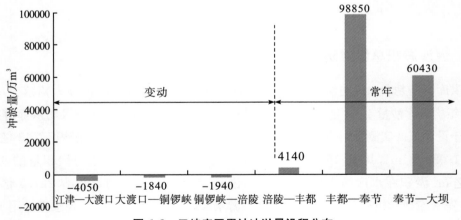

图 6.3　三峡库区累计冲淤量沿程分布

从防洪库容内泥沙沿程淤积分布来看,由于泥沙淤积分布不均衡,大量泥沙淤积在常年回水区末端,侵占防洪库容,防洪库容损失主要发生在常年回水区及变动回水区交界的位置,即云阳—涪陵河段,占防洪库容损失的 68%(图 6.4)。

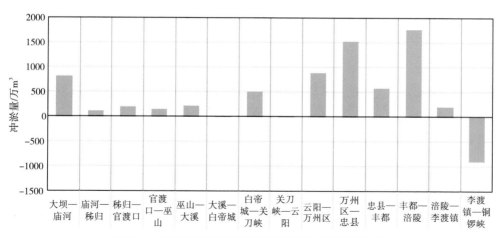

图 6.4　库区干流河段防洪库容内泥沙沿程淤积分布

6.2.3　水库冲淤变化对库尾洪水位的影响分析

　　三峡水库变动回水区泥沙淤积对洪水位影响的研究历时长达 50 年,关于库尾洪水位抬高问题,研究重点是水库运行后,随着库尾淤积,在遇到较大洪水的情况下,是否影响重庆市防洪安全。

　　根据三峡工程蓄水运用后原型观测资料分析,受来沙减少、减淤调度、人工采砂的作用,三峡水库库尾段未出现砾卵石的累积淤积,变动回水期整体呈现冲刷态势,重庆主城区河段总体表现为冲刷(含河道采砂影响)。三峡水库围堰蓄水期和初期蓄水期,重庆主城区河段尚未受三峡水库壅水影响,围堰发电期冲刷量 447.5 万 m³,初期蓄水期则淤积量 366.8 万 m³。三峡水库 175m 试验性蓄水后,重庆主城区河段的冲淤规律发生了变化,天然情况下是汛后 9 月开始走沙,试验性蓄水后主要以消落期走沙为主。2008—2018 年,重庆主城区河段实测冲刷量 2073 万 m³,未出现论证时担忧的重庆主城区河段泥沙严重淤积的局面。第 2 章数学模型预测表明,三峡水库运行 100 年,初步设计方案、规程方案、联合方案,重庆主城区几乎不存在淤积,淤积量最大仅为 0.008 亿 m³。今后随着上游金沙江等梯级水库的陆续建成及运用,三峡水库入库沙量长期维持较低水平,有利于减缓重庆主城区的泥沙淤积。

　　通过分析寸滩站水位流量关系曲线,当三峡库水位低于 155m 时,寸滩水位基本不受三峡库水位顶托的影响,寸滩站水位流量关系与历年关系相比没有太大变化;当三峡库水位高于 155m 时,三峡库水位对寸滩水位顶托逐渐显现。实测资料表明,寸滩站汛期同流量条件下水位还没有出现明显变化,水库泥沙淤积尚未对库尾重庆洪水位产生影响。

6.2.4　泥沙淤积对库区淹没防洪影响分析

　　三峡水库初步设计阶段,设计移民迁移线为 20 年一遇洪水回水水面线,设计土地淹没线为 5 年一遇洪水回水水面线。本书初步探讨了三峡水库运行 100 年后泥沙淤积对库区淹没的影响。

第 2 章采用数学模型计算分析了三峡水库不同方案运行 100 年后，遇 20 年一遇洪水与 5 年一遇洪水回水水面线变化。结果表明，水库运用 100 年，由于泥沙累积性淤积，与设计移民、土地迁移线对比（表 6.1）存在局部区域 20 年一遇回水超设计移民线、5 年一遇洪水回水水面线超土地迁移线的防洪问题。

表 6.1   水库运用 100 年后库区回水超设计移民、土地线情况统计   （单位：m）

方案	超移民线情况			超土地线情况		
	汛期 20 年一遇		汛末 20 年一遇	汛期 5 年一遇		汛末 5 年一遇
	来量最大	蓄水位最高		来量最大	蓄水位最高	
规程方案	0.44～2.44	不超	不超	0.18～1.63	0.24～1.01	0.01～0.60
联合方案	0.22～2.78	不超	不超	0.46～1.97	0.48～1.34	0.01～0.63

水库运行 100 年后，当发生汛期 20 年一遇来量最大洪水时，库尾发生移民线淹没。规程方案和联合方案 20 年一遇洪水超设计移民线的幅值分别为 0.44～2.44m、0.22～2.78m，淹没长度分别约 48.8km、58.1km，最大淹没地点位于距坝约 535km 的长寿附近。

水库运行 100 年后，当发生汛期 5 年一遇来量最大洪水时，库尾发生土地线淹没。规程方案、联合方案 5 年一遇洪水最大超土地线分别为 0.18～1.63m、0.46～1.97m，淹没长度约为 28km，最大淹没地点位于距坝 547km 的扇沱附近。

水库运行 100 年后，当发生汛末 5 年一遇洪水时，库区会发生土地线淹没，规程方案和联合方案淤积 100 年最大超设计土地淹没线分别为 0.60m、0.63m，淹没地点主要位于常年回水区。

未来针对局部地区淤积，可能影响水面线超过设计移民或土地迁移线的防洪问题，实时调度中，可采用上游水库群拦洪削峰和三峡水库降低库水位相结合的方式减轻三峡水库库区淹没。

6.3 水库防洪安全的驱动动力因子分析

三峡水库蓄水运用以来，从前面分析可知由于入库沙量大幅减少，水库淤积情况远好于初步设计预测值，水库防洪库容可长期保持，库尾洪水位也未出现抬高现象，防洪库容损失主要发生在常年回水区末端。从水库防洪安全角度考虑，增加排沙比减少水库淤积，是保证水库长期发挥防洪功能的关键。

本章重点分析了影响排沙比的主要因素，采用输沙量法，根据历年三峡水库不同的实际调度过程，分汛期（6 月 10 日至开始蓄水日）、蓄水期（开始蓄水日至蓄满日）、消落期（蓄满日至次年 6 月 10 日）统计分析不同时段水库排沙比与水库出入库流量、坝前水位的关系。

6.3.1 汛期坝前水位变化与排沙比分析

三峡水库建库以来受入库水量、沙量、水库调度方式等影响,各年排沙比差异较大,但是从对比可以看出,2003—2005 年汛期坝前水位为 134.9 ~ 135.7m,其排沙比平均为 35.94%;2007—2009 年汛期坝前水位为 145m 左右,其排沙比平均为 18.3%;2010—2017 年汛期坝前水位为 150m 左右,其排沙比平均为 16.3%(若不计 2012 年、2013 年水沙沙峰调度,排沙比平均为 13.9%),可见汛期坝前水位越低,排沙比越高。

第 2 章采用一维非恒定流水沙数学模型计算了两种调度方案运用后水库淤积、排沙比等。计算范围为朱沱—三峡坝区,进口采用考虑上游干支流建库拦沙影响的 1991—2000 年三峡水库入库水沙系列(该系列由"十二五"科技支撑计划项目"三峡水库和下游河道泥沙模拟与调控技术"研究提出)。两种调度方案主要区别在于:方案二汛期最高水位由方案一的 155m 增加至 158m,汛后蓄水控制水位相应增加。不同方案计算的排沙比见表 6.2。从表 6.2 中可以看出,汛期坝前水位增加了 3m,排沙比减少了 3~4 个百分点。

表 6.2 不同方案计算的排沙比

项目	方案	10 年	30 年	50 年	80 年	100 年
入库沙量 /亿 t	方案 1	10.66	28.63	48.21	81.20	105.64
	方案 2	10.66	28.63	48.21	81.20	105.64
出库沙量 /亿 t	方案 1	3.00	9.76	18.54	35.56	49.61
	方案 2	2.66	8.79	16.93	32.76	45.96
库区淤积体积 /亿 m³	方案 1	9.02	21.23	32.54	48.87	59.30
	方案 2	9.48	22.55	34.70	52.53	64.01
排沙比/%	方案 1	28.00	34.00	38.00	44.00	47.00
	方案 2	25.00	31.00	35.00	40.00	44.00

图 6.5 为三峡水库不同蓄水阶段坝前蓄水位与全年排沙比、汛期排沙比之间的关系。从图 6.5 中可以看出:①各个阶段,汛期排沙比均大于全年排沙比,汛期排沙比为全年排沙比的 1.12~1.18 倍;②坝前水位越高,排沙比越小,随着坝前水位的逐步增加,排沙比下降呈现减小趋势。实测资料表明,汛期坝前水位由 135m 抬升至 145m,排沙比明显下降,全年排沙比下降了 41%,汛期坝前水位由 145m 抬升至 150m,全年排沙比下降 5.8%。这也表明,当汛期库水位较高时,排沙比与坝前水位关系不太密切。

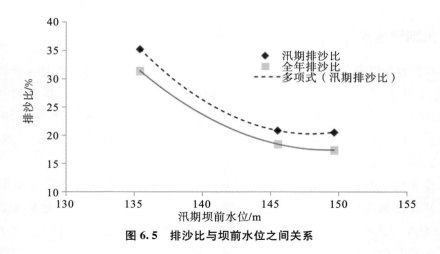

图 6.5 排沙比与坝前水位之间关系

6.3.2 汛期入库流量与排沙比

汛期坝前水位相近时,排沙比取决于入库流量的大小。图 6.6 为三峡水库蓄水运用后,各年汛期排沙比与汛期入库流量的对应变化,从二者变化特点来看,两条线峰谷值基本对应,入库流量大,相应排沙比大,反之亦然。对比三峡建库以来实测资料,如 2005 年与 2006 年,两者汛期坝前水位基本接近,分别为 135.48m、135.37m,但年均入库流量分别为 26170m³/s、14030 m³/s,致使年均排沙比相差甚远,分别为 41.3%、9.3%。2011 年汛期坝前水位(147.87m)均低于 2010 年(151.54m)与 2012 年(152.44m),但由于入库流量小,2011 年汛期入库流量为 18370 m³/s,仅为 2010 年、2012 年同期入库流量的 70.4%、64.7%,排沙比明显低于 2010 年与 2012 年,2011 年、2010 年、2012 年排沙比分别为 8.1%、16%、23.4%。分析其原因为:坝前水位相近时,入库流量越大,水流动力强,水流挟沙能力强,致使泥沙能更多地排往坝下。

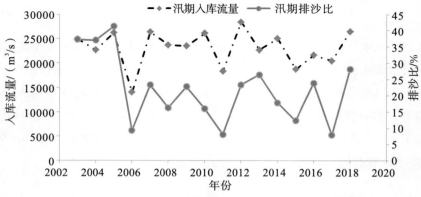

图 6.6 三峡水库运用后汛期排沙比与入库流量之间关系

6.3.3　水库排沙比与汛期场次洪水排沙比

根据三峡水库试验性蓄水以来 2008—2018 年资料统计,从泥沙数量来看,入库泥沙、出库泥沙、水库淤积量,都是汛期＞蓄水期＞消落期(图 6.7),且汛期占绝对优势。据统计 2008—2018 年汛期入库沙量、淤积量分别占全年的 93.5％、90.9％,且入库泥沙主要来源于几次大的场次洪水,如 2018 年仅 7 月一个月的入库沙量占全年入库沙量的 77％。从水库排沙比来看,全年排沙取决于汛期排沙比,试验性蓄水运用以来,全年、汛期、蓄水期、消落期排沙比分别为 0.17、0.20、0.06、0.10。因此,增大水库排沙比、减少库区淤积、改善淤积形态,重点应该放在汛期的场次洪水的调度中。

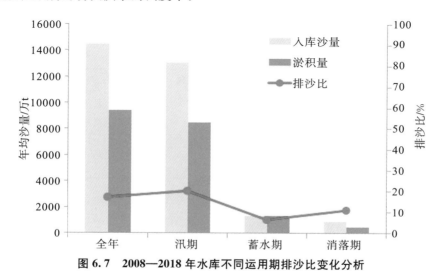

图 6.7　2008—2018 年水库不同运用期排沙比变化分析

总之,在目前来沙减小的情况下,通过总结分析三峡水库调度实践经验,水库排沙比主要取决于汛期场次洪水的排沙比。排沙比与流量关系更为密切,流量是增加排沙比的驱动因子。

6.4　三峡水库泥沙优化调度实践

近年来,根据来水来沙变化规律,以及水雨情预报精度和泥沙原型观测水平及时有效的提高,对三峡水库消落期库尾减淤调度及汛期沙峰排沙调度进行了研究与实践,解决了变动回水区走沙问题,取得了较好的汛期排沙效果,创造了三峡水库新的"蓄清排浑"运行模式。

6.4.1　消落期库尾减淤调度

三峡工程论证期,对水库变动回水区泥沙问题予以了重点关注,开展了大量的原型观测和模型试验研究。成果表明,天然情况下,变动回水区汛期淤积、汛后冲刷,淤积时段一般为 7—9 月;冲刷时段一般从 10 月开始,基本冲完时间,沙质浅滩一般为 11 月,卵石浅滩一般为次年 2 月。2008 年三峡水库 175m 试验性蓄水运用后,通过原型观测成果发现,变动回水区主要走沙期从当年的 9—10 月逐步过渡到次年消落期的 4—6 月,走沙能力主要受到寸滩流量、含沙量、坝前水位等因素的共同影响。因此,当消落期水库水位较高、库尾尚处于回水影响范围,在入库水量增大时,适时增加三峡水库下泄流量、加大库尾河段水流速度,可有效增大消落期库尾走沙能力,减少泥沙在变动回水区的淤积,让泥沙尽量淤积到死库容中。

2012 年、2013 年与 2015 年消落期,为提高重庆主城区河段乃至整个变动回水区的走沙能力,根据坝前水位及寸滩来水情况,在三峡水库均开展了库尾减淤调度试验。原型观测成果表明,在水位流量配合较好的情况下,可实现变动回水区的全线冲刷,尤其是变动回水区中下段泥沙冲刷效果显著,为保持航运畅通创造了条件。三峡水库近几年库尾减淤调度情况见表 6.3。

表 6.3　　　　　　　　　　三峡水库近几年库尾减淤调度情况

调度日期	持续时间 /d	坝前水位变化 /m	日均消落幅度/m	寸滩平均流量/(m³/s)	泥沙减淤量/万 m³	
					重庆主城区	铜锣峡—涪陵
2012 年 5 月 7—18 日	12	161.97~156.76	0.43	6850	101.1	140
2013 年 5 月 13—20 日	8	160.17~155.74	0.59	6210	33.3	408
2015 年 5 月 4—13 日	10	160.40~155.65	0.48	6320	70.1	129

6.4.2　汛期沙峰排沙调度

汛期来水大,挟沙能力强,是水库排沙的黄金时期。通过水情、泥沙实时观测与预测预报资料分析发现,汛期大流量期间,三峡入库洪峰从寸滩站到达坝前 6~12h,沙峰传播时间则为 3~7d。根据这一入库水沙特点,利用洪峰、沙峰传播时间的差异,三峡水库近几年研究与实践了"涨水面水库削峰,落水面则加大泄量排沙"的汛期沙峰排沙调度模式,即在涨水过程中水库进行拦洪调度,减小下泄流量,减轻下游防洪压力;在洪水消退过程中,当沙峰输移到坝前,水库再加大下泄流量,促使更多泥沙随下泄水流排放至下游,提高水库排沙比,减少水库泥沙淤积。

2012 年、2013 年、2018 年汛期,基于洪峰、沙峰预报,三峡水库开展了库区沿程水沙同步观测,择机实施了 3 次沙峰排沙调度。

6.4.2.1　2012 年两次沙峰排沙调度

2012 年第一次调度过程为:6 月底至 7 月初寸滩出现沙峰(峰值出现在 7 月 2 日,日均含沙量 1.98kg/m³),7 月 5 日枢纽日均下泄流量增加至 38800m³/s 左右,7 月 6 日沙峰抵达庙河断面(坝前日均水位 149.61m),黄陵庙断面平均含沙量明显增加。当沙峰过坝后,即使枢纽维持较高的下泄流量,黄陵庙断面平均含沙量仍维持较低的水平。2012 年第二次调度过程为:7 月 25 日寸滩出现沙峰(日均含沙量 2.33kg/m³),7 月 28 日沙峰抵达坝前(坝前日均水位 161.52m),7 月 23—31 日,枢纽日均下泄流量维持在 43000～45800m³/s,沙峰抵达坝前后,坝下游黄陵庙含沙量明显增大。2012 年 7 月三峡水库及下游沿程含沙量及出库流量变化见图 6.8。

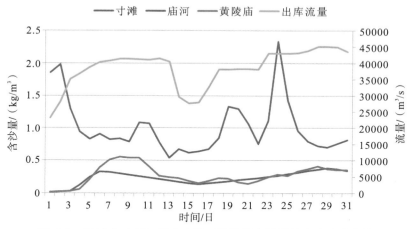

图 6.8　2012 年 7 月三峡水库及下游沿程含沙量及出库流量变化

6.4.2.2　2013 年沙峰排沙调度

2013 年 7 月上旬,受嘉陵江、岷沱江流域普降暴雨,泥石流频发影响,三峡水库上游朱沱站、寸滩站分别于 7 月 12 日、13 日出现 7.95kg/m³、6.29kg/m³ 的沙峰。根据泥沙预报,入库沙峰前锋预计 7 月 19 日到达坝前,沙峰最大含沙量为 0.6～0.8kg/m³。为及时实施沙峰排沙调度,7 月 19 日三峡出库流量增加至 35000m³/s。监测显示,7 月 19 日三峡水库出库含沙量为 0.34kg/m³,25 日出库含沙量为 0.80kg/m³,日均出库沙量达 250 万 t 以上。26 日为疏散两坝间积压船舶,三峡大坝泄洪深孔关闭,减小出库流量至 30000m³/s 以下,出库含沙量也随之减小至 0.384kg/m³。2013 年 7 月中下旬三峡水库进出库输沙量过程见图 6.9。

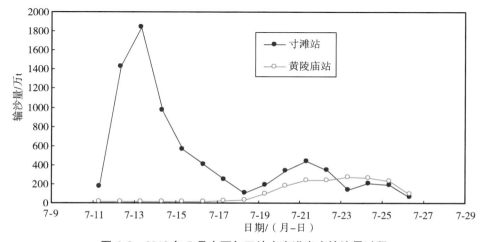

图 6.9　2013 年 7 月中下旬三峡水库进出库输沙量过程

6.4.2.3 2018 年沙峰排沙调度

2018 年 2 号洪峰（60000m³/s，7 月 14 日 10 时）出现前，对库区主要控制站的沙峰大小和峰现时间进行了较为准确的预报。寸滩站 7d 的泥沙预报过程几乎与实时报汛过程一致，同时沙峰到达巴东的预报时间与实测值仅相差 4h，峰值仅差 0.03kg/m³。

根据监测、预报分析，7 月 11—20 日三峡水库入库和坝前含沙量较大，根据调令实施了防洪调度，同时兼顾排沙、航运调度。7 月 11 日 20 时起，三峡水库下泄由 40000m³/s 增至 42000m³/s，并持续至 20 日 6 时。其中，7 月 19 日 8—18 时、20 日 8—24 时为疏散三峡江段因大流量下泄而滞留的中小船舶，三峡水库按 33000m³/s 左右控制下泄。2 号洪水期间，三峡水库最大出库 43300m³/s，削峰率 27.8%，拦蓄洪量 62.75 亿 m³。实测资料表明，7 月 18—20 日水库排沙效果明显增强，出库含沙量在 0.50～1.20kg/m³，最大出库输沙率达到 48.5t/s，日均出库沙量在 370 万 t 左右，整个沙峰过程排沙比达 29%。整个 7 月排沙效果也较明显，排沙比达到 31%（图 6.10）。

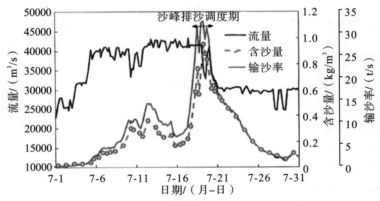

图 6.10 2018 年 7 月黄陵庙站流量、含沙量过程线

以上实践成果表明，在坝前平均水位高于 2008—2011 年同期的情况下，明确实施了沙峰排沙调度的 2012 年、2013 年、2018 年，7 月水库排沙比分别为 28%、27%、31%，达到 175m 试验性蓄水后同期最高排沙比（表 6.4），水库排沙效果明显。这充分说明沙峰排沙调度是一项减少库区淤积的有效调度措施。

表 6.4　　　　　　　　　　　　2009—2018 年三峡水库 7 月水库排沙对比

时间	入库沙量 /万 t	出库沙量 /万 t	水库淤积 /万 t	入库平均流量 /（m³/s）	坝前平均水位 /m	水库排沙比/%
2009-7	5540	720	4820	21600	145.86	13
2010-7	11370	1930	9440	32100	151.03	17
2011-7	3500	260	3240	18300	146.25	7
2012-7	10833	3024	7809	40110	155.26	28

时间	入库沙量 /万 t	出库沙量 /万 t	水库淤积 /万 t	入库平均流量 /(m³/s)	坝前平均水位 /m	水库排沙 比/%
2013-7	10313	2812	7501	30630	150.08	27
2014-7	1529	289	1240	23640	147.62	19
2015-7	624	182	442	16580	145.90	29
2016-7	1680	418	1262	24000	153.32	25
2017-7	310	81	229	19000	151.45	26
2018-7	10860	3340	7520	38000	150.49	31

6.5　基于库区防洪安全的泥沙调控指标

对于三峡水库,库区泥沙淤积对防洪的影响主要体现在防洪库容的损失以及库区的淹没损失。虽然从泥沙冲淤计算结果来看,由于来沙大幅减小,现阶段调度方式下,泥沙淤积对防洪库容损失率远小于初步设计阶段论证值,但从水库安全角度出发,减少水库淤积、改善淤积形态始终是库区防洪安全的调控方向与调控目标。

研究表明,在目前水沙特性及来沙大幅减少的情况下,水库排沙比主要取决于汛期场次洪水排沙比。因此泥沙调控中,提高汛期场次洪水的排沙比可明显提高水库的排沙比。三峡水库调度实践表明,汛期开展沙峰调度、消落期开展减淤调度可有效增加排沙比,减少水库淤积,改善淤积形态;实时调度中,通过上游水库削峰拦蓄可以防止库区的淹没损失。

6.5.1　汛期沙峰调度启用条件

三峡水库实际调度表明,汛期开展沙峰调度可减少泥沙淤积。汛期来水大,挟沙能力强,入库泥沙 90% 来自汛期,因此汛期是水库排沙的黄金时期。通过水情、泥沙实时观测与预测预报资料分析发现,汛期大流量期间,三峡入库洪峰从寸滩到达坝前 6~12h,沙峰传播时间则在 3~7d。根据这一水沙入库特点,利用洪峰、沙峰传播时间的差异,在涨水过程中水库进行拦洪调度,减小下泄流量,减轻下游防洪压力;在洪水消退过程中,当沙峰输移到坝前,水库再加大下泄流量,促使更多泥沙随下泄水流排放至下游,提高水库排沙比,减少水库泥沙淤积。

根据历史出、入库沙峰资料统计分析:①入库沙峰含沙量大于等于 2.0kg/m³ 是出库沙峰含沙量大于 0.3kg/m³ 的必要不充分条件;②入库沙峰含沙量小于 2.0kg/m³ 是出库沙峰含沙量小于 0.3kg/m³ 的充分不必要条件。因此,可将出库沙峰含沙量不小于 0.3kg/m³ 作为沙峰排沙调度目标,入库沙峰含沙量大于 2.0kg/m³ 作为启动条件。

进一步分析沙峰样本的出库沙峰含沙量与沙峰入库时寸滩流量的关系,当发现寸滩流量小于 25000m³/s 时,出库沙峰含沙量一般均小于 0.3kg/m³。因此将寸滩流量不小于

$25000\mathrm{m^3/s}$ 作为沙峰排沙调度的另一启动条件。

调度实践方面,前述 2012 年、2013 年、2018 年,三峡水库择机实施了 4 次沙峰排沙调度试验,排沙比达到 30%,较其他年份有明显增加,排沙效果良好。

因此,综合研究与实践,汛期结合水沙预报,当寸滩流量大于 $25000\mathrm{m^3/s}$、含沙量峰值大于 $2.0\mathrm{kg/m^3}$ 时,可启动沙峰排沙调度,加大排沙量,减少水库淤积。

6.5.2 消落期库尾减淤调度启用条件

三峡水库实际调度表明,消落期开展减淤调度可减少泥沙淤积。天然情况下,一般当长江干流寸滩流量小于 $5000\mathrm{m^3/s}$ 时,重庆主城区河段冲沙逐步停止。历史资料统计表明,寸滩 4 月下旬平均流量 $5200\mathrm{m^3/s}$,对应天然水位约 161.3m;5 月上旬平均流量约 $6800\mathrm{m^3/s}$,对应天然水位约 162.5m。因此,2008 年 175m 试验性蓄水之后,根据寸滩来水情况适时将坝前水位消落至 162m 以下,将有利于减小库水位对寸滩水位的顶托影响,利于库尾走沙,尤其 4 月下旬至 5 月下旬逐渐成为重庆主城区河段的一个重要走沙期。而由于 4 月下旬来水来沙均比较小,冲沙动力不足,库尾减淤效果有限,并且过早消落对库区航运也不利;6 月中旬以后进入汛期,入库流量和含沙量逐步增大,该河段逐步转为淤积,且库水位已消落至汛限水位。因此,综合考虑水库消落进程、寸滩来水规律,库尾减淤调度启动时间宜为 5 月上中旬。

进一步研究表明,三峡水库投入运行后,坝前水位与对应的回水末端大致为:145m—涪陵、157m—铜锣峡、160m—朝天门、162m—九龙坡、165m—大渡口,尤其当库水位达到 165m 时,整个重庆主城区河段均受到水库回水影响,此时库水位对其走沙产生较大影响。根据 1991—2000 年 10 个典型年冲淤计算研究:一般当库水位消落至 165m 附近,寸滩流量大于 $3000\mathrm{m^3/s}$,库水位日降幅达到 $0.4\sim0.6\mathrm{m}$ 时,重庆主城区河段可由缓慢淤积转变为缓慢冲刷;当库水位消落至 162m 附近,寸滩流量大于 $5000\mathrm{m^3/s}$ 时,冲刷开始明显加快,寸滩流量为 $7000\mathrm{m^3/s}$ 时减淤效果相对较好。

调度实践方面,前述 2012 年、2013 年、2015 年三峡水库择机开展了多次库尾减淤调度试验,时间为 5 月上中旬,调度起始库水位为 $160\sim162\mathrm{m}$,寸滩平均流量为 $6000\sim7000\mathrm{m^3/s}$。监测发现调度期间变动回水区整体呈冲刷状态,库尾走沙效果良好。

因此,根据综合研究与实践,在 5 月上中旬,当寸滩站流量在 $6000\mathrm{m^3/s}$ 以上,三峡水库水位在 $160\sim162\mathrm{m}$ 时,结合水库消落过程,可按库水位日均 $0.4\sim0.6\mathrm{m}$ 降幅控制,持续 10d 左右,进行利于库尾冲沙的库尾减淤调度。

6.5.3 应对库区淹没的调控措施

三峡工程初步设计阶段水库淹没迁移范围,对于人口、房屋、城乡均为 20 年一遇洪水,对于土地为 5 年一遇洪水。移民迁移线为坝前 177m(坝前正常蓄水位 175m,加 2m 风浪浸没影响)接 20 年一遇洪水回水水面线(不考虑泥沙淤积影响),土地淹没线为坝前 175m 接 5

年一遇洪水回水水面线。

由于目前三峡水库入库泥沙较初步设计大幅减少,因此本次研究在三峡水库淤积 100年地形基础上分别计算了库区汛期、汛末 20 年一遇和 5 年一遇频率洪水水面线,水位抬高呈现两头小、中间大的特点,汛期较汛末抬高多,且存在库尾段局部区域水面线超设计移民线与设计土地线的现象。

针对未来局部地区淤积可能带来的水面线超设计移民线与土地迁移线的防洪问题,可通过加大消落期库尾减淤调度、汛期沙峰排沙调度,以及局部清淤手段予以缓解。实时调度中,可采用上游水库群拦洪削峰的方式避免三峡水库库区淹没。

第 2 章采用数学模型通过对三峡库区水面线刚好不超移民线、土地线的寸滩临界洪峰流量及需上游水库帮忙削峰值进行计算,针对规程方案和联合方案,当有可能发生回水淹没时,实时调度中,需要上游水库群临时短暂削峰 7600～8600m³/s,即可保障不超移民线;临时短暂削峰 4900～5800m³/s,即可保障不超土地线。

需要说明的是,一方面,对于三峡水库防洪问题,一般以下游防洪为主,必要时需要通过淹没损失评价再作出决策;另一方面,对于上游库区即使出现淹没问题,一般为局部、短暂淹没。库区回水淹没涉及因素比较复杂,本书主要从库区防洪安全方面、泥沙调控的角度进行了一些探讨。实时调度中,需要结合水文预报,可采取三峡水库提前降低库水位、上游水库联合调度等方式避免库区回水淹没。

6.5.4　不同调控方式对中下游冲淤影响分析

采用宜昌—大通河段一维水沙数学模型计算分析三峡水库不同调控方案对坝下游河道冲淤的影响。考虑到三峡水库目前调度的实际情况,选取规程方案与联合方案进行对比分析。其中规程方案以 2015 年水利部批准的正常期调度规程为准,联合方案是考虑到上游水库群联合调度影响及近年来三峡水库实际调度探索,在规程方案的基础上进一步进行了小幅优化,主要是将规程方案汛期的特征控制水位 155m 改为 158m,将规程方案蓄水期 9 月10 日控制水位由不超过 150m 改为不超过 160m(两种方案具体运用方式见本书 2.4.2)。

6.5.4.1　不同调控方式对出库水量沙量影响预测

第 2 章采用一维非恒定流库区水沙数学模型计算分析了规程方案、联合方案等不同调度方案对库区淤积及排沙比的影响等。进口水沙条件采用考虑上游干支流建库拦沙影响的1991—2000 年三峡水库入库水沙系列(该系列由"十二五"科技支撑计划项目"三峡水库和下游河道泥沙模拟与调控技术"研究提出)。计算表明,三峡水库按上述不同调控方式运用后,其下泄沙量有所变化,但变化并不显著。汛期坝前水位越高,水库下泄沙量就越小。方案 1(规程方案)中,在水库联合运用 30 年内,下泄泥沙总量为 26.58 亿 t,其中前 10 年年均下泄沙量为 1.00 亿 t;方案 2(联合方案)在水库联合运行 30 年内下泄泥沙总量为 25.93 亿 t,其中前 10 年年均下泄沙量为 0.97 亿 t。

图 6.11 和图 6.12 为两种调度方案条件下出库流量过程和沙量过程的对比。从图可以看出,方案二相比于方案一流量过程变化不大,仅汛期局部时段流量有所减小,20000~40000m³/s 内流量减小最为明显;方案二相比于方案一汛期含沙量普遍减小,减小幅度在10%~15%。

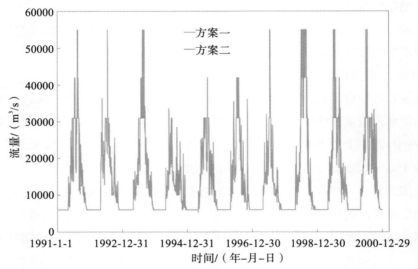

图 6.11　宜昌出库流量过程对比

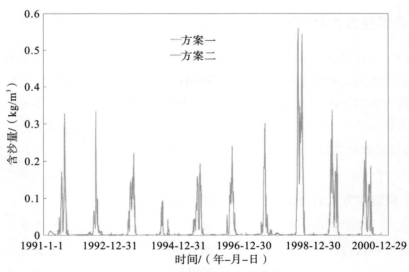

图 6.12　宜昌站出库含沙量对比

6.5.4.2　不同调控方式的坝下游冲淤预测

数学模型计算范围为宜昌—大通,计算分析了水库运用 30 年后对下游河道冲淤的影响。数学模型原理及率定验证见 7.5.1。计算表明,水库运用 30 年末,坝下游河段均表现为长距离的冲刷,且冲刷主要集中于枯水河槽。不同调控方式对坝下游河道冲淤总量有一定影响,但影响程度有限。

图 6.13 和图 6.14 为方案一和方案二冲刷发展的过程。从图中可以看出,两种方案冲刷发展的过程无明显差异,冲刷速率随着冲刷历时的延长逐渐减缓,至 30 年末,宜昌—太平口以上各河段冲刷速率减缓,而太平口以下河段则仍然处于剧烈冲刷过程中。表 6.5 为 30 年末各河段的冲刷量统计数据。从表 6.5 中可以看出,宜昌—大通河段两种方案的冲刷总量无明显差别,对于各级河槽,方案二的冲刷量较方案一略大,增幅基本在 4% 以内。这主要是由于方案二汛期运用水位高,下泄含沙量比方案一小所致。不同分河段两种方案之间的冲刷量亦无明显的差异。

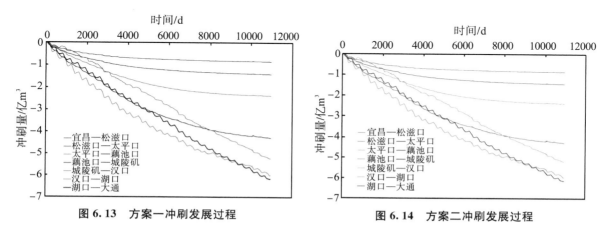

图 6.13 方案一冲刷发展过程   图 6.14 方案二冲刷发展过程

表 6.5   系列年冲刷量预测结果   (单位:亿 m³)

河槽类型	方案	宜昌—松滋口	松滋口—太平口	太平口—藕池口	藕池口—城陵矶	城陵矶—汉口	汉口—九江	九江—大通	合计
枯水河槽	方案一	−0.831	−1.404	−2.303	−3.641	−4.579	−5.582	−5.652	−23.991
	方案二	−0.838	−1.414	−2.334	−3.650	−4.611	−5.618	−5.682	−24.146
基本河槽	方案一	−0.841	−1.434	−2.311	−3.723	−4.640	−5.680	−5.688	−24.318
	方案二	−0.839	−1.429	−2.317	−3.733	−4.665	−5.721	−5.713	−24.417
平滩河槽	方案一	−0.854	−1.443	−2.337	−3.800	−4.684	−5.716	−5.744	−24.577
	方案二	−0.852	−1.438	−2.343	−3.808	−4.709	−5.756	−5.769	−24.674
洪水河槽	方案一	−0.860	−1.434	−2.382	−4.290	−5.221	−5.976	−6.138	−26.301
	方案二	−0.859	−1.429	−2.390	−4.300	−5.261	−6.014	−6.169	−26.421

6.6 小结

1)本章从库区防洪安全角度出发,提出增加排沙比、改善淤积形态是库区泥沙调控的主要目标。水库淤积对防洪影响研究表明,现状情况防洪库容损失率为 0.6%,水库运用 100 年防洪库容最大损失率为 4.1%,防洪库容可以长期维持。

2)凝练总结了三峡水库调度实践经验,在目前水沙特性及来沙大幅减少的情况下,水库排沙比主要取决于汛期场次洪水排沙比,排沙比与流量关系更为密切。泥沙调控中,提高汛期场次洪水的排沙比可明显提高水库的排沙比。

3)总结分析了水库蓄水运用以来的实践调度经验,在 5 月上中旬,当寸滩流量在 6000m³/s 以上,三峡库水位在 160～162m 时,结合水库消落过程,可按库水位日均 0.4～0.6m 降幅控制,持续 10d 左右,进行利于库尾冲沙的库尾减淤调度。汛期结合水沙预报,当寸滩流量大于 25000m³/s、含沙量峰值大于 2.0kg/m³ 时,可启动沙峰排沙调度,加大排沙,减少水库淤积。

4)库区回水淹没涉及因素比较复杂,本章从泥沙调控的角度,针对库区局部淤积可能导致水面线超过设计移民或土地迁移线的防洪问题,进行了一些初步探讨。实时调度中,可采取上游水库群临时短暂削峰避免库区回水淹没。

第 7 章　基于长江中下游防洪安全的泥沙调控研究

7.1　长江中下游防洪安全的需求分析

　　长江中下游平原地区是长江流域洪灾最为频繁、最为严重的地区,是长江防洪的重点区域。经过几十年的防洪建设,长江中下游已基本形成了以堤防为基础、三峡水库为骨干,其他干支流水库、蓄滞洪区、河道整治工程及防洪非工程措施相配套的综合防洪体系,防洪能力显著提高。以三峡水库为核心的水库群建成后,三峡水库防洪库容 221.5 亿 m^3,加上上游防洪水库,总防洪库容约 500 亿 m^3,对保障中下游防洪安全发挥了巨大的作用。但水库运用后致使中下游河道来沙剧减,宜昌站出库沙量减幅超 90%,在相当长的时间内,坝下游河道发生冲刷,荆江河段河床下切尤为突出。河床冲刷下切导致局部河势调整、河道蓄泄能力变化、江湖关系变化、超额洪量分布调整、岸坡失稳,都将对中下游防洪安全产生了一定的影响。

　　从河道演变、河床冲淤对长江中下游防洪安全影响考虑来看,保证防洪安全,一方面在防洪设计流量下,河道能具有足够的泄流能力,洪水位不超过防洪设计水位;另一方面减少河道崩岸的发生,保证两岸岸坡及防洪工程的安全稳定。因此为保障长江中下游防洪安全,泥沙调控主要考虑以下几个方面的需求。

7.1.1　基于不降低长江中下游泄流能力的需求分析

　　丹江口、三门峡等水库蓄水后,实测资料表明,坝下游河道同流量下洪水位均发生了不同程度的抬高,河道泄流能力减弱。丹江口水库皇家港、襄阳站洪水位相关研究表明,洪水位抬高的主要原因是,水库运行以后,拦蓄洪水,造成坝下游河道造床流量减小,河道萎缩,加上河滩因长期不上水而长草、长树导致洪水河床阻力增加。因此,需对三峡工程建库以来长江中下游同流量下洪水位变化趋势进一步分析。

7.1.2　基于减缓崩岸的泥沙调控需求分析

　　在上游来沙减少和三峡等工程的作用下,长江中下游河道总体呈现冲刷的态势,且表现出迎流顶冲段冲刷强度大于河道平均冲深的特点,崩岸强度及频度明显加强,崩岸已成为中下游防洪安全的突出短板。从已有研究成果来看,一方面长江中下游河道两岸主要组成是上部黏性土、下部砂性土的二元结构,崩岸主要是下部砂性土(该土层顶部高程一般略高于或低于枯水位)的近岸河床冲刷、岸坡变陡导致的;另一方面,三峡水库蓄水期,中下游水位快速下降也是导致崩岸发生的一个重要因素。基于长江中下游崩岸缓解的泥沙调控需求,研究从两个方面开展:①实测资料表明,三峡水库运用后崩岸发生频度与强度明显较蓄水前加强与中下游干流河道来沙减少、河道冲刷密切相关。本次研究分析不同流量级下长江中下游河道冲刷强度,对于中下游河道冲刷强度大的流量。通过水库调度尽量减少持续时间,如此就可一定程度减少河道的冲刷,尽量减少崩岸发生频率。②根据实测资料及水槽试验成果,分析尽可能减少崩岸发生的水位变化约束性条件。本书第5章对减少崩岸发生的约束行水性变化条件进行了初步探讨,本章重点分析流量过程变化对下游河道冲刷的影响。

7.1.3 基于减少荆江河段冲刷的泥沙调控需求分析

荆江河道冲刷与江湖关系的变化密切相关。实测资料表明,三峡水库蓄水运用后的2003—2017年,荆江河段平滩河槽冲刷16.77亿 m^3,平均冲深2.94m,荆江三口年均分流量由1992—2002年的620亿 m^3 减少至480亿 m^3,意味着荆江干流径流量增加了140亿 m^3,增加的下泄清水在一定程度上增强了干流河床冲刷。与此同时,受上游来沙减少和三峡水库拦沙作用,荆江干流输沙量锐减,如沙市站年均输沙量由三峡水库蓄水前的4.34亿 t 减小至0.54亿 t,减幅高达88%。荆江干流径流量的增大、输沙量的减少,导致荆江干流河床一直处于冲刷状态。可以预计,在今后相当长一段时期,三峡水库出库泥沙将维持在较低水平。与此同时,下荆江部分急弯段存在撇弯切滩的可能,会造成河道流程缩短,水面比降加大,干流河床冲刷强度继续增强,冲刷强度将大于三口洪道的冲刷。从近几年的实测资料来看,三口分流减少的趋势将难以扭转。若荆江河段持续冲刷下切,江湖关系的改变将加快洞庭湖萎缩,使其防洪作用减小。此外,长江中下游荆江河段大幅冲刷导致超额洪量调整,对长江中下游防洪布局的影响也是需要重点关注的。因此,荆江河段的河床持续冲刷现在及将来依然是影响防洪安全的主要矛盾之一。减少荆江河段的冲刷也是基于中下游防洪安全的泥沙调控需要考虑的重要因素。

7.2 泥沙调控对长江中下游防洪影响分析

7.2.1 长江中下游河道冲刷对泄流能力影响分析

三峡水库蓄水运用以来,长江中下游干流河道发生了全线冲刷,根据第3章的研究,受不同水情条件影响,长江干流控制站的中高水各年水位流量关系综合线年际随洪水特性不同而经常摆动,变幅较大,但均在以往变化范围之内。通过分析中下游主要控制站沙市、螺山、汉口、湖口水位流量关系,与20世纪90年代综合线比较,三峡水库运用以来中下游各站呈现枯水位明显下降、中高水位无趋势性变化的特点。沙市站水位45.00m(相应城陵矶

34.40m)时的泄量仍为 53000m³/s,城陵矶水位 34.40m 时的螺山站泄量仍为 64000m³/s,汉口站水位 29.50m 时的泄量仍为 71600m³/s,湖口站水位 22.50m 时的泄量仍为 83500m³/s。长江中下游泄流能力基本维持不变。

7.2.2　长江中下游河道冲刷对槽蓄能力影响分析

长期清水下泄造成河床冲深是河床演变的必然规律,伴随着河道的冲刷,河道的槽蓄能力也将发生相应的变化。2003—2016 年宜昌—大通实测冲刷 24.96 亿 m³,荆江河段冲刷 9.38 亿 m³。数学模型预测 2017—2032 年,宜昌—大通河段悬移质继续冲刷 20.91 亿 m³,与此相应,河道槽蓄量有所增加,且槽蓄量增加较多的河段为荆江河段。2032 年与现状相比(2016 年)高水期间宜昌—沙市河段槽蓄增量 1.13 亿 m³,沙市—城陵矶段槽蓄增量约为 12.53 亿 m³,城陵矶—汉口河段槽蓄增量约为 4.17 亿 m³,汉口以下河段槽蓄增量基本不变。三峡水库蓄水前后长江中下游高水槽蓄量变化见图 7.1。

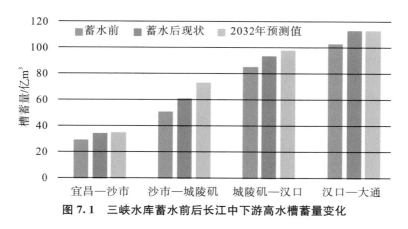

图 7.1　三峡水库蓄水前后长江中下游高水槽蓄量变化

7.2.3　长江中下游河道冲刷对超额洪量的影响分析

对于长江中下游的防洪安全,河道安全泄量与长江洪水峰高量大的矛盾十分突出,三峡水库尽管有 221.5 亿 m³ 的防洪库容,但长江中下游仍有 80km² 的集水面积,遇 1954 年大洪水,中下游干流仍将维持较高水位,按照三峡工程初步设计拟定的对荆江和城陵矶地区进行补偿的调度方式,仍有 398 亿 m³ 和 336 亿 m³ 的超额洪量。由于长江中下游各河段在各个时期冲淤程度不同,引起超额洪量及分布的变化,进而影响长江中下游的防洪布局,因此由河道冲刷引起超额洪量的变化亦是中下游防洪安全需要考虑的问题。

第 3 章通过大湖演算模型计算分析了 1954 年实际洪水超额洪量的变化,受槽蓄量增加的作用,长江中下游超额洪量总量呈减少趋势。对于 1954 年洪水长江中下游超额洪量由现状 325 亿 m³ 减至 2032 年的 313 亿 m³,且由于中下游河道冲淤的不均匀性,特别是荆江河段的大幅冲刷,超额洪量存在自上向下转移的趋势。遇 1954 年实际洪水,城陵矶附近超额洪量减少 28 亿 m³,武汉附近超额洪量增加 14 亿 m³,湖口附近基本不变。

由此可见,长江中下游河道冲刷对超额洪量的影响主要是冲刷不均衡,且主要是荆江河段的剧烈冲刷引起的超额洪量的向下转移。现状及 2032 年长江中下游超额洪量变化情况见图 7.2。

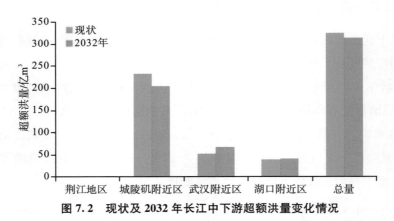

图 7.2 现状及 2032 年长江中下游超额洪量变化情况

7.2.4 长江中下游河道冲刷对江湖关系的影响

荆江三口洪道是分流长江洪水的通道,高水分流量对长江防洪至关重要。特别是 20 世纪 90 年代以来长江中游洪水频发,湖泊调蓄洪水的能力及长江与洞庭湖之间的相互作用始终是长江中下游防洪安全中的研究焦点。20 世纪 50 年代以来,受下荆江裁弯、葛洲坝水利枢纽建设影响,荆江三口分流分沙能力一直处于衰减之中。三峡水库蓄水运用后,干流来水来沙条件变化、河床冲刷下切,将继续引起江湖分汇水沙的调整,明确这种调整在不同时间和空间尺度上导致的各种效应,揭示其原因并预测发展趋势,对于指导泥沙调控具有重要的作用。

1)从年际变化看,蓄水前三口分流快速衰减,三峡水库蓄水后减幅明显减小。实测资料表明,1999—2002 年三口分流量与分流比分别为 625.3 亿 m³ 和 14%,三峡水库蓄水初期为 12.3%,三峡水库试验性蓄水后,三口分流比约为 11.1%(表 7.1)。三口分流分沙量变化过程和分流分沙比变化过程见图 7.3。

表 7.1　　　　　　　　　　　　统计时段荆江三口分流、分沙统计

项目时段		枝城	松滋口		太平口		藕池口	三口合计	三口分流比/%
			新江口	沙道观	弥陀寺	康家岗	管家铺		
径流量/亿 m³	1956—1966 年	4515	322.6	162.50	209.70	48.800	588.00	1332.00	29.0
	1967—1972 年	4302	321.5	123.90	185.80	21.400	368.80	1021.00	24.0
	1973—1980 年	4441	322.7	104.80	159.90	11.300	235.60	834.30	19.0
	1981—1998 年	4438	294.9	81.70	133.40	10.300	178.30	698.60	16.0

项目时段		枝城	松滋口		太平口		藕池口	三口合计	三口分流比/%
			新江口	沙道观	弥陀寺	康家岗	管家铺		
径流量/亿 m³	1999—2002 年	4454	277.7	67.20	125.60	8.700	146.10	625.30	14.0
	2003—2008 年	4064	238.9	55.12	94.17	4.866	105.50	498.60	12.3
	2009—2018 年	4262	241.9	51.59	75.20	2.878	99.66	473.10	11.1
	2003—2018 年	4188	240.8	52.91	82.31	3.620	101.85	482.66	11.5
输沙量/万 t	1956—1966 年	55300	3450.0	1900.00	2400.00	1070.000	10800.00	19590.00	35.0
	1967—1972 年	50400	3330.0	1510.00	2130.00	460.000	6760.00	14190.00	28.0
	1973—1980 年	51300	3420.0	1290.00	1940.00	220.000	4220.00	11090.00	22.0
	1981—1998 年	49100	3370.0	1050.00	1640.00	180.000	3060.00	9300.00	19.0
	1999—2002 年	34600	2280.0	570.00	1020.00	110.000	1690.00	5670.00	16.0
	2003—2008 年	7460	541.0	164.00	191.00	21.6.000	435.00	1350.00	18.0
	2009—2018 年	2451	251.5	72.70	76.40	4.930	169.80	575.80	23.0

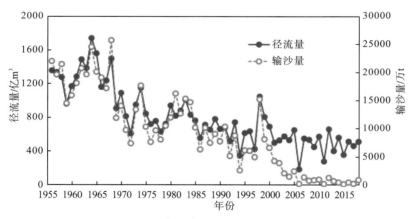

（a）分流分沙量变化过程

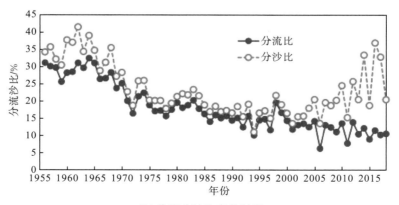

（b）分流分沙比变化过程

图 7.3　分流分沙过程

2)从年内变化看,三峡水库蓄水后,各站年径流量变化不大,但年内径流分配发生了较大的变化。2003—2017 年与 1999—2002 年相比,枝城站年均径流量减少 6％,但三口分流量却减少了 23％。主要有以下两个方面的原因。

①汛期削峰调度,大流量的削减导致三口分流比减小。三口分流比与长江干流来水呈现正相关关系,长江干流洪水越大,三口分流比越大。根据三口控制站与上游干流枝城站洪峰峰值相关关系(图 7.4)可以看出,1993 年以来枝城站日均洪峰流量—荆江三口分流比关系没有发生明显变化。三峡水库蓄水后,大流量被削减,特别是 2009 年中小洪水调度以来,洪峰流量被大幅削减,据统计 6—9 月枝城站径流量占比由 1999—2002 的 61.0％下降到 2003—2017 的 56.4％,汛期 6—10 月枝城站月均流量减幅为 11.9％～17.0％。基于上述三口分流的基本特性,洪峰流量的削减是导致三口分流减少的重要原因之一。

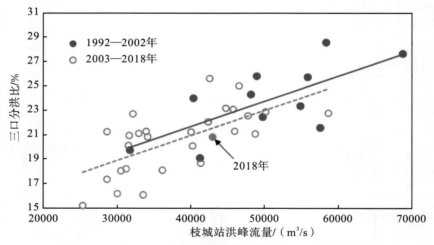

图 7.4 1992—2018 年枝城站洪峰流量对应三口分流比对比

②荆江河段的剧烈冲刷亦是造成三口分流减少的主要原因。三峡水库蓄水后,荆江河道发生了剧烈的冲刷,干流中枯水位大幅下降。试验性蓄水与初期蓄水比较,三口分流比减少 1.2％,其中太平口分流减幅最多为 0.7％,松滋口和藕池口两者加起来减少 0.6％。太平口所在的沙市河段是冲刷强度最大的河段,当沙市流量为 7000m³/s 时,沙市站水位约下降2.7m,干流河道的冲刷、水位的下降使得太平口分流减少明显。数学模型预测表明,三峡及上游控制性水库运用 20 年末,荆江河段仍处于冲刷下切状态,口门处水位持续下降,未来荆江三口分流量与分流比仍呈现衰退趋势。

综上所述,径流的调蓄及荆江河段的持续冲刷不可避免地造成了三口分流的综合减少,随着三口萎缩的持续发展,三口分流继续减小,从而进一步增加了干流的防洪压力。

7.3   长江中下游防洪安全的驱动动力因子分析

随着以三峡水库为核心的水库群的投入运行,长江中下游防洪能力有了较大的提高,特别是荆江河段防洪形势有了根本性的改善。但与此同时长江中下游河道冲刷不均匀引起了超额洪量的转移；径流的调蓄、荆江河道的大幅冲刷致使江湖关系恶化；泥沙的骤减与蓄水期水位的快速下降增加了岸坡失稳的风险。因此长江中下游防洪效应的泥沙调控，其目标为对长江中下游河道冲淤的调控，其方式为对三峡水库出库水沙过程的调控。开展长江中下游泥沙调控研究工作的前提，应首先认清三峡水库出库水沙过程的变化。

7.3.1　三峡水库运行前后宜昌站水沙特性变化

三峡水库蓄水运行后，中下游的水沙过程发生了巨大的变化。宜昌站位于三峡水库下游约 40km，其水沙条件可反映三峡水库出库水沙条件。

7.3.1.1　宜昌站流量过程变化

从宜昌站年均径流变化情况来看，三峡水库运行前后，宜昌站年径流总量并无显著变化。三峡水库蓄水前（1992—2003 年），年均径流总量约为 4266 亿 m^3，三峡水库蓄水后（2004—2017 年）年均径流总量约为 4045m^3。从年内变化过程来看，三峡水库蓄水以来，宜昌站 6—9 月月均流量持续减小，1992—2003 年月均流量为 24600m^3/s，2004—2017 年月均流量为 21700m^3/s。10 月至次年 4 月流量较蓄水前明显增加，1992—2003 年月均流量为 7877m^3/s，2004—2017 年月均流量为 8200m^3/s。从月均径流量占全年的比例来看，6—9 月占比明显降低，1992—2003 年为 61％，2004—2017 年为 57％。宜昌站年内流量过程变化见图 7.5。

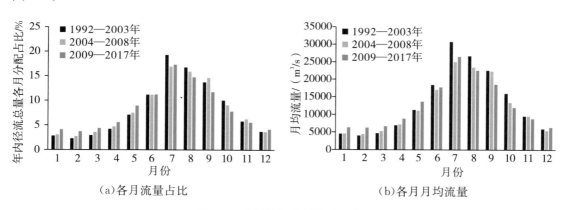

（a）各月流量占比　　　　　　　（b）各月月均流量

图 7.5　宜昌站年内流量过程变化

三峡水库蓄水后，宜昌站年内流量过程的重分配现象十分显著，突出表现为洪峰削减、枯水补偿、流量过程坦化。从持续时间来看，中水持续时间显著延长，平滩河槽以下的塑造动力增强，高滩过水概率下降，洪水河槽的冲刷历时则呈缩短态势。

三峡水库蓄水前后，流量级累计时间频率的变化，更为直观地反映了不同流量的持续时间差异。宜昌站流量输沙量累计频率曲线见图 7.6。在三峡水库蓄水前（1992—2003 年）与三峡水库试验性蓄水后（2009—2017 年）的累计频率曲线中，受水库枯水期补偿调度的影响,宜昌站小于 5000m³/s 的流量累计出现频率显著减小,三峡水库蓄水前,5000m³/s 以下的流量累计出现频率约 31%,自 2009 年开始,宜昌站 5000m³/s 以下的流量出现频率为 0;在补偿、拦蓄综合作用下 5000~10000m³/s 的出现频率明显增大,由蓄水前的 30% 左右增大至蓄水后的 55%。汛期水库拦洪作用使得大洪水流量出现频次大幅度降低,30000m³/s 以上流量出现频率由 8.5% 减小至 3%。

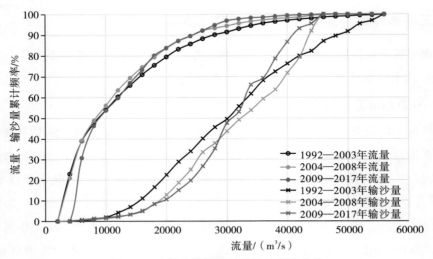

图 7.6　宜昌站流量输沙量累计频率曲线

从宜昌站的流量过程可以看出,全年流量频率更加集中在 30000m³/s 以下。参考荆江河道特性和已有研究成果,可以认为大于 30000m³/s 流量是荆江河段洪水河槽塑造流量;在 10000~30000m³/s 为含中低滩在内的中水河槽塑造流量;小于 10000m³/s 为主河槽的塑造流量。统计宜昌站大于 30000m³/s、10000~30000m³/s 和小于 10000m³/s 三级流量持续时间的变化情况,结果表明,三峡水库蓄水后,三级流量时间比例关系发生了显著的变化,小于 10000m³/s 的持续时间发生了明显减少,主要是枯水流量持续时间的减少;10000~30000m³/s 的持续时间显著增长,年均增幅 27d,大于 30000m³/s 的持续时间明显减少,2009—2017 年年均持续时间不足三峡水库蓄水前的一半。宜昌站各流量级年均持续时间见表 7.2,宜昌站各流量级年均持续时间占比统计见表 7.3。流量过程的变化引起水流长期归于平滩河槽及以下,对洪水河槽塑造动力显著减弱。

表 7.2　　　　　　　　　　　　宜昌站各流量级年均持续时间　　　　　　　　　　　（单位:d）

时间	小于 10000m³/s	10000~30000m³/s	大于 30000m³/s
1992—2003	195	140	31
2004—2008	192	151	22
2009—2017	183	167	15

表 7.3	宜昌站各流量级年均持续时间占比统计		（单位：%）
时间	小于 10000m³/s	10000～30000m³/s	大于 30000m³/s
1992—2003	53.28	38.25	8.47
2004—2008	52.60	41.37	6.03
2009—2017	50.14	45.75	4.11

7.3.1.2　宜昌站泥沙过程变化

与径流总量变化趋势不同的是，宜昌站年输沙总量在三峡水库蓄水运行后发生显著变化。1992—2017 年，宜昌站年均输沙总量为 1.80 亿 t，其中三峡水库蓄水前（1992—2003 年），年均输沙总量为 3.54 亿 t，蓄水初期 2004—2008 年年均输沙总量为 0.54 亿 t，试验性蓄水后 2009—2017 年年均输沙总量为 0.19 亿 t。宜昌站年水沙条件变化见图 7.7。

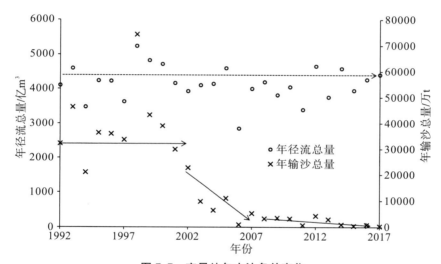

图 7.7　宜昌站年水沙条件变化

从年内输沙量变化来看，三峡水库蓄水后，宜昌站各月月均输沙量均有明显减小趋势，但从月均输沙占全年比例来看，汛期输沙量占全年比例有所增大，从蓄水前（1992—2003 年）的 88% 增大至蓄水后的 96%（2004—2008 年）、97%（2009—2017 年）。2009 年以来，7 月泥沙输运量占全年的 50% 以上，7、8 月累计输运量超过全年的 80%。宜昌站年内输沙量过程变化见图 7.8。

从宜昌站多年平均水沙累计变化曲线来看，宜昌站 10000m³/s 以下的流量持续时间约占 50% 以上，而相应 10000m³/s 以下流量的累计输沙量仅占总量的 2%。宜昌站累计沙量的中值流量级（累计输沙量占总量 50% 的流量级）为 30000～32500m³/s。从初期蓄水（2004—2008 年）至试验性蓄水（2009—2017 年）对比来看，流量小于 28000m³/s 所携带的泥沙量占总量的百分比在降低，流量大于 28000m³/s 携带的泥沙有明显增加。

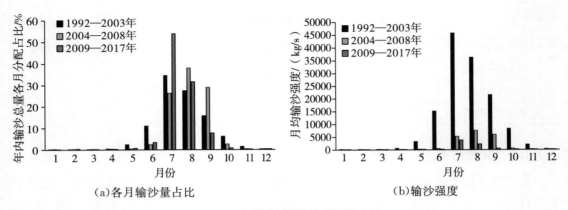

（a）各月输沙量占比 　　　　　　　　　　（b）输沙强度

图 7.8　宜昌站年内输沙量过程变化

7.3.1.3　宜昌站泥沙颗粒特性变化

（1）悬沙级配变化

从宜昌站泥沙中值粒径变化来看，自 1992 年以来，宜昌站泥沙平均粒径经历了稳定—减小—增大的变化过程。三峡水库蓄水拦沙后，粗颗粒泥沙被拦蓄在水库中，出库泥沙细化，因此宜昌站悬移质平均粒径在 2003 年后显著减小。而伴随着近坝段河床的冲刷粗化，2007 年以来，宜昌站悬移质平均粒径再度有所增大。宜昌站泥沙平均粒径变化见图 7.9。

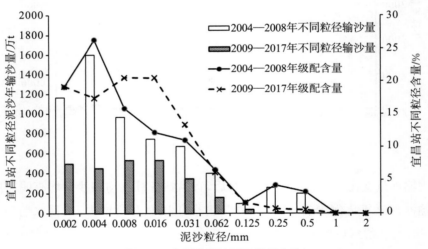

图 7.9　宜昌站泥沙平均粒径变化

三峡水库蓄水运行后，各组分泥沙仍在持续性变化中。从各级配泥沙总量来看，各粒径组悬移质输沙量均处于减小趋势中；从各级配变化来看，0.008～0.031mm 泥沙含量增大，其余粒径组以减小为主，宜昌站悬沙级配变化见图 7.10。从含量来看，2004—2008 年，大于 0.062mm 的床沙质含量约为 15.6%，而到了 2009 年以后，床沙质平均含量仅为 9.1%，床沙质年均输沙总量约为 237 万 t。大于 0.125mm 的泥沙含量仅为 3%，不足 80 万 t。三峡水库不同运用时期宜昌站不同粒径组泥沙百分比变化见图 7.11。

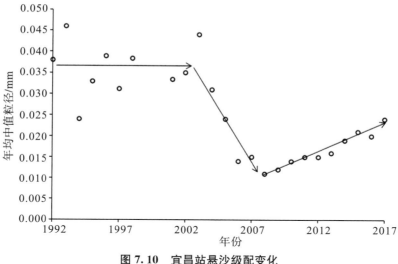

图 7.10　宜昌站悬沙级配变化

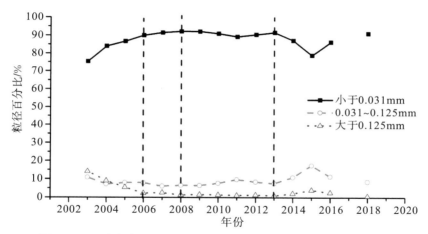

图 7.11　三峡水库不同运用时期宜昌站不同粒径组泥沙百分比变化

（2）床沙级配变化

三峡水库运行后，宜昌站床沙粗化明显。三峡水库蓄水前 99％的床沙粒径为 0.062～0.500mm；在 2003—2005 年，99％的床沙粒径为 0.125～1.000mm，其粒径约为蓄水前的 2倍；在 2006 年之后，床沙粗化趋势更加明显，2009 年后床沙随河段的冲淤变化而变化，但组成仍以砾石、卵石为主，小于 2mm 的沙粒含量较少；2015 年因上游来沙减少，宜昌河段发生微弱冲刷，砾石、卵石的比重增加，宜昌站河床粗化明显。2017 年汛后宜昌站床沙中值粒径为 43.1mm。宜昌站汛后床沙级配曲线见图 7.12。

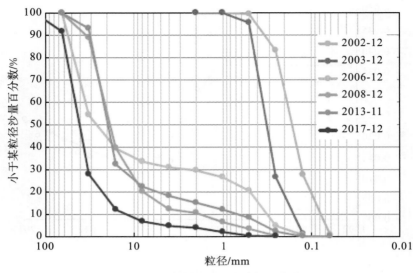

图 7.12 宜昌站汛后床沙级配曲线

通过对宜昌站水沙特性的分析,三峡水库蓄水后,年均径流量变化不大,输沙量减少超过 90%。水沙年内重分配现象十分明显,中水流量持续时间明显延长,泥沙来源更集中于主汛期,且出库泥沙以小于 0.0625mm 细颗粒泥沙为主。由此可见,长江中下游河道长期处于清水下泄的状态,河道冲刷趋势将长期持续。

7.3.2 长江中下游主要水文站水沙协调性分析

水沙搭配系数是研究水沙协调性的重要参数,在自然条件下,表现为水和沙混合组成的情况。水沙搭配的表征,常用 $k=S/Q$ 表示,即时段平均含沙量除以时段平均流量。水沙搭配系数越大,表示在同一流量下水流含沙量越大,水流越趋于饱和。也有学者将之定义为来沙系数。

本次研究分析了长江中下游宜昌、沙市、监利、螺山、汉口、大通等主要水文站在三峡工程蓄水前、蓄水初期及试验性蓄水后 3 个不同阶段的水沙搭配系数。采用的资料系列为 1992—2003 年、2004—2008 年以及 2009—2017 年。

分析结果表明,三峡水库蓄水前,宜昌站水沙搭配系数在 $Q<17000\text{m}^3/\text{s}$ 时,随流量增加而增加;当 $Q>17000\text{m}^3/\text{s}$ 时,水沙搭配系数基本不变,维持在 40 左右。三峡水库蓄水后,试验性蓄水期与蓄水初期水沙搭配系数与流量呈现明显的正相关关系,即随着流量的增加而线性增加。宜昌站水沙搭配系数随流量变化见图 7.13。这表明宜昌站在三峡水库蓄水运行以来,沙随水走,大水带大沙,水沙关系更为密切,泥沙调控实际就是流量过程的调控。结合宜昌站水沙特性分析,对于出库泥沙的调控可以通过调水来实现。

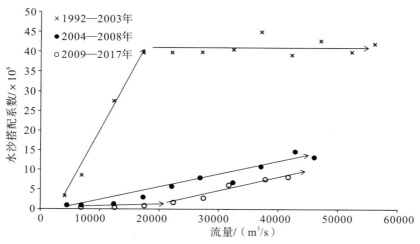

图 7.13　宜昌站水沙搭配系数随流量变化

三峡水库蓄水后,蓄水初期枝城站水沙搭配系数在中小水流量下变化不大,随着流量增大,水沙搭配系数也随之增大。2009 年以来,同流量下水沙搭配系数较蓄水初期有所减少,但变化趋势基本一致。枝城站水沙搭配系数随流量变化见图 7.14。

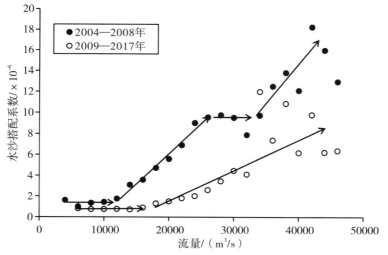

图 7.14　枝城站水沙搭配系数随流量变化

沙市站水沙搭配系数的变化规律与宜昌站类似,即水沙搭配系数与流量呈现明显的正相关关系,且随着流量的增加而线性增加。沙市站水沙搭配系数随流量变化见图 7.15。

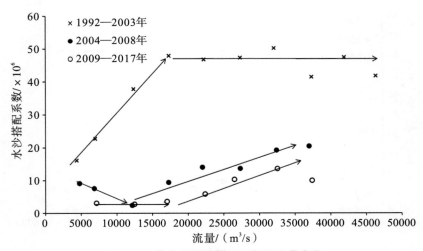

图 7.15 沙市站水沙搭配系数随流量变化

监利站及其下游各站水沙搭配呈现与宜昌、沙市站不同的变化规律（图 7.16 至图 7.19）。在三峡水库蓄水前，监利站在泥沙补给较为充足的情况下，水沙搭配系数随流量增大而减小。这表明，即使泥沙充足，单位流量携带泥沙的能力也并非是一直快速增大的，突变点反映了水流挟带泥沙最有利点，也就是水流冲沙效率最高的点。而三峡水库蓄水以来，由于泥沙补给量的减小，水流挟带泥沙能力长期处于不饱和状态，因此统计结果显示并无最有利点。

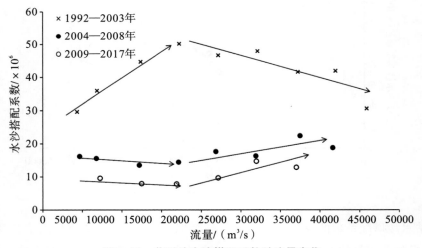

图 7.16 监利站水沙搭配系数随流量变化

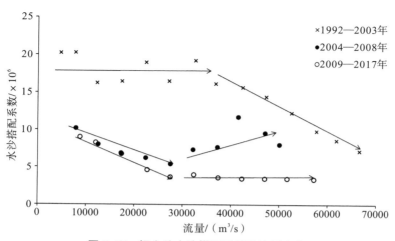

图 7.17　螺山站水沙搭配系数随流量变化

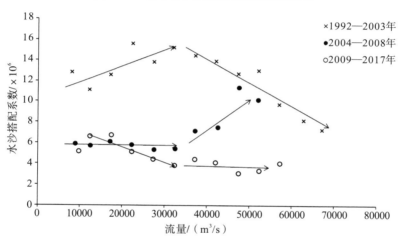

图 7.18　汉口站水沙搭配系数随流量变化

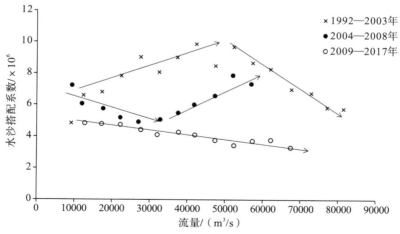

图 7.19　大通站水沙搭配系数随流量变化

综上所述,对比三峡水库蓄水前后的水沙搭配系数随流量变化的关系可以看出,三峡水库蓄水后,中洪水水沙搭配系数随流量变化的曲线斜率总体表现为明显的增大,中小水流量下,蓄水后的水沙搭配系数大幅度减小,随着流量的增大,这一差距在缩小。这一现象说明,随着河床的粗化,小流量的挟沙能力大幅度减弱,随流量增加挟沙能力恢复速度加快。总之,三峡水库蓄水运行以来,中下游各站年径流总量变化不大,但年内流量过程坦化,输沙量加速减少,总体表现为大水带大沙的水沙搭配特点,因此,对长江中下游而言,泥沙调控即为流量过程的调控。

7.3.3 长江中下游主要水文站输沙能力变化分析

7.3.3.1 三峡水库蓄水前后长江中下游主要控制站输沙能力变化分析

悬沙输移规律分析基于实测水文资料,采用分时间段、分流量级的方式对流量、输沙量资料进行处理。以2003年为界分为三峡水库蓄水前以及三峡水库蓄水后两个阶段,而三峡水库蓄水后又以2008年175m试验性蓄水为界,分为蓄水初期(2004—2008年)以及试验性蓄水后(2009—2017年)两个不同的时间段进行研究。

本研究利用输沙量与流量的统计结果,并以此分析输沙量与流量的相关关系,基于公式 $Q_S = kQ^m$ 建立其相关关系(图7.20至图7.27)。

从图中可以看出,各站输沙量与流量幂指数关系较好,相关系数均在0.9以上。随着流量级的增大,输沙量增大。且在同流量下,干流各站基本均存在1992—2003年输沙量最大,2004—2008年次之,2009—2017年输沙量最小的现象。且宜昌站、沙市站、监利站,2003年前后的减幅较大,2008年前后减幅较小。而螺山、汉口站减幅相近,大通站2008年前后减幅较大,2003年前后减幅较小。各站具体分析如下:

(1)宜昌站

宜昌站为三峡水库坝下游第一个国家基本水文站,自坝址—宜昌水文站,河床组成均为砂卵石,床面泥沙起动流速较大,因此宜昌站拟合的相关关系,幂指数 m 的值最大,且三峡水库蓄水后,河床进一步冲刷粗化,m 值有增大趋势。但从同流量下水流输沙量变化可以看出,宜昌上游床面已经冲刷至保护层附近。从2004—2008年与2009—2017年的变化可以看出,同流量下输沙量变化已经很小,尤其在中小水流量下,河床表层泥沙起动非常困难。三峡水库蓄水前后拟合的流量—输沙率拟合公式为:

1992—2003年:

$$Q_S = 4.740 \times 10^{-9} Q^{2.864} \tag{7-1}$$

2004—2008年:

$$Q_S = 8.843 \times 10^{-12} Q^{3.324} \tag{7-2}$$

2009—2017年:

$$Q_S = 6.761 \times 10^{-15} Q^{3.955} \tag{7-3}$$

宜昌站流量—输沙强度关系见图7.20。

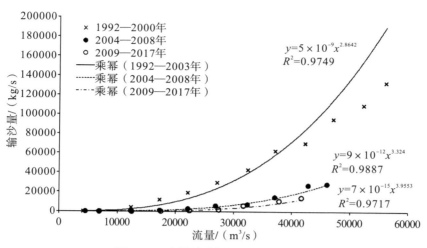

图 7.20　宜昌站流量—输沙强度关系

（2）枝城站

枝城站位于上荆江起点，自宜昌—枝城站，由清江入汇。三峡水库蓄水运行以来的统计数据显示，枝城站同流量下输沙量与宜昌站相近，2009 年以来，同流量下输沙量仍有一定程度的减少，略高于宜昌站。枝城站三峡水库蓄水后拟合的流量—输沙率拟合公式为：

2004—2008 年：

$$Q_S = 2.028 \times 10^{-11} Q^{3.262} \tag{7-4}$$

2009—2017 年：

$$Q_S = 5.329 \times 10^{-13} Q^{3.537} \tag{7-5}$$

枝城站流量—输沙强度关系见图 7.21。

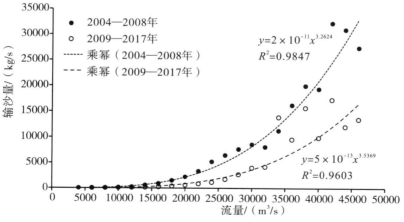

图 7.21　枝城站流量—输沙强度关系

（3）沙市站

沙市站位于上荆江中段，枝城—沙市河段存在松滋口、太平口两个口门分流，同时沙市水文站上游的杨家脑附近为荆江砂卵石河床与沙质河床的分界点。因河床泥沙组成的变化,杨家脑—沙市水文站为三峡水库蓄水初期冲刷较为剧烈的河段。但由于出库泥沙的减幅较大,杨家脑—沙市仅 32km 的沙质河床无法完全补给出库水流减少的泥沙。因此,三峡水库蓄水以来,沙市站同流量下水流输沙强度出现了大幅度的减少。从图 5.22 中可以看出,2004—2008 年相较 1992—2003 年同流量下水流输沙强度的减幅约 70%。2009 年以后减幅趋缓,m 值增大,这表明宜昌—沙市河段河床同样出现了泥沙补给不足、河床表层泥沙冲刷难度增大的现象。沙市站三峡水库蓄水前后拟合的流量—输沙率拟合公式为:

1992—2003 年:

$$Q_S = 6.160 \times 10^{-7} Q^{2.416} \tag{7-6}$$

2004—2008 年:

$$Q_S = 5.661 \times 10^{-8} Q^{2.535} \tag{7-7}$$

2009—2017 年:

$$Q_S = 4.059 \times 10^{-10} Q^{2.971} \tag{7-8}$$

沙市站流量—输沙强度关系见图 7.22。

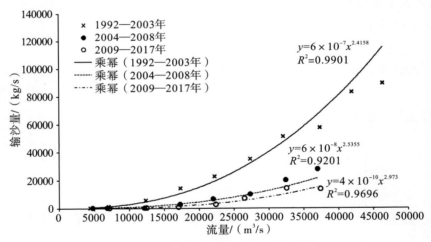

图 7.22 沙市站流量—输沙强度关系

(4)监利站

监利站位于下荆江中段,沙市—监利河段,长江干流再次经历藕池口分流分沙。沙市—监利河段均为沙质河床,床面泥沙补给较为充足,从拟合曲线来看,监利站 2004—2008 年相较 1992—2003 年同流量下水流输沙量减幅约为 60%,且主要以细颗粒泥沙为主,粗颗粒泥沙基本维持不变。同时,m 的值在这一时段内也基本维持不变。但 2009 年以后,m 值明显增大,同流量下水流输沙量进一步减小,但减幅已明显减小。这表明监利站以上河床床面粗化,表层泥沙冲刷难度增大,河床泥沙补给不足。在现状的出库水沙条

件下,监利站以下河段的河床冲刷将进一步发展。监利站三峡水库蓄水前后拟合的流量—输沙率拟合公式为:

1992—2003 年:

$$Q_S = 1.706 \times 10^{-5} Q^{2.088}$$
（7-9）

2004—2008 年:

$$Q_S = 5.409 \times 10^{-6} Q^{2.116}$$
（7-10）

2009—2017 年:

$$Q_S = 5.773 \times 10^{-7} Q^{2.293}$$
（7-11）

监利站流量—输沙强度关系见图 7.23。

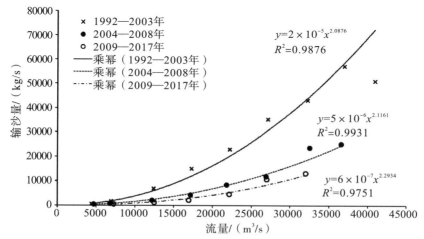

图 7.23　监利站流量—输沙强度关系

（5）螺山站

螺山站为荆江河段下游第一个水文站,距离荆江尾端,洞庭湖入汇口城陵矶约 20km。长江干流监利—螺山河段河床均为沙质河床,且本河段存在洞庭湖入汇水沙补给。从图 5.24 中可以看出,2004—2008 年,同流量下水流输沙量相较 1992—2003 年减幅约 50%,而 2009 年以来,仍有较大幅度的减少。以 40000m³/s 流量下的输沙量为例,三峡水库蓄水前(1992—2003 年),输沙量约为 22t/s;2004—2008 年,较蓄水前减小 42.1%;2009—2017 年,较蓄水前减小 74.4%。这表明,螺山水文站同流量下水流输沙量 2009 年以来仍维持了较为明显的减小,但螺山站拟合公式的 m 值并未增大,这一现象既与监利—螺山河段河床有较为丰富的泥沙补给有关,也与城陵矶站同流量下输沙强度维持不变存在一定关联,城陵矶泥沙补给影响了螺山站同流量下水流输沙强度的变化。螺山站三峡水库蓄水前后拟合的流量—输沙率拟合公式为:

1992—2003 年:

$$Q_S = 3.023 \times 10^{-4} Q^{1.703}$$
（7-12）

2004—2008 年：

$$Q_S = 6.927 \times 10^{-6} Q^{2.013} \tag{7-13}$$

2009—2017 年：

$$Q_S = 1.791 \times 10^{-3} Q^{1.417} \tag{7-14}$$

螺山站流量—输沙强度关系见图 7.24。

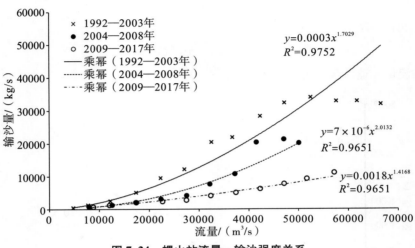

图 7.24 螺山站流量—输沙强度关系

（6）城陵矶测站

城陵矶测站为洞庭湖入汇长江的唯一出口水文站，其测量数据反映了洞庭湖入汇长江的水流、泥沙情况。从统计数据可以看出，洞庭湖入汇泥沙同流量下并未发生明显变化，洞庭湖区仍有充足的泥沙储备补给长江，这是螺山站同流量下输沙量减幅不明显，也是 m 值并未增大的原因之一。城陵矶站三峡水库蓄水前后拟合的流量—输沙率拟合公式为：

1992—2003 年：

$$Q_S = 8.776 \times 10^{-2} Q^{0.964} \tag{7-15}$$

2004—2008 年：

$$Q_S = 6.158 \times 10^{-1} Q^{0.772} \tag{7-16}$$

2009—2017 年：

$$Q_S = 1.660 Q^{0.674} \tag{7-17}$$

城陵矶站流量—输沙强度关系见图 7.25。

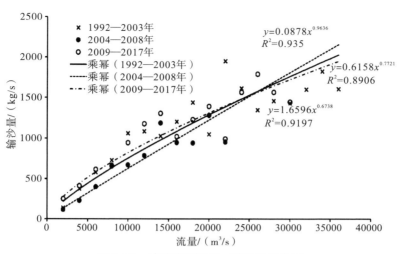

图 7.25　城陵矶站流量—输沙强度关系

（7）汉口站

从同流量下输沙量变化可以看出，三峡水库蓄水运行后，汉口站同流量下输沙量同样处于不断减少的过程中，枯水流量下，输沙量变幅已基本趋于稳定，但中洪水流量下，2009—2017 年相较 2004—2008 年减幅明显，40000m³/s 下输沙量减幅由 34% 增大至 66%。汉口站三峡水库蓄水前后拟合的流量—输沙率拟合公式为：

1992—2003 年：

$$Q_S = 5.804 \times 10^{-5} Q^{1.848} \tag{7-18}$$

2004—2008 年：

$$Q_S = 3.278 \times 10^{-7} Q^{2.298} \tag{7-19}$$

2009—2017 年：

$$Q_S = 1.510 \times 10^{-4} Q^{1.657} \tag{7-20}$$

汉口站流量—输沙强度关系见图 7.26。

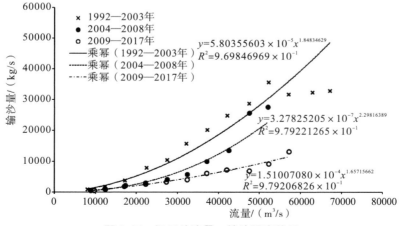

图 7.26　汉口站流量—输沙强度关系

（8）大通站

大通站为长江下游最后一个径流水文站，其水沙条件变化基本可反映长江入海水沙条件的变化。从同流量下输沙量变化可以看出，大通站目前同流量下输沙量减幅较小，且随着流量增大，减幅增大。10000m³/s 流量下，2009—2017 年减幅约为 20%；40000m³/s 流量下减幅由 2004—2008 年的 18% 增大至 2009—2017 年的 47%。这一现象表明，长江下游河床表层仍有丰富的沉积泥沙，但随着冲刷发展，河床表层泥沙粗化，床沙起动流速增大，同流量下输沙量存在减小趋势。大通站三峡水库蓄水前后拟合的流量—输沙率拟合公式为：

1992—2003 年：

$$Q_S = 3.363 \times 10^{-6} Q^{2.706} \tag{7-21}$$

2004—2008 年：

$$Q_S = 3.884 \times 10^{-6} Q^{2.043} \tag{7-22}$$

2009—2017 年：

$$Q_S = 4.165 \times 10^{-5} Q^{1.778} \tag{7-23}$$

大通站流量—输沙强度关系见图 7.27。

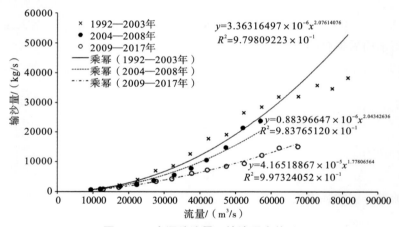

图 7.27　大通站流量—输沙强度关系

7.3.3.2　三峡水库蓄水前后各站流量—输沙量参数变化分析

根据实测资料，各站输沙率与流量的关系均可用幂函数 $Q_S = kQ^m$ 表示，根据拟合结果，统计 k、m 及 R^2 值见表 7.4。三峡水库蓄水后各站同流量下输沙量变化情况见表 7.5。

表 7.4　　　　　　　　　　各站流量—输沙率关系拟合结果统计

水文站	年份	k	m	R^2
宜昌	1992—2003	4.740×10^{-9}	2.864	0.975
	2004—2008	8.843×10^{-12}	3.324	0.989
	2009—2017	6.761×10^{-15}	3.955	0.972

续表

水文站	年份	k	m	R^2
枝城	2004—2008	2.028×10^{-11}	3.262	0.985
	2009—2017	5.329×10^{-13}	3.537	0.960
沙市	1992—2003	6.160×10^{-7}	2.416	0.990
	2004—2008	5.661×10^{-8}	2.535	0.920
	2009—2017	4.059×10^{-10}	2.971	0.970
监利	1992—2003	1.706×10^{-5}	2.088	0.988
	2004—2008	5.409×10^{-6}	2.116	0.993
	2009—2017	5.773×10^{-7}	2.293	0.975
城陵矶	1992—2003	8.776×10^{-2}	0.964	0.935
	2004—2008	6.158×10^{-1}	0.772	0.891
	2009—2017	1.660	0.674	0.920
螺山	1992—2003	3.023×10^{-4}	1.703	0.975
	2004—2008	6.927×10^{-6}	2.013	0.965
	2009—2017	1.791×10^{-3}	1.417	0.985
汉口	1992—2003	5.804×10^{-5}	1.848	0.970
	2004—2008	3.278×10^{-7}	2.298	0.979
	2009—2017	1.510×10^{-4}	1.657	0.979
大通	1992—2003	3.363×10^{-6}	2.706	0.980
	2004—2008	3.884×10^{-6}	2.043	0.984
	2009—2017	4.165×10^{-5}	1.778	0.997

表 7.5　　　　　　　　三峡水库蓄水后各站同流量下输沙量变化情况

站名	流量/(m³/s)	1992—2003 年 输沙量/(kg/s)	2004—2008 年 输沙量减幅/%	2009—2017 年 输沙量减幅/%
宜昌	10000	1482	89.6	97.2
	20000	10316	84.0	93.9
	40000	71797	75.3	86.5
沙市	10000	2979	70.7	89.8
	20000	15289	68.7	84.1
	40000	78451	66.5	75.1
监利	10000	3954	60.4	78.0
	20000	16911	61.1	75.4
	40000	72326	61.7	72.5

站名	流量/(m³/s)	1992—2003 年 输沙量/(kg/s)	2004—2008 年 输沙量减幅/%	2009—2017 年 输沙量减幅/%
螺山	10000	2075	61.6	57.8
	20000	6751	52.9	67.1
	40000	21959	42.1	74.4
汉口	10000	1436	64.4	55.3
	20000	5170	51.4	60.8
	40000	18616	33.6	65.7
大通	10000	678	14.6	20.5
	20000	2860	16.5	35.3
	40000	12058	18.3	47.4

m 值反映输沙量对流量变化的敏感程度，m 值越大，大水冲刷泥沙更多，小水冲刷泥沙更少，反之则反之。结合长江目前的河床冲刷情况来看，m 值的增大说明了河床表层可以冲刷的泥沙愈发减少，床面泥沙的起动难度增大，在小流量下河床难以冲刷，大流量下方有泥沙起动。从表 7.4 中数据来看，荆江河段（宜昌、沙市、监利）的 m 值均超过 2.0，且随着冲刷的发展，河床冲刷难度增大（荆江河段 2009—2017 年的 m 值大于 2004—2008 年）。而螺山站、汉口站、大通站因为有充足的泥沙补给，河床表层泥沙堆积较为丰富，随着冲刷强度峰值区域下移，m 值反而有所减小。

因此从某种角度来看，幂指数 m 值在长江上可以反映河段河床冲刷的难易程度，m 值越大，河床表层泥沙起动难度越大。对同一河段而言，m 值的明显增大，也反映了河床处于冲刷趋势。

综上所述，长江中下游各河段代表性水文站输沙量均与流量有着较好的幂指数关系，且随着河道冲刷的发展，输沙量的变化主要取决于流量的大小。对于长江中下游的泥沙调控，主要是通过调控相应的流量过程来实现。

7.4 基于中下游防洪安全的泥沙调控

以三峡水库为核心的控制性枢纽建成后，长江中下游河道将长期处于冲刷的态势，河道冲刷引起局部河势的调整以及崩岸的加剧，河道冲淤不均匀引起超额洪量的变化，尤其是荆江河段的剧烈冲刷导致三口分流减少，进而加剧了干流的防洪压力。基于长江中下游防洪效应的泥沙调控研究，应立足于泥沙调控对长江中下游河道冲淤变化的影响。

通过前文分析，泥沙调控主要通过调控相应的流量过程来实现，因此，这一问题可转化为流量过程调控对长江中下游河道冲淤变化的影响。在分析各流量级所对应的河段冲淤变化幅度的基础上,明确引起各河段冲刷最为剧烈的流量级,并通过水库调度,减小该流量级的持续时间、出现频率,利用水库调度释放相应的流量来改善目前出现的不利影响。因此,泥沙调控所需控制的目标流量,可以通过建立河道冲淤变化与流量过程的相关关系来实现。

7.4.1 三峡水库蓄水前后不同流量下河道冲淤情况

为了掌握不同流量级下沿程河道的冲淤变化强度,采用输沙量法分段进行研究。冲淤变化分析基于实测水文资料,考虑到泥沙冲淤变化相对水流的滞后作用,采用 10d 滑动平均值对数据进行了处理,并用分时间段、分流量级的方式整理数据,分为 1992—2003 年、2004—2008 年以及 2009—2017 年不同时间段进行研究。

7.4.1.1 长江中下游各区段不同流量级冲淤变化分析

本研究根据水文站的布设划分了河段,分别为宜昌—枝城、枝城—沙市、沙市—监利、监利—螺山、螺山—汉口、汉口—大通等 6 个区段,并考虑了同期荆江三口分流与鄱阳湖入汇的影响。在统计不同区段的冲淤量时,对应流量级采用的是两站相对较大的流量级,如沙市—监利河段,对应的流量级是指沙市站的流量级。

(1)年均累计冲淤量变化

1)三峡水库蓄水前不同流量级冲淤量变化分析。

三峡水库蓄水前,沙市—监利河段总体以淤积为主,仅在中枯水流量下冲刷,年均最大累计冲刷量发生在 10000m³/s 左右;监利—螺山河段同样以淤积为主,仅在中枯水流量下冲刷,年均最大累计冲刷量发生在 15000m³/s 左右;螺山—汉口河段在三峡水库蓄水前以淤积为主,仅在 65000m³/s 以上流量时,略有冲刷;汉口—大通河段在三峡水库蓄水前以冲刷为主,最大冲刷流量为 75000m³/s。

2)三峡水库蓄水后不同流量级冲淤量变化分析。

三峡水库蓄水后,城陵矶以上河段各流量级均以冲刷为主,城陵矶以下(螺山—汉口、汉口—大通)河段表现为枯冲洪淤。具体如下:

宜昌—枝城河段,为砂卵石河段,自 2004—2008 年至 2009—2017 年,同流量下年均累计冲淤量有明显下降趋势,说明宜昌—枝城河段河床泥沙储量减少,表层粗化,泥沙起动难度增大。累计冲刷量最大的流量级为 25000m³/s(2004—2008 年)、30000m³/s(2009—2017 年)。宜昌—枝城河段不同流量级年均冲淤量变化见图 7.28。

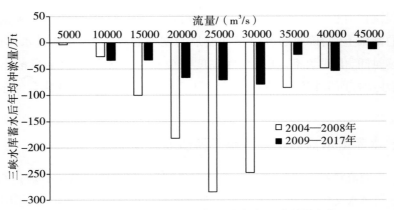

图 7.28　宜昌—枝城河段不同流量级年均冲淤量变化

枝城—沙市河段为沙质河床,同流量下累计冲刷量明显大于宜昌—枝城河段,2004—2008 年,35000m³/s 以下流量的年均累计冲刷量大于 2009—2017 年,但 40000m³/s 的流量级年均累计冲刷量明显小于 2009—2017 年。2004—2008 年,年均最大冲刷量出现在25000m³/s,2009—2017 年,年均最大累计冲刷量出现在 40000m³/s。枝城—沙市河段不同流量级年均冲淤量变化见图 7.29。

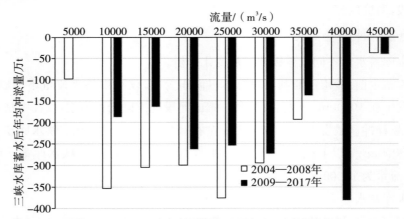

图 7.29　枝城—沙市河段不同流量级年均冲淤量变化

沙市—监利河段,2004—2008 年至 2009—2017 年各流量级年均累计冲刷量相近,年均最大累计冲刷量出现在 10000~20000m³/s。沙市—监利河段不同流量级年均冲淤量变化见图 7.30。

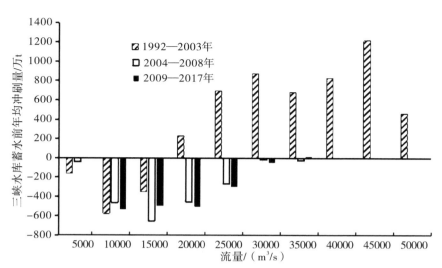

图 7.30　沙市—监利河段不同流量级年均冲淤量变化

监利—螺山河段,由于上游河床冲刷补给量较大,且河段内存在洞庭湖水沙入汇,因此河段在 $Q<40000\mathrm{m^3/s}$ 以淤积为主。监利—螺山河段不同流量级年均冲淤量变化见图 7.31。

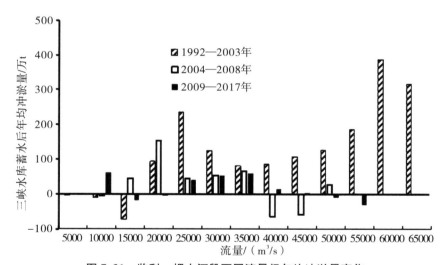

图 7.31　监利—螺山河段不同流量级年均冲淤量变化

螺山—汉口河段 $20000\mathrm{m^3/s}$ 以下以淤积为主,$20000\mathrm{m^3/s}$ 以上以冲刷为主,2004—2008 年年均最大累计冲刷量出现在 $45000\mathrm{m^3/s}$,2009—2017 年年均最大累计冲刷量出现在 $35000\mathrm{m^3/s}$。螺山—汉口河段不同流量级年均冲淤量变化见图 7.32。

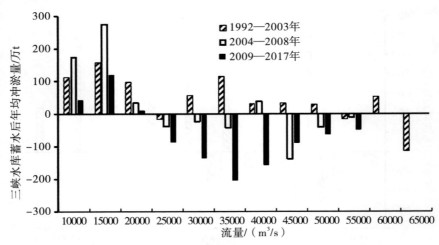

图 7.32　螺山—汉口河段不同流量级年均冲淤量变化

汉口—大通河段以冲刷为主,2009—2017 年累计冲刷量普遍大于 2004—2008 年、2004—2008 年、2009—2017 年年均最大累计冲刷量均出现在 50000m³/s,但后者冲刷量是 2004—2008 年的 2 倍以上。汉口—大通河段不同流量级年均冲淤量变化见图 7.33。

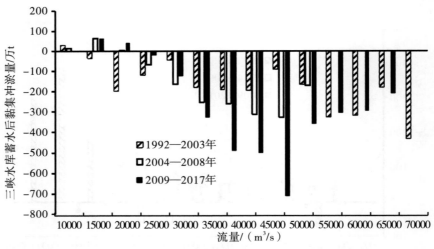

图 7.33　汉口—大通河段不同流量级年均冲淤量变化

7.4.1.2　不同区段不同流量级冲淤强度分析

(1)三峡水库蓄水前不同流量级冲淤强度变化分析

三峡水库蓄水前,宜昌站含沙量较为丰富,年输沙量约为 5 亿 t。根据三峡水库蓄水前 1992—2002 年统计资料,分析各河段不同流量级下冲淤变化,结果表明,城陵矶以上河段在 $Q>20000$m³/s 时,以淤积为主,中小流量下有冲有淤;城陵矶以下螺山—汉口河段冲刷强度随流量增大而增大,河床冲淤交替,并未呈现明显的淤积或冲刷趋势;汉口—大通河段冲刷强度随流量增大而增大,河段逐渐转为冲刷,当 $Q>30000$m³/s 时,河床冲刷强度随流量增大而增大。

（2）三峡水库蓄水后不同流量级冲淤强度变化分析

三峡水库蓄水后，由于径流年内分配的变化以及输沙量的大幅减少，各河段的冲淤特性都发生了一定的变化，各河段的变化特征有所不同。

1）宜昌—枝城河段。

三峡水库蓄水以来，宜昌—枝城河段各流量级下均保持冲刷趋势，且当 $Q<40000\text{m}^3/\text{s}$ 时，2004—2008 年冲刷强度强于 2009—2017 年。2004—2008 年最大冲刷流量为 25000～30000m^3/s，2009—2017 年随着流量增大，冲刷强度增大，最大冲刷强度对应的流量级超过 40000m^3/s。宜昌—枝城河段冲淤速率统计见图 7.34。

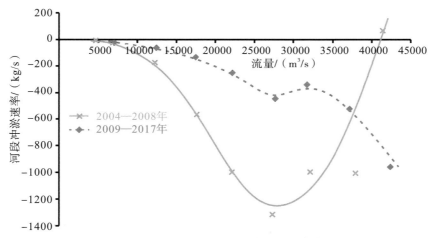

图 7.34　宜昌—枝城河段冲淤速率统计

2）枝城—沙市河段。

三峡水库蓄水后，枝城—沙市河段各流量下均呈现冲刷态势，当 $Q<35000\text{m}^3/\text{s}$ 时，2004—2008 年冲刷强度大于 2009—2017 年，当 $Q>35000～40000\text{m}^3/\text{s}$ 时，最大冲刷强度所对应的流量级变化不大，基本处于 35000m^3/s 左右，但 2009—2017 年冲刷强度明显增大。枝城—沙市河段冲淤速率统计见图 7.35。

3）沙市—监利河段。

三峡水库蓄水后，沙市—监利河段转淤为冲，当 $Q<22000\text{m}^3/\text{s}$ 时，2004—2008 年冲刷强度大于 2009—2017 年；当 $Q>22000\text{m}^3/\text{s}$ 时，2009—2017 年冲刷强度略大。最大冲刷强度对应流量基本均位于 20000～23000m^3/s。三峡水库蓄水前后沙市—监利河段冲淤速率统计见图 7.36。

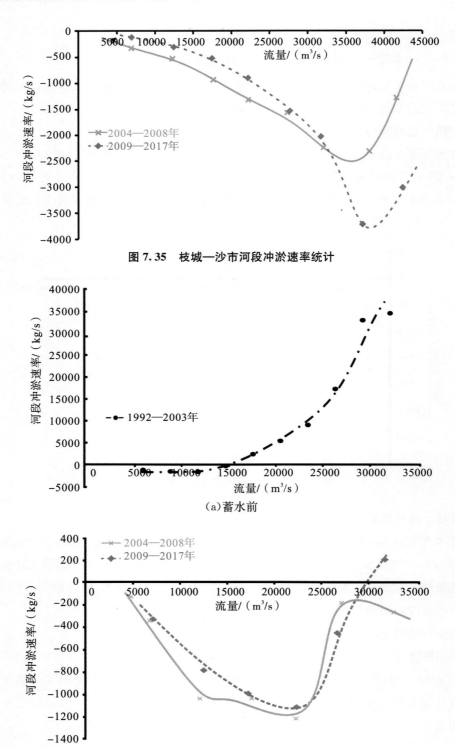

图 7.35 枝城—沙市河段冲淤速率统计

（a）蓄水前

（b）蓄水后

图 7.36 三峡水库蓄水前后沙市—监利河段冲淤速率统计

4)监利—螺山河段。

监利—螺山河段由于存在洞庭湖入汇的水沙补给,三峡水库蓄水后中小流量下,仍以淤积为主,2004—2008 年,当 $Q=35000\sim45000\text{m}^3/\text{s}$ 时,该河段冲刷,发生最大冲刷的流量约为 40000m^3/s。2009—2017 年,当 $Q>43000\text{m}^3/\text{s}$ 时,转淤为冲,且随着流量增大,冲刷强度增大。三峡水库蓄水前后监利—螺山河段冲淤速率统计见图 7.37。

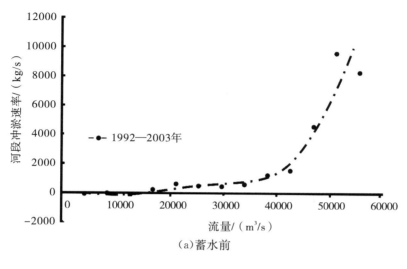

（a）蓄水前

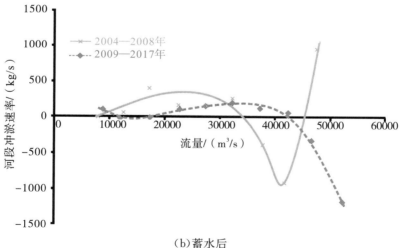

（b）蓄水后

图 7.37　三峡水库蓄水前后监利—螺山河段冲淤速率统计

5)螺山—汉口河段。

螺山—汉口河段在三峡水库蓄水后,各流量级以冲刷为主,2004—2008 年,当 $Q<38000\text{m}^3/\text{s}$ 时,冲淤交替,流量达到 42000m^3/s 时,冲刷强度最大;2009—2017 年,当 $Q>20000\text{m}^3/\text{s}$ 时,最大冲刷流量级在 50000m^3/s 左右。螺山—汉口河段冲淤速率统计见图 7.38。

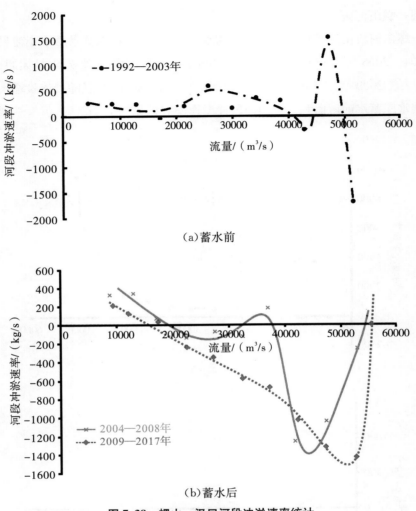

（a）蓄水前

（b）蓄水后

图 7.38 螺山—汉口河段冲淤速率统计

6）汉口—大通河段。

汉口—大通河段三峡水库蓄水前后冲淤随流量变化的规律基本不变，流量越大，冲刷强度越大，且随时间推移，同流量下冲刷强度有所增强，尤其是在大流量下，冲刷强度有不断增强的趋势，这说明冲刷高强度区域正在不断下移。汉口—大通河段冲淤速率统计见图 7.39。

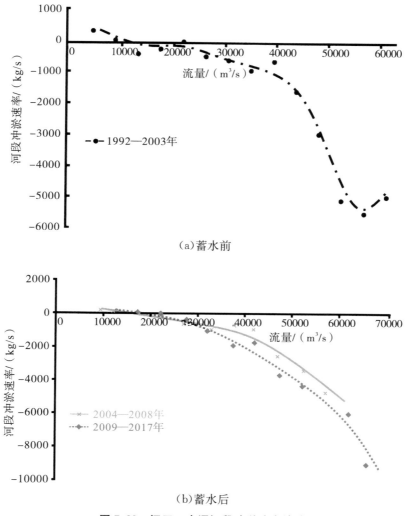

（a）蓄水前

（b）蓄水后

图 7.39　汉口—大通河段冲淤速率统计

（3）三峡工程蓄水后最大冲刷强度流量数学检验

为进一步确认三峡水库蓄水以来，各河段最大冲刷流量级的变化，采用 Pettitt 检验法，对各河段不同时间段的最大冲刷强度流量进行了检验。

Pettitt 方法是一种非参数检验方法，构造如下形式的秩序列，分 3 种情况进行定义。

$$r_i = \begin{cases} +1 & \text{当 } x_i > x_j \\ 0 & \text{当 } x_i = x_j \qquad j = 1, 2, 3, \cdots, i \\ -1 & \text{当 } x_i < x_j \end{cases} \tag{7-24}$$

这里，秩序列 s_k 是第 i 时刻数值大于或小于 j 时刻数值个数的累计数。

Pettitt 法是直接利用秩序列来检验突变点的。若 t_0 时刻满足：

$$k_{t_0} = \max |s_k| \qquad k = 2, 3, \cdots, n \tag{7-25}$$

则 t_0 点处为突变点。

计算统计量

$$P = 2\exp[-6k_{t_0}^2(n^3 + n^2)] \qquad (7\text{-}26)$$

若 $P \leqslant 0.5$，则认为检测的突变点在统计意义上是显著的。

Pettitt 方法统计结果表明，宜昌—枝城河段在 2004—2008 年突变点为 $40295\mathrm{m}^3/\mathrm{s}$，2009—2017 年无突变点，最大流量级为 $44610\mathrm{m}^3/\mathrm{s}$；枝城—沙市河段在 2004—2008 年突变点为 $39425\mathrm{m}^3/\mathrm{s}$，2009—2017 年无突变点，最大流量级为 $44846\mathrm{m}^3/\mathrm{s}$；沙市—监利河段 2004—2008 年突变点为 $25900\mathrm{m}^3/\mathrm{s}$，2009—2017 年突变点为 $25790\mathrm{m}^3/\mathrm{s}$；监利—螺山河段 2004—2008 年突变点为 $33990\mathrm{m}^3/\mathrm{s}$，2009—2017 年突变点为 $22110\mathrm{m}^3/\mathrm{s}$；螺山—汉口河段 2004—2008 年突变点为 $52960\mathrm{m}^3/\mathrm{s}$，2009—2017 年突变点为 $55100\mathrm{m}^3/\mathrm{s}$；汉口—大通河段无突变点，2004—2008 年最大流量级为 $54820\mathrm{m}^3/\mathrm{s}$，2009—2017 年最大流量级为 $67630\mathrm{m}^3/\mathrm{s}$（图 7.40 至图 7.45）。

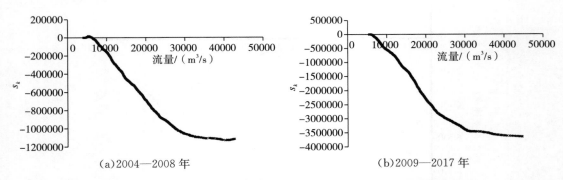

(a)2004—2008 年　　　　　　　　(b)2009—2017 年

图 7.40　宜昌—枝城河段不同时期冲淤速率随流量变化的 Pettitt 检验结果

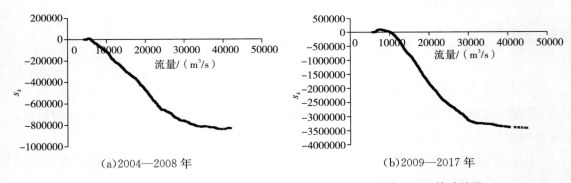

(a)2004—2008 年　　　　　　　　(b)2009—2017 年

图 7.41　枝城—沙市河段不同时期冲淤速率随流量变化的 Pettitt 检验结果

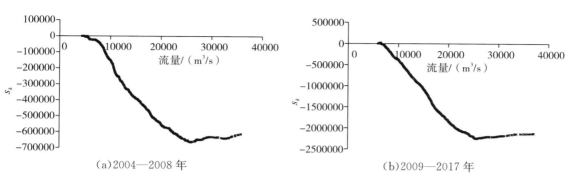

图 7.42　沙市—监利河段不同时期冲淤随流量变化的 Pettitt 检验结果

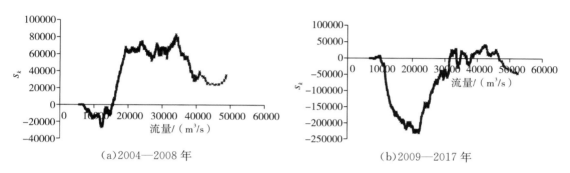

图 7.43　监利—螺山河段不同时期冲淤随流量变化的 Pettitt 检验结果

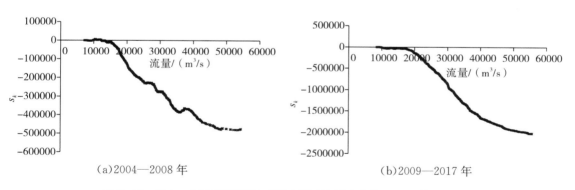

图 7.44　螺山—汉口河段不同时期冲淤随流量变化的 Pettitt 检验结果

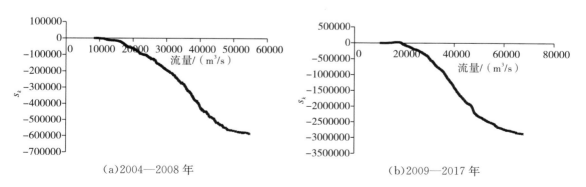

图 7.45　汉口—大通河段不同时期冲淤随流量变化的 Pettitt 检验结果

综上所述,三峡水库蓄水以来,坝下游河段均以冲刷为主。不同河段的最大冲刷强度对应的流量级各有不同,且最大冲刷强度对应的流量级在各河段2009年以来均有不同程度的增强。宜昌—枝城河段由25000~30000m³/s增大至44600m³/s,枝城—沙市河段位于35000~36000m³/s,沙市—监利河段均位于20000~23000m³/s,监利—螺山河段由40000m³/s增大至52500m³/s,螺山—汉口河段由42000m³/s增大至52000m³/s,汉口—大通河段由54820m³/s增大至67630m³/s。

7.4.2 典型河段对三峡水库调度的响应研究

三峡工程运用后,长江中下游发生了长距离、长时段的冲刷,尤其是荆江河段的剧烈冲刷导致三口分流减少,一方面加剧了干流的防洪压力,另一方面崩岸的加剧、局部河势的调整变化也对防洪产生了不利的影响。宜昌—城陵矶河段紧临坝址,且城陵矶以下河段变化受洞庭湖入汇的影响较大。从泥沙调控的角度来看,影响显著的也是城陵矶以上河段,因此本节选择宜昌—城陵矶河段对水库不同运用阶段的冲淤响应进行分析研究。

三峡水库调度方式为:每年汛期6月中旬至9月底水库一般防洪限制水位145m运行,汛末9月10日正式开始蓄水,库水位逐步上升至175m水位,库水位在5月末降至155m,汛前6月上旬末降至防洪限制水位。因此根据水库调度特点将年内分为汛期(6月10日至9月10日)及非汛期进行分析。同时考虑到2008年汛后三峡水库进入试验性蓄水,因此,从时间节点上分为2003—2008年和2009—2017年两个时段。在通过输沙量法计算各河段的冲淤时,同期荆江三口的分流分沙采用同期的实测资料,得到如下认识。

1)随着三峡水库的运用,宜昌—枝城河段冲刷强度不断减弱,荆江河段冲刷强度总体有所增大。

图7.46为三峡水库蓄水后,宜昌—城陵矶段分河段、分时段冲淤变化。可以看出,2003—2008年、2009—2017年,宜昌—枝城河段悬移质冲刷强度分别为3.76万t/d、0.96万t/d,沙市—监利河段分别为4.5万t/d、5.23万t/d。

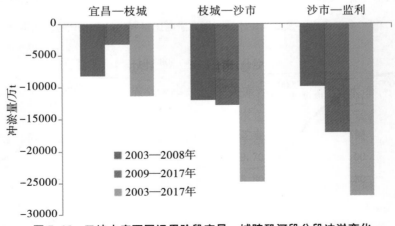

图7.46 三峡水库不同运用阶段宜昌—城陵矶河段分段冲淤变化

宜昌—枝城河段河床组成为砂卵石后,随着水库的运用,悬移质冲淤量不断减小,一方面,受三峡水库及上游向家坝、溪洛渡等控制性水库的运用,使得坝下游悬移质泥沙来沙明显减小;另一方面,随着河道冲刷的发展,砂卵石河床粗化明显,抑制了河床的进一步冲刷,从而河床补给沙量严重不足。

沙市—监利河段属沙质河床,可动性强,虽然随着水库的运用沙质河床床沙有一定程度粗化,但是由于水流处于严重次饱和状态,且相较于砂卵石河床,沙质河床中泥沙补给充分,因此冲刷强度仍呈现增强态势。

2)从沿程变化来看,宜昌—城陵矶河段汛期冲刷量占比沿程递减。

利用输沙量法统计了宜昌—城陵矶河段年内冲淤变化,三峡水库蓄水后汛期(6月10日至9月10日),宜昌—枝城、枝城—沙市、沙市—监利河段冲刷量分别为67.7%、54.8%、29.0%,呈现明显递减的趋势。三峡水库不同运用阶段宜昌—城陵矶河段汛期冲淤占比分析见图7.47。

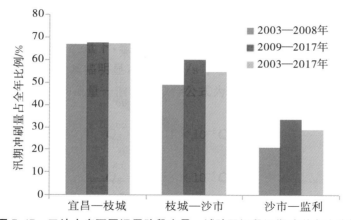

图 7.47　三峡水库不同运用阶段宜昌—城陵矶河段汛期冲淤占比分析

汛期冲刷量占比沿程减少,与水流动力、河床组成有关。宜昌—枝城河段由砂卵石组成,随着细颗粒冲走,补给不足,河床粗化,起动流速增加,泥沙更难以冲刷,需要更大的动力才能冲起,因此汛期占比大。沙市—监利河段为沙质河床,泥沙补给充足,在各级流量下,均处于不饱和状态,洪水期、枯水期均冲刷,加上洪水期易受城陵矶顶托的影响,洪水期占比有所减少。

3)从时间尺度来看,随着三峡水库运用时间的推移,各区段汛期冲刷占比均有所增加。

2003—2008年宜昌—枝城、枝城—沙市、沙市—监利河段,汛期冲刷量占比分别为67.1%、49.2%、21.0%;2009—2017年宜昌—枝城、枝城—沙市、沙市—监利河段,汛期冲刷量占比分别为67.7%、60.1%、33.6%。这充分说明河床粗化后,泥沙更难以冲刷,这与前面通过输沙量法得出的最大冲刷流量随时间增加的结果是一致的。相比枯水期,洪水期流量大,水流动力强,因此洪水期冲刷占比均有所增加。

7.4.3 中下游河道防洪的泥沙调控指标

基于前文分析,对于长江中下游河道防洪情况而言,至关重要的是缓解荆江河段的剧烈冲刷,一是可以减小由于河道冲刷产生的崩岸对河势稳定及防洪工程的威胁;二是有助于减缓洞庭湖三口分流萎缩的趋势,进而减少干流的防洪压力;三是可以兼顾由冲刷不平衡引起的超额洪量向下转移,进而影响中下游的防洪布局。同时,应控制水库蓄水期水位下降的速率,避免水位骤降引起岸坡失稳,进而对防洪工程产生影响。

长江中下游河道防洪效应的泥沙调控目标是调整河道的冲刷部位,平衡各河段的冲刷。而泥沙调控的手段则主要是调节流量过程,也就是调节三峡水库出库流量过程。从 7.4.1 节的分析中,可以得到对应各河段冲刷强度最为剧烈的流量级,这些流量级是各河段所对应水文站的流量级(两站中较大流量级)。在调控过程中,需将这些流量换算为对应的宜昌站流量,才能为泥沙调控提供初步指标,因此有必要建立宜昌站与下游各站流量的相关关系。

考虑到荆江河段是对水沙调控最直接、最敏感的河段,也是历来关注的重点河段,因此主要建立了宜昌站与沙市站、监利站以及螺山站的流量过程相关性(图 7.48 至图 7.50)。

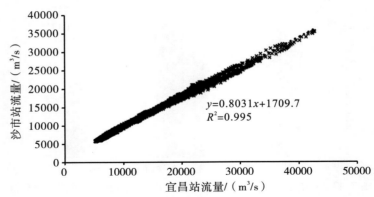

图 7.48 宜昌站流量与沙市站流量相关关系

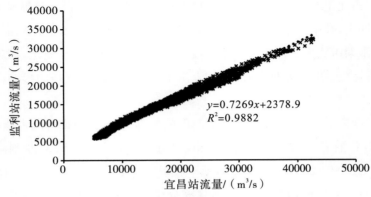

图 7.49 宜昌站流量与监利站流量相关关系

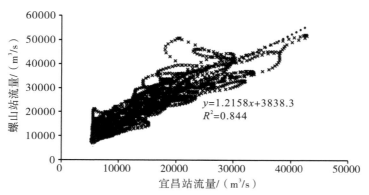

图 7.50　宜昌站流量与螺山站流量相关关系

7.4.3.1　宜昌站与其他水文站流量相关性分析

为明确三峡水库调节对坝下游各站流量过程的影响,建立了宜昌站流量与下游各站流量之间的相关关系,以宜昌站流量表征出库流量,分析出库流量变化对下游各站流量过程的影响程度。考虑到宜昌站流量向下游传递存在时间延迟,因此对流量过程采用滑动 15d 平均进行处理。

从图 7.48、图 7.49 中可以看出,由于荆江河段洞庭湖三口分流量与干流流量成正比,因此宜昌站与沙市站、监利站流量相关性关系较好,相关性系数分别为 0.995、0.9882。而洞庭湖入汇流量则影响了螺山站流量与宜昌站流量的相关关系。因此,考虑采用拟合关系,修改宜昌站流量,重新建立与螺山流量相关性关系。

宜昌站流量变化占沙市站流量变化比重约 0.803,占监利站流量变化比重约 0.727。

根据宜昌与监利站相关关系,将宜昌站流量修改为:

$$Q_{宜}{}' = Q_{宜} \times 0.727 + Q_{城} \tag{7-27}$$

式中,$Q_{宜}{}'$——修正后的宜昌流量;

$Q_{宜}$——宜昌站实测流量;

$Q_{城}$——城陵矶站实测流量。

修正后宜昌站流量与螺山站流量相关关系见图 7.51。

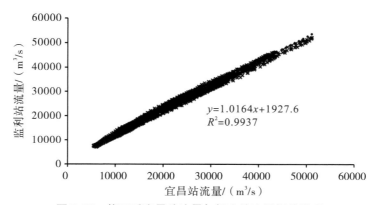

图 7.51　修正后宜昌站流量与螺山站流量相关关系

修正后,宜昌站、螺山站流量相关性关系良好,相关性系数为0.994,宜昌站流量变化对螺山站流量变化影响比重约为0.727×1.016=0.739。

综上所述,三峡水库出库流量变化,必将对下游流量产生一定的影响,出库流量变化对下游各站流量变化影响的比重见表7.6。

表7.6 宜昌站流量变化对下游各站流量变化影响比重

沙市站	监利站	螺山站
80.3%	72.7%	73.9%

7.4.3.2 基于减少荆江河段冲刷的调控分析

从长江中下游河道冲刷与流量构建的关系中可以看出,对于长江中下游的泥沙调控,其手段是通过调水来实现,调节三峡水库出库流量过程,伴随着流量过程的改变,各站的输沙量以及各河段的冲淤变化都会发生与之相应的改变。随着中下游来沙量的持续减小,荆江河段的河床持续冲刷将成为影响防洪安全的主要矛盾之一。为减小荆江河段冲刷,首先应该明确对于荆江河段的最大冲刷流量级。

根据前述对宜昌—城陵矶河段的分析统计,宜昌—枝城河段由于泥沙补给的严重不足,冲刷已趋于平衡;荆江河段随着冲刷的不断发展、河床的粗化,尽管最大冲刷流量基本稳定,但汛期冲刷量占比亦呈现增加的趋势。这充分表明河床粗化后,泥沙更难以冲刷。相比枯水期,洪水期流量大,水流动力强,洪水期冲刷占比均有所增加。

根据7.4.3.1节分析的宜昌站流量变化与下游各站流量变化的相关性关系,可以将各河段的最大冲刷流量进行相应转化,得到对应的最大冲刷强度下宜昌站流量分别为:宜昌—枝城河段为44600m³/s,枝城—沙市河段为36000m³/s,沙市—监利河段为25300m³/s,监利—螺山河段为40000m³/s。考虑到宜昌—枝城河段河床组成以砂卵石为主,目前河床粗化,泥沙起动难度增大,2009—2017年冲刷量已经大幅减小,因此造成荆江河段冲刷的主要流量级集中于25000～36000m³/s。

汛期实施防洪调度时,应控制出库流量不小于36000m³/s,避免由于削减洪峰加剧三口分流萎缩,进而加剧荆江河道的冲刷以及荆江河段的防洪压力。

7.5 水沙调控因子敏感性分析

7.5.1 长江中下游一维水沙数模的建立与率验

7.5.1.1 数学模型基本原理

(1)控制方程

一维水沙数学模型所依据的主要方程组为圣维南方程、泥沙连续方程及河床变形方程等,控制方程如下。

水流连续方程:

$$\frac{\partial Q}{\partial x} + B\frac{\partial Z}{\partial t} = 0 \tag{7-28}$$

水流运动方程:

$$\frac{\partial Q}{\partial t} + \frac{\partial}{\partial x}\left(\beta\frac{Q^2}{A}\right) + gA\left(\frac{\partial Z}{\partial x} + J_f\right) = 0 \tag{7-29}$$

泥沙连续方程:

$$\frac{\partial(QS)}{\partial x} + \frac{\partial(AS)}{\partial t} = -\alpha\omega B(S - S_*) \tag{7-30}$$

水流挟沙力方程:

$$S_* = k\left(\frac{u^3}{gR\omega}\right)^m \tag{7-31}$$

河床变形方程:

$$\frac{\partial(QS)}{\partial x} + \frac{\partial(AS)}{\partial t} + \rho'\frac{\partial A_0}{\partial t} = 0 \tag{7-32}$$

式中,x——流程,m;

Q——流量,m³/s;

Z——水位,m;

B——河宽,m;

t——时间,s;

A——过水断面面积,m²;

A_0——河床变形面积,m²;

S——含沙量,kg/m³;

S_*——水流挟沙力,kg/m³;

ω——泥沙颗粒沉速,m/s;

ρ'——泥沙干密度,kg/m³;

α——恢复饱和系数;

J_f——能坡。

由于长江中下游河道宽窄相间、支汊众多,沿程断面形态变化较大,因此需要在上述简单一维河道模型的基础上构造河网模型来描述这种复杂的水沙输移特征。在一维河道基础上建立具有河网结构的一维水沙数学模型,需要补充分汊点上的水量、沙量与动量连续方程。

汊点水量连续条件:

$$\sum_{l=1}^{L(m)} Q_{m,l}^{n+l} = 0 \qquad m = 1,2,\cdots,m \tag{7-33}$$

汊点动量守恒条件：

$$Z_{m,1} = Z_{m,2} = \cdots = Z_{m,L(m)} = Z_m \qquad m = 1,2,\cdots,m \qquad (7\text{-}34)$$

汊点沙量守恒条件：

$$\sum_{l=1}^{L_{in}(m)} Q_{m,l}^{n+1} S_{m,l}^{n+1} = \sum_{l=1}^{L_{out}(m)} Q_{m,l}^{n+1} S_{m,l}^{n+1} \qquad m = 1,2,\cdots,m \qquad (7\text{-}35)$$

式中，M——河网中的汊点数；

$L(m)$——与汊点 m 相连接的河段数；

$Z_{m,l}$——与汊点 m 相连接的第 l 条河段端点的水位；

$Q_{m,l}^{n+1}$——与汊点 m 相连接的第 l 条河段流进（或流出）该汊点的流量；

$S_{m,l}^{n+1}$——与该流量相对应的含沙量。

（2）数值解法

利用线性化的 Preissmann 四点偏心隐格式离散式，可得：

$$a_i \Delta Z_{i+1} + b_i \Delta Q_{i+1} = c_i Z_i + d_i \Delta Q_i + e_i \qquad (7\text{-}36)$$

$$a'_i \Delta Z_{i+1} + b'_i \Delta Q_{i+1} = c'_i Z_i + d'_i \Delta Q_i + e'_i \qquad (7\text{-}37)$$

式中，系数 a,b,c,d,e 及 a',b',c',d',e' 仅与第 n 时间层的水位、流量有关。

对于河网水流模拟，分级解法在当前得到了普遍应用。分级解法的基本思路是将式(7-36)、式(7-37)中河段内部各计算断面的未知数通过变量代换消去，将未知数集中到汊点上，形成下式：

$$\Delta Q_1 = E_1 \Delta Z_1 + F_1 + H_1 \Delta Z_{I(l)} \qquad (7\text{-}38)$$

$$\Delta Q_{I(l)} = E'_1 \Delta Z_1 + F'_1 + H'_1 \Delta Z_{I(l)} \qquad (7\text{-}39)$$

由此可见，第 l 条河段上、下端点的流量增量与水位增量之间的关系具有相同的表达式，且形式简单。将以上两式代入汊点水流连续方程(7-33)，并注意汊点处各河段端点之间的水位增量关系(7-34)，就形成汊点方程组：

$$[\mathbf{A}]\{\Delta Z\} = \{B\} \qquad (7\text{-}40)$$

式中，$\mathbf{A}$——系数矩阵；

$\{\Delta Z\}$——汊点水位增量矢量；

$\{B\}$——常数项组成的矢量。

如何压缩系数矩阵尺度，一直是河网非恒定流水力计算的核心问题。河网非恒定流计算经历了从直接的"一级解法"到"二级解法""三级解法"的过程。三级解法通过消元将未知量集中于汊点上，由于矩阵阶数得到了压缩，因此该方法在国内外得到了大量应用。然而，对于超大型河网区，高阶矩阵运算问题仍然存在，直接求逆，不仅计算量及贮存量很大，而且计算精度也难以保证，若用迭代法求解，由于系数矩阵的对角元素往往是非对角占优的，计算中仍有很多困难，其计算量也非常巨大。本项研究在三级解法的基础上，基于汊点方程组自身的结构特点，参照线性代数理论中的矩阵分块运算方法，采用了汊点分组解法。这种解法的基本思想是根据河网中的汊点分布情况,按照一定原则将汊点划分为若干组,除第一组和最后一组(第 NG 组)外,其余各汊点组的汊点方程组均可写为:

$$[R]_{ng}\{\Delta Y\}_{ng-1} + [S]_{ng}\{\Delta Y\}_{ng} + [T]_{ng}\{\Delta Y\}_{ng+1} = \{V\}_{ng} \tag{7-41}$$

式中,$\{\Delta Y\}_{ng}$——第 ng 组汊点的水位增量;

$ng-1$、$ng+1$——与第 ng 组汊点相邻的前一组及后一组汊点。

对于第一组汊点($ng=1$),汊点方程组可写为:

$$[S]_1\{\Delta Y\}_1 + [T]_1\{\Delta Y\}_2 = \{V\}_1 \tag{7-42}$$

对于最后一组汊点($ng=NG$),其汊点方程组为:

$$[R]_{NG}\{\Delta Y\}_{NG-1} + [S]_{NG}\{\Delta Y\}_{NG} = \{V\}_{NG} \tag{7-43}$$

求解时,从第一组汊点开始,逐步运用变量替换法,将各汊点组中的未知量消去,通过回代求出各汊点的水位及各河段端点的流量,进而可求出河网中各计算断面的水位、流量。

采用汊点分组的方法可根据实际计算需要,将汊点划分为任意多组,将系数矩阵阶数降低到任意阶数,可节省计算储存量,提高计算速度和精度,具有明显的优越性。

通过求解泥沙连续方程式(7-30)可以得到悬移质的分组含沙量。该方程对数值解法的精度要求较高,采用一般的差分模式,精度不能保证,含沙量的计算结果有时可能会出现不合理的情况,而采用高精度的数值格式,不仅计算复杂,而且计算量太大。本次计算相邻时间层采用差分法求解,在同一时间层上求分析解,可得含沙量表达式:

$$S_{i+1} = S_i e^{-(\frac{\alpha\omega}{\bar{q}} + \frac{1}{\bar{U}^{n+1}\Delta t})\Delta x_i} + \frac{\alpha\omega \bar{U}^{n+1}\Delta t \bar{S}^n_{*i+1} + \bar{q}\bar{S}^n_{*i+1}}{\alpha\omega U^{n+1}\Delta t\bar{q}}[1 - e^{-(\frac{\alpha\omega}{\bar{q}} + \frac{1}{\bar{U}^{n+1}\Delta t})\Delta x_i}] \tag{7-44}$$

式中,$\bar{U}$——Δx_i 河段内的平均流速;

$\bar{q}$——Δx_i 河段内的平均单宽流量;

$\bar{S}_*$——Δx_i 河段内的平均挟沙力;

$\bar{S}$——Δx_i 河段内的平均含沙量;

S_i——进口断面含沙量;

S_{i+1}——出口断面含沙量;

ΔX_i——计算河段长度。

在河道冲淤计算时,通常可以忽略水体中含沙量的因时变化,将河床变形方程式(7-32)离散为:

$$\Delta Z_k = (G_{1,k} - G_{2,k})\Delta t/\Delta x/\gamma/B \tag{7-45}$$

河床变形包括由各组泥沙引起的河床变形之和,即

$$\Delta Z = \sum_{k=1}^{n} Z_k \tag{7-46}$$

式中,k——第 k 组泥沙。

7.5.1.2　模型建立

长江中下游宜昌—大通河道全长约为 1283km。根据河道特点,将河道划分为 81 个河

段,由 60 个汊点连接形成河网。河网上边界位于宜昌水文站附近,下边界位于大通水位站附近,汊点入流主要考虑清江、洞庭湖、汉江及鄱阳湖,汊点出流主要考虑松滋口、太平口、藕池口。河网内断面总数为 1391 个,平均断面间距约为 922m,最大断面间距约为 1710m,最小断面间距约为 500m。河道概化示意图见图 7.52。

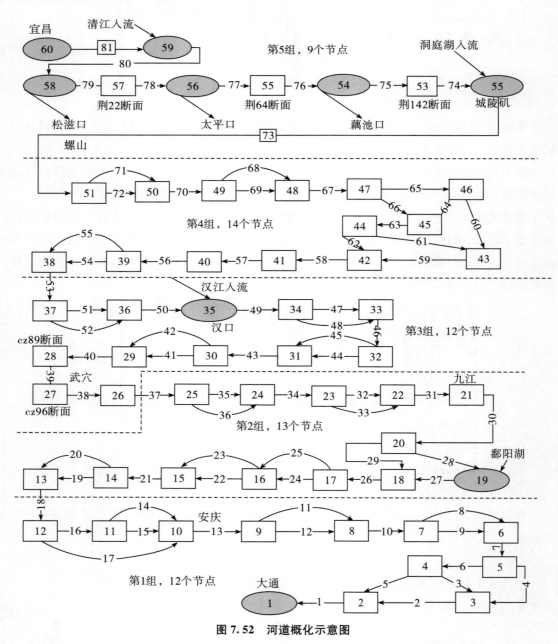

图 7.52 河道概化示意图

7.5.1.3 率定验证水文条件

宜昌—大通河网一维水沙数学模型率定验证包括水流率定验证和河床冲淤验证。

（1）水流率定验证水文条件

水流率定验证选取 2014 年的水文过程，验证地形采用 2011 年实测长江中下游长程地形资料。模型上游给定宜昌站的实测流量过程，下游给定大通站的实测水位过程。几大主要支流清江给定高坝洲站的实测流量过程、洞庭湖给定七里山站的实测流量过程、汉江给定仙桃站的实测流量过程、鄱阳湖给定湖口站的实测流量过程。松滋口、太平口、藕池口分别按照各自实测分流量与枝城站、沙市站、新厂站的实测水位的关系计算分流量。根据 2003—2015 年最新实测资料，松滋口、太平口、藕池口分流量与枝城站、沙市站、新厂站水位的关系见图 7.53 至图 7.55。验证内容主要包括水位和流量验证。

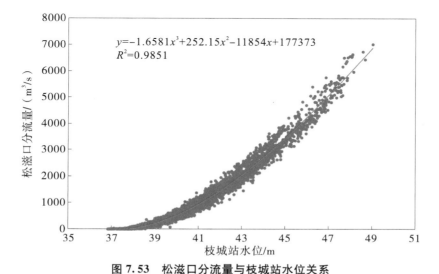

图 7.53　松滋口分流量与枝城站水位关系

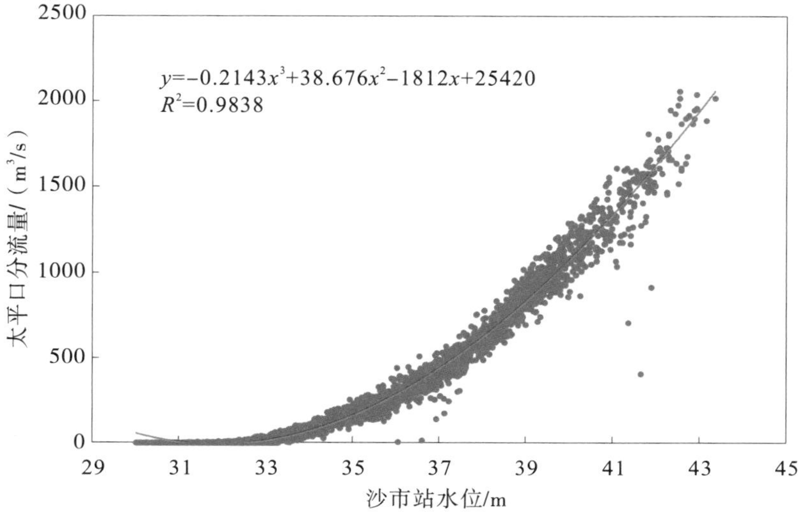

图 7.54　太平口分流量与沙市站水位关系

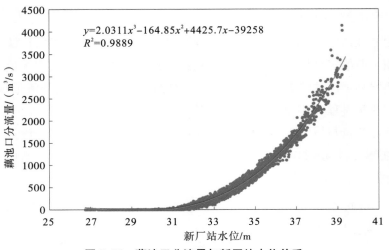

$$y=2.0311x^3-164.85x^2+4425.7x-39258$$
$$R^2=0.9889$$

图 7.55　藕池口分流量与新厂站水位关系

（2）河床冲淤验证水文条件

河床冲淤验证选取 2006—2011 年的实测水沙系列资料，模型起始地形为 2006 年实测长江中下游河道地形资料，对比地形为 2011 年实测长江中下游河道地形资料。模型进口给定宜昌站实测的流量和含沙量过程，模型出口给定大通站实测的水位过程。几大主要支流清江给定高坝洲站实测的流量和含沙量过程，洞庭湖给定七里山站实测的流量和含沙量过程，汉江给定仙桃站实测的流量和含沙量过程，鄱阳湖给定湖口站的实测流量和含沙量过程。三口分沙量按照实测的分沙量与分流量的关系确定。验证内容主要河床总体冲淤量、水流含沙量等。

7.5.1.4　水位流量验证

图 7.56 和图 7.57 分别为 2014 年长江中下游干流主要控制站计算水位、流量与实测水位、流量的比较。从图 7.56、图 7.57 中可以看出，计算水位、流量与实测水位、流量吻合较好，过程形态基本一致，年内水流涨落过程基本相同。汛期峰值水位、流量差异较小，相对误差基本在 10% 以内。说明本模型选取的糙率系数是合理的，可较好地复演宜昌—大通区间河道内的水流运动过程。

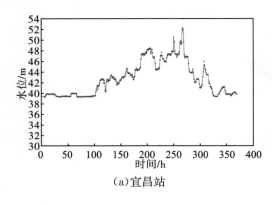

（a）宜昌站

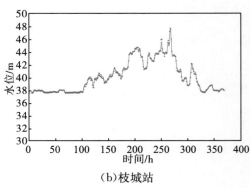

（b）枝城站

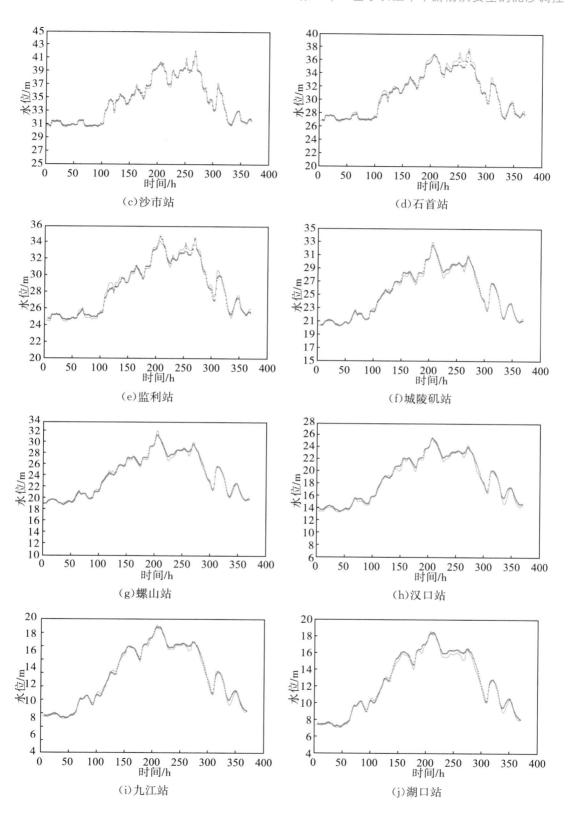

（c）沙市站　　　　　　　　　　　　　　　　（d）石首站

（e）监利站　　　　　　　　　　　　　　　　（f）城陵矶站

（g）螺山站　　　　　　　　　　　　　　　　（h）汉口站

（i）九江站　　　　　　　　　　　　　　　　（j）湖口站

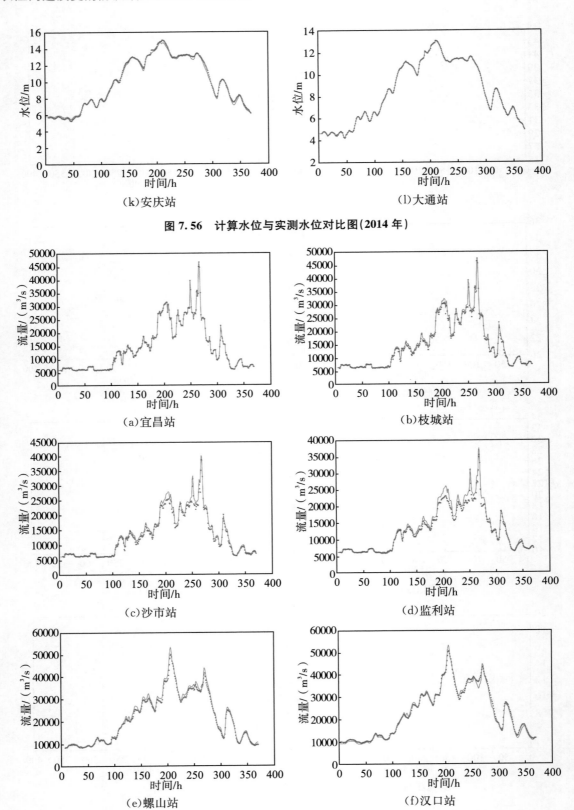

（k）安庆站　　　　　　　　　　　　　（l）大通站

图 7.56　计算水位与实测水位对比图（2014 年）

（a）宜昌站　　　　　　　　　　　　　（b）枝城站

（c）沙市站　　　　　　　　　　　　　（d）监利站

（e）螺山站　　　　　　　　　　　　　（f）汉口站

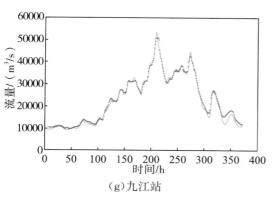

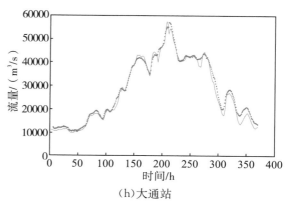

（g）九江站　　　　　　　　　　　　（h）大通站

图 7.57　计算流量与实测流量对比（2014 年）

7.5.1.5　泥沙及河床冲淤验证

表 7.7 为 2006—2011 年宜昌—大通分河段计算冲淤量与实测冲淤量的比较。从表 7.7 中可以看出，各分河段计算冲淤量与实测冲淤量基本相等，宜昌—城陵矶河段计算值相较实测值略微偏大，城陵矶—汉口河段和汉口—湖口河段计算值相较实测值略微偏小，冲淤量相对误差基本在 15% 以内。图 7.58 为 2006—2011 年长江中下游干流主要控制站计算含沙量与实测含沙量的比较。从图 7.58 中可以看出，计算含沙量与实测含沙量吻合较好，过程形态基本一致，峰值差异较小。这说明本模型选取的泥沙运动参数是合理的，可较好地复演宜昌—大通区间河道内的泥沙运动过程和河床冲淤演变过程。

表 7.7　　　　　　　　　　　　　　　**分河段冲淤量验证**

河段	宜昌—城陵矶	城陵矶—汉口	汉口—湖口	湖口—大通
计算冲淤量/亿 m³	−3.237	−0.532	−1.490	−0.388
实测冲淤量/亿 m³	−3.166	−0.608	−1.565	—
相对误差/%	2.250	−12.500	−4.790	—

注："+"表示淤积，"−"表示冲刷。

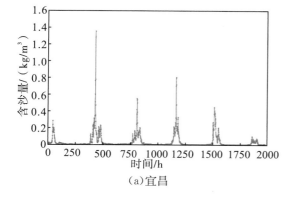

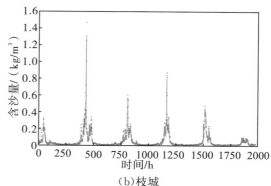

（a）宜昌　　　　　　　　　　　　（b）枝城

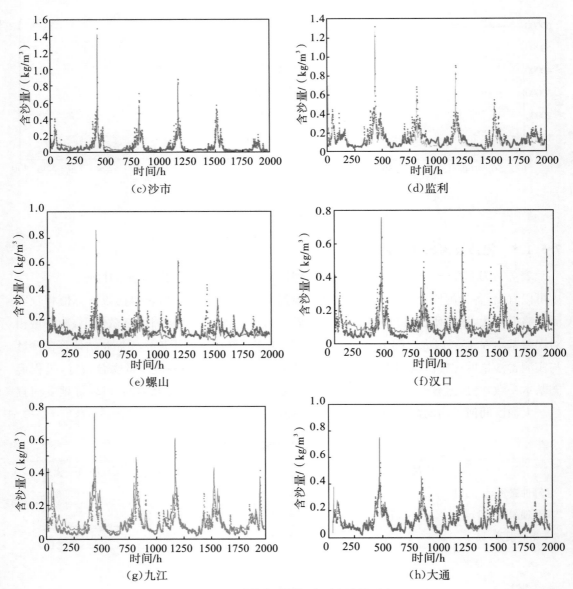

图 7.58 计算含沙量与实测含沙量对比

7.5.2 不同流量级冲刷强度敏感性实验

7.5.2.1 典型年的选取

流量大小及持续时间对长江中下游干流河道冲淤演变的影响是本节的主要研究内容。利用已建好的宜昌—大通一维数学模型,选取典型年来开展计算分析工作。典型年从三峡水库 175m 试验性蓄水后 2008—2015 年中选取。宜昌站 2008—2015 年实测流量过程见图 7.59,宜昌站 2008—2015 年水量统计分析结果见表 7.8。

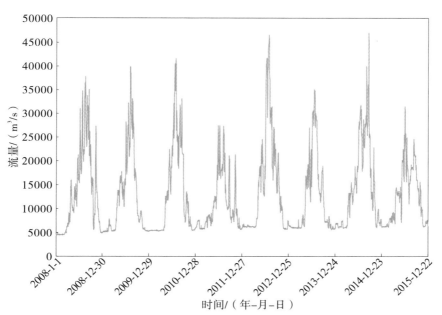

图 7.59　宜昌站 2008—2015 年实测流量过程

表 7.8　　　　　　　　　　　宜昌站 2008—2015 年水量统计分析结果

年份	2008	2009	2010	2011	2012	2013	2014	2015
径流量/亿 m³	4186	3822	4048	3393	4649	3756	4584	3946

从图 7.59 和表 7.8 可以看出,宜昌站 2008—2015 年实测最大流量为 46900m³/s,实测最小流量为 4440m³/s。来水量最大的年份是 2012 年,径流量为 4649 亿 m³;来水量最小的年份是 2011 年,径流量为 3393 亿 m³。年均径流量为 4048 亿 m³。2010 年的来流总量与年均径流量基本相等,因此选取 2010 年作为典型年进行计算分析。

7.5.2.2　流量过程概化

流量过程概化的方式是梯级概化,为了便于进行单因素分析,将 2011 年的流量过程概化为两个梯级,年头和年尾概化为小流量梯级,年中概化大流量梯级。概化的基本原则是保证概化前后全面的总水量守恒。按照流量从小到大概化了 5 种方案,流量过程概化图见图 7.60。方案一大流量梯级为 20000m³/s,年内持续天数为 188d,天然情况下大于此流量的天数是 88d;方案二大流量梯级为 30000m³/s,年内持续天数为 112d,天然情况下大于此流量的天数是 26d;方案三大流量梯级为 40000m³/s,年内持续天数为 88d,天然情况下大于此流量的天数是 6d;方案四大流量梯级为 50000m³/s,年内持续天数为 60d,天然情况下大于此流量的天数是 0d;方案五大流量梯级为 60000m³/s,年内持续天数为 50d,天然情况下大于此流量的天数是 0d。方案一至方案五小流量梯级均为 5240m³/s,概化方案表 7.9。从概化过程与天然过程的对比情况来看,40000m³/s 及其以下的概化方案具有较好的代表性,能较真实地反映出三峡水库蓄水后下游宜昌流量出现的情况。因此后续分析以 40000m³/s

及其以下方案为重点,40000m³/s以上方案在天然情况出现概率较小,仅作为参考。

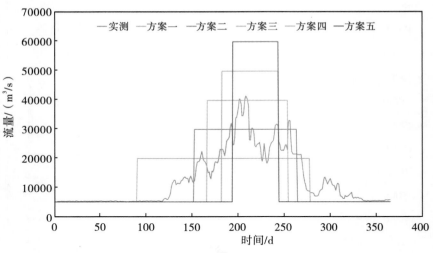

图7.60 流量过程概化

表7.9   概化方案表

方案	大流量梯级/(m³/s)	天然持续天数/d	持续天数/d	小流量梯级/(m³/s)	持续天数/d
方案一	20000	88	188	5240	177
方案二	30000	26	112	5240	253
方案三	40000	6	88	5240	277
方案四	50000	0	61	5240	304
方案五	60000	0	50	5240	315

7.5.2.3 计算结果分析

(1)冲刷总量变化分析

不同概化方案条件下宜昌—大通河段总体冲刷量见表7.10。表7.10中统计了对应不同流量级下河槽的冲刷量计算结果。从表中可以看出,冲刷主要集中在枯水河槽,不同方案条件下枯水河槽冲刷量占总冲刷量的70%以上。方案间的对比结果表明,不同方案对河道总冲刷量的影响较小,在枯水河槽条件下,方案一冲刷量最大,方案四冲刷量最小,差值约为0.138亿m³;在基本河槽条件下,方案一冲刷量最大,方案四冲刷量最小,差值约为0.191亿m³;在平滩河槽条件下,方案一冲刷量最大,方案四冲刷量最小,差值约为0.211亿m³;在洪水河槽条件下,方案一冲刷量最大,方案三冲刷量最小,差值约为0.122亿m³。

表 7.10 　　　　　　　　　　宜昌—大通河段总体冲刷量　　　　　　　　　　（单位：亿 m³）

河槽	方案					
	天然	方案一	方案二	方案三	方案四	方案五
枯水河槽	−0.914	−0.977	−0.858	−0.843	−0.839	−0.870
基本河槽	−1.061	−1.134	−0.982	−0.960	−0.958	−0.991
平滩河槽	−1.247	−1.314	−1.165	−1.121	−1.106	−1.134
洪水河槽	−1.399	−1.430	−1.390	−1.308	−1.380	−1.396

（2）空间冲刷强度变化分析

分宜昌—松滋口、松滋口—太平口、太平口—藕池口、藕池口—城陵矶、城陵矶—汉口、汉口—湖口、湖口—大通分别统计冲刷量和冲刷强度，统计结果见表 7.11 至表 7.18。从表中可以看出，不同方案条件下荆江河段的冲刷强度最大、城陵矶—汉口河段及汉口—湖口河段次之，宜昌—松滋口河段及湖口—大通河段最小。对于不同的河段，宜昌—松滋口河段冲刷量随流量级变大基本保持不变；松滋口—太平口河段、太平口—藕池口河段、藕池口—城陵矶河段冲刷量随流量级变大呈先变大后变小的趋势；城陵矶—汉口河段、汉口—湖口河段冲刷量随流量级变大呈先变小再变大的趋势；湖口—大通河段冲刷量随流量级的变大呈逐渐变大的趋势。

表 7.11 　　　　　　　　分河段计算冲刷量（枯水河槽）　　　　　　　　（单位：亿 m³）

方案	宜昌—松滋口	松滋口—太平口	太平口—藕池口	藕池口—城陵矶	城陵矶—汉口	汉口—湖口	湖口—大通
天然	−0.016	−0.136	−0.124	−0.216	−0.236	−0.150	−0.037
方案一	−0.016	−0.135	−0.119	−0.178	−0.303	−0.203	−0.022
方案二	−0.016	−0.153	−0.148	−0.269	−0.171	−0.052	−0.049
方案三	−0.017	−0.123	−0.111	−0.258	−0.189	−0.048	−0.097
方案四	−0.016	−0.124	−0.109	−0.198	−0.212	−0.079	−0.101
方案五	−0.016	−0.139	−0.110	−0.168	−0.224	−0.108	−0.105

表 7.12 　　　　　　　　分河段计算冲刷强度（枯水河槽）　　　　　　　（单位：万 m³/km）

方案	宜昌—松滋口	松滋口—太平口	太平口—藕池口	藕池口—城陵矶	城陵矶—汉口	汉口—湖口	湖口—大通
天然	−1.340	−22.634	−14.830	−13.390	−10.188	−6.124	−1.664
方案一	−1.398	−22.464	−14.283	−11.027	−13.089	−8.306	−1.004
方案二	−1.383	−25.517	−17.727	−16.725	−7.389	−2.104	−2.219
方案三	−1.497	−20.460	−13.335	−16.014	−8.173	−1.942	−4.345
方案四	−1.365	−20.598	−13.122	−12.287	−9.135	−3.239	−4.552
方案五	−1.393	−23.104	−13.153	−10.446	−9.667	−4.392	−4.747

表 7.13　　　　　　　　　　　　分河段计算冲刷量(基本河槽)　　　　　　　　　(单位:亿 m³)

方案	宜昌—松滋口	松滋口—太平口	太平口—藕池口	藕池口—城陵矶	城陵矶—汉口	汉口—湖口	湖口—大通
天然	−0.016	−0.148	−0.141	−0.244	−0.276	−0.195	−0.043
方案一	−0.017	−0.147	−0.136	−0.201	−0.354	−0.254	−0.026
方案二	−0.017	−0.166	−0.166	−0.304	−0.193	−0.079	−0.056
方案三	−0.018	−0.133	−0.124	−0.291	−0.211	−0.075	−0.107
方案四	−0.017	−0.134	−0.121	−0.223	−0.240	−0.113	−0.112
方案五	−0.017	−0.149	−0.121	−0.189	−0.255	−0.145	−0.116

表 7.14　　　　　　　　　　　　分河段计算冲刷强度(基本河槽)　　　　　　　(单位:万 m³/km)

方案	宜昌—松滋口	松滋口—太平口	太平口—藕池口	藕池口—城陵矶	城陵矶—汉口	汉口—湖口	湖口—大通
天然	−1.408	−24.617	−16.884	−15.130	−11.893	−7.945	−1.912
方案一	−1.470	−24.386	−16.360	−12.498	−15.259	−10.352	−1.155
方案二	−1.449	−27.581	−19.962	−18.894	−8.337	−3.245	−2.517
方案三	−1.566	−22.109	−14.923	−18.096	−9.095	−3.078	−4.826
方案四	−1.428	−22.219	−14.538	−13.844	−10.351	−4.597	−5.031
方案五	−1.455	−24.874	−14.525	−11.725	−10.991	−5.908	−5.209

表 7.15　　　　　　　　　　　　分河段计算冲刷量(平滩河槽)　　　　　　　　　(单位:亿 m³)

方案	宜昌—松滋口	松滋口—太平口	太平口—藕池口	藕池口—城陵矶	城陵矶—汉口	汉口—湖口	湖口—大通
天然	−0.018	−0.154	−0.153	−0.308	−0.321	−0.241	−0.053
方案一	−0.019	−0.154	−0.147	−0.237	−0.415	−0.309	−0.033
方案二	−0.018	−0.173	−0.184	−0.399	−0.216	−0.107	−0.069
方案三	−0.020	−0.137	−0.136	−0.370	−0.231	−0.101	−0.126
方案四	−0.018	−0.138	−0.132	−0.279	−0.265	−0.145	−0.130
方案五	−0.018	−0.154	−0.132	−0.233	−0.282	−0.182	−0.134

表 7.16　　　　　　　　　　　　分河段计算冲刷强度(平滩河槽)　　　　　　　(单位:万 m³/km)

方案	宜昌—松滋口	松滋口—太平口	太平口—藕池口	藕池口—城陵矶	城陵矶—汉口	汉口—湖口	湖口—大通
天然	−1.519	−25.650	−18.324	−19.117	−13.842	−9.820	−2.401
方案一	−1.590	−25.563	−17.696	−14.696	−17.926	−12.615	−1.487
方案二	−1.555	−28.823	−22.077	−24.788	−9.320	−4.350	−3.085

方案	宜昌—松滋口	松滋口—太平口	太平口—藕池口	藕池口—城陵矶	城陵矶—汉口	汉口—湖口	湖口—大通
方案三	−1.674	−22.868	−16.380	−22.973	−9.952	−4.138	−5.669
方案四	−1.522	−22.894	−15.850	−17.323	−11.420	−5.912	−5.865
方案五	−1.549	−25.667	−15.807	−14.450	−12.149	−7.431	−6.031

表 7.17　　　　　　　　　　　　分河段计算冲刷量(洪水河槽)　　　　　　　　　（单位:亿 m³）

方案	宜昌—松滋口	松滋口—太平口	太平口—藕池口	藕池口—城陵矶	城陵矶—汉口	汉口—湖口	湖口—大通
天然	−0.020	−0.155	−0.159	−0.368	−0.361	−0.264	−0.072
方案一	−0.021	−0.154	−0.147	−0.241	−0.468	−0.341	−0.059
方案二	−0.020	−0.175	−0.197	−0.520	−0.258	−0.128	−0.090
方案三	−0.022	−0.139	−0.159	−0.432	−0.267	−0.128	−0.161
方案四	−0.020	−0.143	−0.163	−0.421	−0.290	−0.180	−0.163
方案五	−0.021	−0.170	−0.170	−0.349	−0.302	−0.223	−0.161

表 7.18　　　　　　　　　　　分河段计算冲刷强度(洪水河槽)　　　　　　　　（单位:万 m³/km）

方案	宜昌—松滋口	松滋口—太平口	太平口—藕池口	藕池口—城陵矶	城陵矶—汉口	汉口—湖口	湖口—大通
天然	−1.685	−25.815	−19.072	−22.874	−15.559	−10.762	−3.261
方案一	−1.763	−25.549	−17.611	−14.988	−20.177	−13.917	−2.668
方案二	−1.757	−29.171	−23.685	−32.333	−11.150	−5.227	−4.048
方案三	−1.910	−23.209	−19.032	−26.845	−11.510	−5.236	−738
方案四	−1.745	−23.716	−19.596	−26.172	−12.532	−7.341	−7.325
方案五	−1.801	−28.371	−20.349	−21.694	−13.033	−9.112	−727

（3）时间冲刷强度变化分析

根据概化方案统计结果,方案一至方案五大流量梯级的持续时间分别为 188d、112d、88d、62d、50d,将该段持续时间内的冲刷量提取出来进行分析。各级流量持续时间内分河段的冲刷量统计结果见表 7.19 至表 7.22。从表中可以看出,宜昌—松滋口河段冲刷量随流量无明显的趋势性变化,松滋口—城陵矶河段冲刷量随流量增大呈先增大后减小的变化趋势,其中冲刷量最大的流量级为 30000m³/s。城陵矶以下河段冲刷量随流量无明显的变化趋势,湖口—大通河段在方案二条件下枯水河槽、基本河槽、平滩河槽还略有淤积。

表 7.19　　　　　　各级流量持续时间内分河段枯水河槽冲刷量统计结果　　　　（单位：亿 m³）

方案	宜昌—松滋口	松滋口—太平口	太平口—藕池口	藕池口—城陵矶	城陵矶—汉口	汉口—湖口	湖口—大通
方案一	−0.015	−0.093	−0.104	−0.154	−0.263	−0.236	−0.027
方案二	−0.014	−0.096	−0.126	−0.239	−0.074	−0.065	0.012
方案三	−0.015	−0.061	−0.089	−0.177	−0.089	−0.067	−0.044
方案四	−0.014	−0.057	−0.084	−0.167	−0.059	−0.059	−0.029
方案五	−0.014	−0.070	−0.083	−0.136	−0.056	−0.071	−0.019

表 7.20　　　　　　各级流量持续时间内分河段基本河槽冲刷量统计结果　　　　（单位：亿 m³）

方案	宜昌—松滋口	松滋口—太平口	太平口—藕池口	藕池口—城陵矶	城陵矶—汉口	汉口—湖口	湖口—大通
方案一	−0.016	−0.101	−0.121	−0.177	−0.306	−0.279	−0.028
方案二	−0.015	−0.103	−0.144	−0.273	−0.074	−0.076	0.013
方案三	−0.016	−0.065	−0.102	−0.209	−0.083	−0.074	−0.047
方案四	−0.014	−0.061	−0.096	−0.190	−0.053	−0.066	−0.031
方案五	−0.015	−0.075	−0.095	−0.155	−0.050	−0.080	−0.020

表 7.21　　　　　　各级流量持续时间内分河段平滩河槽冲刷量统计结果　　　　（单位：亿 m³）

方案	宜昌—松滋口	松滋口—太平口	太平口—藕池口	藕池口—城陵矶	城陵矶—汉口	汉口—湖口	湖口—大通
方案一	−0.017	−0.108	−0.132	−0.213	−0.367	−0.332	−0.031
方案二	−0.016	−0.111	−0.162	−0.367	−0.083	−0.090	0.014
方案三	−0.017	−0.069	−0.114	−0.287	−0.084	−0.082	−0.052
方案四	−0.015	−0.065	−0.107	−0.245	−0.052	−0.076	−0.034
方案五	−0.015	−0.080	−0.105	−0.198	−0.047	−0.091	−0.021

表 7.22　　　　　　各级流量持续时间内分河段洪水河槽冲刷量统计结果　　　　（单位：亿 m³）

方案	宜昌—松滋口	松滋口—太平口	太平口—藕池口	藕池口—城陵矶	城陵矶—汉口	汉口—湖口	湖口—大通
方案一	−0.019	−0.109	−0.132	−0.218	−0.419	−0.364	−0.058
方案二	−0.019	−0.113	−0.176	−0.488	−0.125	−0.111	−0.001
方案三	−0.020	−0.072	−0.137	−0.399	−0.119	−0.109	−0.080
方案四	−0.018	−0.071	−0.139	−0.388	−0.075	−0.107	−0.054
方案五	−0.018	−0.097	−0.144	−0.314	−0.065	−0.127	−0.032

　　单位时间的冲刷量（定义为时间冲刷强度）能较好地反映出水流的冲刷能力。将

表 7.19 至表 7.22 中的冲刷量除以各级流量的持续时间,就可以统计出各级流量冲刷强度随流量的变化过程,结果见图 7.61 至图 7.67。从图 7.61 至图 7.67 中可以看出,宜昌—松滋口河段冲刷强度随流量的增大而增大;松滋口—太平口、太平口—藕池口、藕池口—城陵矶河段冲刷强度随流量呈先增大后减小再增大的变化规律,40000m³/s 流量以下冲刷强度最大的流量级为 30000m³/s(对应于宜昌的流量);城陵矶—汉口河段冲刷强度随流量呈先减小再基本保持不变的变化规律,40000m³/s 流量以下冲刷强度最大的流量级为 20000m³/s(对应于宜昌的流量);汉口—湖口河段时间冲刷强度随流量呈先减小再增大的变化规律,40000m³/s 流量以下冲刷强度最大的流量级为 20000m³/s(对应于宜昌的流量);湖口—大通河段时间冲刷强度随流量呈先减小后增大再减小的变化规律,冲刷强度最大的流量级为 40000m³/s(对应于宜昌的流量)。

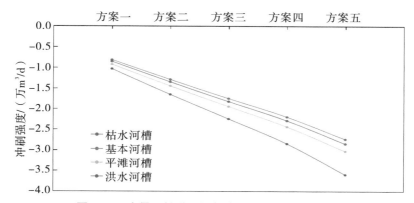

图 7.61　宜昌—松滋口河段单位时间冲刷强度变化

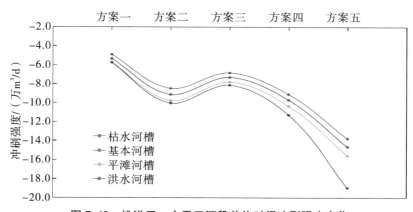

图 7.62　松滋口—太平口河段单位时间冲刷强度变化

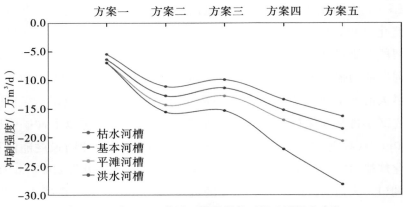

图 7.63　太平口—藕池口河段单位时间冲刷强度变化

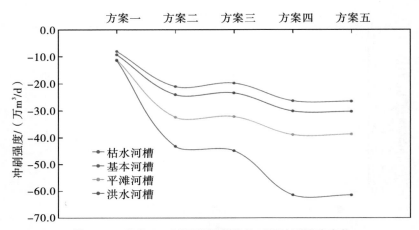

图 7.64　藕池口—城陵矶河段单位时间冲刷强度变化

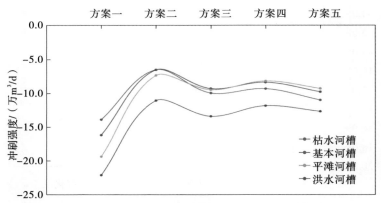

图 7.65　城陵矶—汉口河段单位时间冲刷强度变化

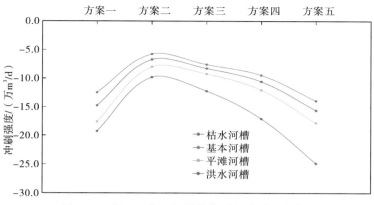

图 7.66　汉口—湖口河段单位时间冲刷强度变化

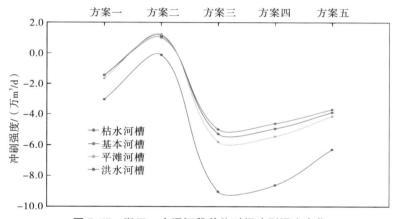

图 7.67　湖口—大通河段单位时间冲刷强度变化

7.5.3　2008—2017 系列年计算

7.5.3.1　水沙系列选取

三峡工程于 2008 年开始 175m 试验性蓄水,至 2017 年正常运行已有 10 余年。试验性蓄水以来的实测水沙过程能更好地反映工程调度对中下游河道演变的影响。依据目前已经掌握的资料,选取宜昌、城陵矶、仙桃、湖口、大通站的 2008—2017 年的实测水沙资料作为系列进行计算。

图 7.68 和图 7.69 分别为宜昌站 2008—2017 年实测的流量和含沙量过程。从图中可以看出,经三峡水库调蓄后,宜昌站最大实测流量小于 50000m³/s,最大实测含沙量小于 0.4kg/m³。其中,2012 年和 2014 年来水偏丰,2011 年来水偏枯;来沙量的变化与来水量的变化基本对应。

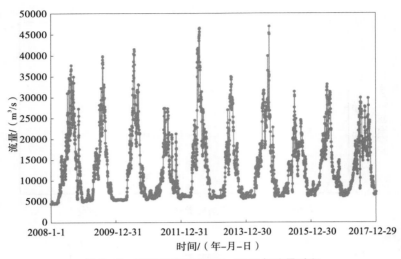

图 7.68 宜昌站实测 2008—2017 年流量过程

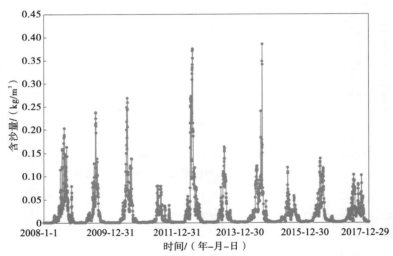

图 7.69 宜昌站实测 2008—2017 年含沙量过程

7.5.3.2 边界概化

系列年概化的基本原则依然保证宜昌站的总水量与总沙量守恒。概化方式与典型年的概化方案基本一致,系列年中的每一年均概化为单峰型式。汛期峰值流量分别为 20000m^3/s、30000m^3/s、40000m^3/s、50000m^3/s,其他时间流量均为 5240m^3/s。宜昌站的含沙量根据近年来实测的流量与输沙率的关系计算得到,对应于 4 个流量级的汛期峰值含沙量分别为 0.032kg/m^3、0.104kg/m^3、0.242kg/m^3、0.465kg/m^3,其他时间含沙量为 0.0006kg/m^3。表 7.23 为各方案水沙特征统计表。图 7.70 和图 7.71 分别为宜昌站的流量和含沙量概化图。系列年计算时间为 20 年,即循环 2008—2017 年系列两次。

表 7.23 水沙系列水量沙量特征

工况	实测	20000m³/s	30000m³/s	40000m³/s	50000m³/s
洪峰持续天数/d	—	1926	1151	821	640
输沙量/亿 t	1.774	1.774	1.774	1.774	1.774

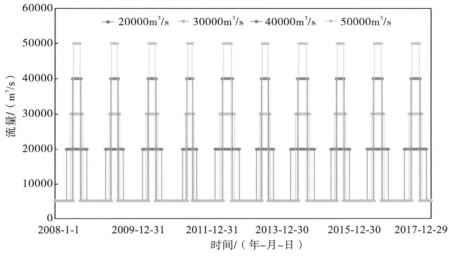

图 7.70　流量概化

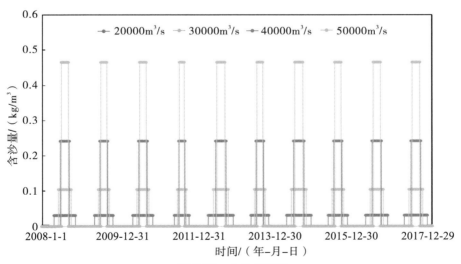

图 7.71　含沙量概化

7.5.3.3　计算结果分析

　　表 7.24 至表 7.27 为系列年计算的宜昌—大通河段 10 年末和 20 年末的计算冲淤量。实测水沙系列 10 年末宜昌—大通河段总的冲刷量为 8.840 亿 m³,20000m³/s、30000m³/s、40000m³/s、50000m³/s 概化方案 10 年末宜昌—大通河段总的冲刷量为

8.997 亿 m³、9.009 亿 m³、8.535 亿 m³、8.527 亿 m³。实测水沙系列 20 年末宜昌—大通河段总的冲刷量为 15.419 亿 m³。20000m³/s、30000m³/s、40000m³/s、50000m³/s 概化方案 20 年末宜昌—大通河段总的冲刷量为 15.659 亿 m³、15.772 亿 m³、15.042 亿 m³、14.914 亿 m³。由此可见，30000m³/s 流量级对应的宜昌—大通河段总的冲刷量最大，但总体差别不大。

表 7.24　　20 年末宜昌—大通河段枯水河槽冲刷量　（单位：亿 m³）

工况	宜昌—松滋口	松滋口—太平口	天平口—藕池口	藕池口—城陵矶	城陵矶—汉口	汉口—湖口	湖口—大通
实测	−0.601	−0.979	−1.543	−2.393	−2.259	−2.273	−1.046
20000m³/s	−0.591	−0.942	−1.526	−2.318	−2.486	−2.680	−1.135
30000m³/s	−0.624	−1.042	−1.719	−2.786	−1.940	−1.638	−0.813
40000m³/s	−0.635	−0.933	−1.297	−2.327	−1.952	−1.123	−1.024
50000m³/s	−0.638	−0.968	−1.321	−1.982	−1.786	−1.253	−1.356

表 7.25　　20 年末宜昌—大通河段基本河槽冲刷量　（单位：亿 m³）

工况	宜昌—松滋口	松滋口—太平口	天平口—藕池口	藕池口—城陵矶	城陵矶—汉口	汉口—湖口	湖口—大通
实测	−0.628	−1.031	−1.689	−2.702	−2.597	−2.749	−1.164
20000m³/s	−0.617	−0.995	−1.691	−2.648	−2.840	−3.198	−1.263
30000m³/s	−0.650	−1.095	−1.892	−3.173	−2.063	−2.014	−0.910
40000m³/s	−0.661	−0.974	−1.411	−2.633	−2.091	−1.429	−1.139
50000m³/s	−0.663	−1.010	−1.433	−2.219	−1.918	−1.581	−1.499

表 7.26　　20 年末宜昌—大通河段平滩河槽冲刷量　（单位：亿 m³）

工况	宜昌—松滋口	松滋口—太平口	天平口—藕池口	藕池口—城陵矶	城陵矶—汉口	汉口—湖口	湖口—大通
实测	−0.663	−1.064	−1.794	−3.194	−2.993	−3.223	−1.334
20000m³/s	−0.653	−1.033	−1.795	−2.919	−3.302	−3.746	−1.440
30000m³/s	−0.686	−1.143	−2.089	−4.254	−2.290	−2.413	−1.057
40000m³/s	−0.697	−1.006	−1.544	−3.460	−2.276	−1.734	−1.322
50000m³/s	−0.698	−1.042	−1.562	−2.828	−2.031	−1.904	−1.720

表 7.27　　　　　　　　　　**20 年末宜昌—大通河段洪水河槽冲刷量**　　　　　　（单位：亿 m³）

工况	宜昌—松滋口	松滋口—太平口	天平口—藕池口	藕池口—城陵矶	城陵矶—汉口	汉口—湖口	湖口—大通
实测	−0.712	−1.064	−1.826	−3.578	−3.253	−3.385	−1.600
20000m³/s	−0.701	−1.027	−1.793	−2.951	−3.556	−3.913	−1.717
30000m³/s	−0.757	−1.156	−2.176	−4.980	−2.690	−2.662	−1.352
40000m³/s	−0.782	−1.026	−1.723	−5.015	−2.724	−2.066	−1.705
50000m³/s	−0.794	−1.101	−1.855	−4.265	−2.333	−2.361	−2.205

对于沿程各河段,宜昌—松滋口河段冲刷量随流量级的变化无明显的趋势性变化,不同流量级的冲刷量与实测水沙系列的冲刷量基本相同(图 7.72 至图 7.74)。荆江河段实测水沙系列 10 年末冲刷量为 4.075 亿 m³,20000m³/s、30000m³/s、40000m³/s、50000m³/s 流量级概化方案 10 年末冲刷量为 3.611 亿 m³、5.588 亿 m³、4.914 亿 m³、4.403 亿 m³;实测水沙系列 20 年末冲刷量为 6.468 亿 m³,20000m³/s、30000m³/s、40000m³/s、50000m³/s 流量级概化方案 20 年末冲刷量为 5.772 亿 m³、8.312 亿 m³、7.765 亿 m³、7.221 亿 m³。荆江河段冲刷量随流量级先增大后减小,30000m³/s 流量级对应的冲刷量最大。

城陵矶—汉口河段实测水沙系列 20 年末冲刷量为 3.253 亿 m³,20000m³/s、30000m³/s、40000m³/s、50000m³/s 流量级概化方案 20 年末冲刷量为 3.556 亿 m³、2.690 亿 m³、2.724 亿 m³、2.333 亿 m³。城陵矶—汉口河段冲刷量随流量级的增大而减小。汉口—湖口河段实测水沙系列 20 年末冲刷量为 3.385 亿 m³,20000m³/s、30000m³/s、40000m³/s、50000m³/s 流量级概化方案 20 年末冲刷量为 3.913 亿 m³、2.662 亿 m³、2.066 亿 m³、2.361 亿 m³。汉口—湖口河段冲刷量随流量级的增大也呈减小的趋势。湖口—大通河段实测水沙系列 20 年冲刷量为 1.600 亿 m³,20000m³/s、30000m³/s、40000m³/s、50000m³/s 概化方案 20 年末冲刷量为 1.717 亿 m³、1.352 亿 m³、1.705 亿 m³、2.205 亿 m³。湖口—大通河段实测冲刷量随流量级的增大略有增大。

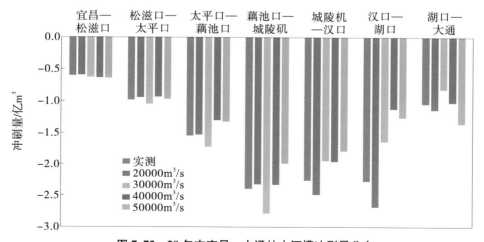

图 7.72　20 年末宜昌—大通枯水河槽冲刷量分布

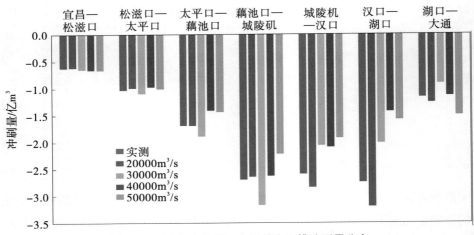

图 7.73　20 年末宜昌—大通基本河槽冲刷量分布

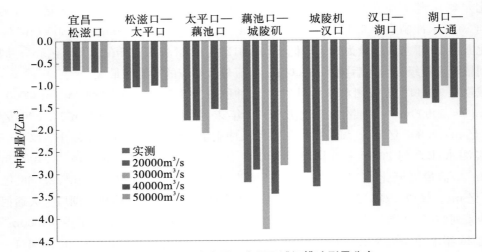

图 7.74　20 年末宜昌—大通平滩河槽冲刷量分布

7.6　小结

1)长江中下游干流河道在三峡水库蓄水以来发生了长距离的冲刷,近岸岸坡变陡,崩岸加强,威胁防洪工程的安全;同时加剧了江湖关系的调整变化,三口分流分沙比减少,三口洪道的分洪功能萎缩。加之河段间冲刷不平衡,超额洪量发生转移。因此,从长江中下游防洪效应考虑,可通过水库调控减小荆江河段冲刷,减缓三口分流萎缩速率,减小荆江河段崩岸发生频率,遏制超额洪量下移趋势。

2)三峡水库蓄水后,宜昌站年内径流泥沙重分配现象显著,枯水流量持续时间有所减少,中水流量持续时间延长,洪水流量持续时间大幅减小。试验性蓄水后与建库前相比,$Q<10000\text{m}^3/\text{s}$ 的持续时间由 53.28% 降至 50.14%,10000~30000m^3/s 的持续时间由 38.25% 增加至 45.75%,$Q>30000\text{m}^3/\text{s}$ 的流量级持续时间由建库前的 8.47% 缩减至

4.11％。三峡水库蓄水运用后,宜昌站年输沙总量发生显著下降,汛期输沙量占比增加。特别是 2009 年以来年均输沙总量仅为 0.19 亿 t,7 月泥沙总量占比全年超过 50％,且 $d_{pj}>$ 0.062mm 的床沙质含量仅为 9.1％,说明长江中下游长期处于"清水"下泄的态势。

3)分析了三峡蓄水前后中下游各站水沙搭配系数随流量变化特点。三峡水库蓄水后由于泥沙补给不足,水流挟带泥沙的能力长期处于不饱和状态,水沙搭配系数随流量级增加而持续增加。中下游水沙搭配系数的变化特点反映出沙量的变化主要取决于水量。伴随着流量过程的改变,各站的输沙量以及各河段的冲淤变化都会发生与之相应的改变。

4)基于公式 $Q_s=kQ^m$ 建立了中下游各站 2004—2008 年、2009—2017 年两个时段的输沙量与流量的相关关系,两者之间幂指数关系较好。统计表明,各时段输沙量随着流量级的增加而增加,相同流量级下试验性蓄水后输沙量明显小于蓄水初期。这表明随着河道冲刷的发展,泥沙补给量减少,输沙能力的大小主要取决于流量的大小。

5)利用数学模型选取典型年与系列年进行了长江中下游冲刷敏感性试验,在各方案总水量与总沙量保持一致的前提下,调整不同流量级的持续时间。典型年计算结果表明,城陵矶以上河段冲刷量随流量增大呈先增大后减小的变化趋势,其中冲刷量最大的流量级为 30000m³/s;城陵矶以下河段冲刷量随流量无明显的变化趋势。敏感性试验表明,各方案下宜昌—大通河段总冲刷量总体差别不大,30000m³/s 流量级的冲刷量相对其他方案略大一些。

6)从宜昌站水沙特性、中下游水沙搭配特点的变化以及输沙能力的变化来看,对于长江中下游的泥沙调控,主要通过调控相应的流量过程来实现。根据中下游实际情况,减少荆江河段的冲刷,是基于防洪效应的泥沙调控的主要目标。研究表明,为减少荆江河段冲刷对防洪安全带来的不利影响,应尽可能减少 25000～36000m³/s 流量级的持续时间。汛期实施防洪调度时,应控制出库流量不小于 36000m³/s,避免由于削减洪峰加剧三口分流萎缩,进而加剧荆江河道的冲刷以及荆江河段的防洪压力。

参考文献

[1] 陈进.三峡水库建成后长江中下游防洪战略思考[J].水科学进展,2014,25(5):745-751.

[2] 卢金友,姚仕明.水库群联合作用下长江中下游江湖关系响应机制[J].水利学报,2018,49(1):36-46.

[3] 胡春宏.三峡水库和下游河道泥沙模拟与调控技术研究[J].水利水电技术,2018,49(1):1-6.

[4] 卢金友,朱勇辉.三峡水库下游江湖演变与治理若干问题探讨[J].长江科学院院报,2014,31(2):98-107.

[5] 水利部.三峡(正常运行期)—葛洲坝水利枢纽梯级调度规程[S].北京:水利部,2015:9.

[6] 国家能源局.金沙江溪洛渡水电站水库运用与电站运行调度规程(试行)[S].北京:国家能源局,2013:5.

[7] 水利部长江水利委员会.三峡水库优化调度方案研究[R].武汉,2009.

[8] 胡春宏,王延贵.三峡工程运行后泥沙问题与江湖关系变化[J].长江科学院院报,2014(5):107-116.

[9] 方春明,董耀华.三峡工程水库泥沙淤积及其影响与对策研究[M].武汉:长江出版社,2011.

[10] 长江勘测规划设计研究有限责任公司.三峡水库科学调度关键技术研究2011年课题5——三峡水库减淤调度方案研究[R].武汉:长江勘测规划设计研究有限责任公司,2013:11.

[11] Ting Hu,Yun Wang,Hai Wang,et al.Operation Innovation and Practice for the Three Gorges Reservoir in New Situations[J].Hydro,2016(8).

[12] 胡挺,周曼,王海,等,三峡水库中小洪水分级调度规则研究[J].水力发电学报,2015,34(4):1-7.

[13] 张细兵,王敏,朱勇辉.三峡水库坝下游河道反应与治理对策探讨[J].人民长江,

2017,48(11):1-6.

　　[14] 姚仕明,卢金友.长江中下游河道演变规律及冲淤预测[J].人民长江,2013,44(23):22-28.

　　[15] 许全喜.三峡工程蓄水运用前后长江中下游干流河道冲淤规律研究[J].水力发电学报,2013,32(2):146.

　　[16] 胡维忠,刘小东.上游控制性水库群运用后长江防洪形势与对策[J].人民长江,2013,44(23):7-10.

　　[17] 胡春燕,侯卫国.长江中下游河势控制研究[J].人民长江,2013,44(23):11-15.

　　[18] 郭铁女,余启辉.长江防洪体系与总体布局规划研究[J].人民长江,2013,44(10):23-27,36.

　　[19] 李安强,张建云,仲志余,等.长江流域上游控制性水库群联合防洪调度研究[J].水利学报,2013,44(1):59-66.

　　[20] Fang H,Han D,He G,et al. Flood management selections for the Yangtze River midstream after the Three Gorges Project operation[J]. Journal of hydrology,2012,432:1-11.

　　[21] 申红彬,吴保生.冲积河流泥沙输移幂律函数指数变化规律[J].水科学进展,2018,(29)2:179-185.

　　[22] 彭玉明,夏军强,彭佳,等.荆江近岸河床演变对水沙条件的响应探讨[J].水文,2018,38(5):11-16.

　　[23] 余文畴,黎礼刚.下荆江调关矶头护岸损坏原因初步分析[J].人民长江,2006(9):79-81.

　　[24] 高清洋.长江中下游河道基于坡脚冲刷的崩岸试验研究[D].长沙:长沙理工大学,2017.

　　[25] 朱玲玲,许全喜,熊明.三峡水库蓄水后下荆江急弯河道凸冲凹淤成因[J].水科学进展,2017,28(2):193-202.

　　[26] 朱玲玲,许全喜,陈子寒.新水沙条件下荆江河段强冲刷响应研究[J].应用基础与工程科学学报,2018,26(1):85-97.

　　[27] 长江航道规划设计研究院.长江中游航道泥沙原型观测2017—2018年度分析报告[R].武汉:长江航道规划设计研究院,2018.

　　[28] 夏军强,宗全利,邓珊珊,等.三峡工程运用后荆江河段平滩河槽形态调整特点[J].浙江大学学报(工学版),2015,49(2):238-245.

　　[29] 朱玲玲,杨霞,许全喜.上荆江枯水位对河床冲刷及水库调度的综合响应[J].地理

学报,2017,72(7):1184-1194.

[30] 胡世忠,吴文胜.下荆江河道崩岸机理分析[C]//三峡工程运用10年长江中游江湖演变与治理学术研讨会论文集,2013.

[31] 渠庚,郭小虎,何娟,等.下荆江熊家洲至城陵矶弯曲型河段河床调整规律[J/OL].南水北调与水利科技(中英文).2020:1-12.http://kns.cnki.net/kcms/detail/13.1430.TV.20200417.1405.010.html.

[32] 周祥恕,刘怀汉,黄成涛,等.下荆江莱家铺弯道河床演变及航道条件变化分析[J].人民长江,2013,44(1):26-29,68.

[33] 杨晓刚,杨朝云,彭玉明.长江荆江河道演变与崩岸关系分析[A].中国水利技术信息中心.中国河道治理与生态修复技术专刊[C]//中国水利技术信息中心,2009,4.

[34] 许慧,高健,李国斌,等.一种加速SIMPLE算法迭代收敛的方案及其在河道平面二维水流计算中的应用[J].水运工程,2008(12):9-14.

[35] 赵建锋.弯曲河段重力相似偏离对水沙运动的影响研究[D].南京:南京水利科学研究院,2013.

[36] 宁磊.长江中下游防洪形势变化历程分析[J].长江科学院院报,2018,35(6):1-5,18.

[37] 水利部长江水利委员会.三峡工程运用后长江中下游河道冲淤及江湖关系变化研究报告[R].武汉:水利部长江水利委员会,2018.

[38] 水利部长江水利委员会.2018年度长江上中游水库群联合调度方案[R].武汉:水利部长江水利委员会,2018.

[39] 董炳江,许全喜,袁晶,等.2017年汛期三峡水库城陵矶防洪补偿调度影响分析[J].人民长江,2019,50(2):95-100.

[40] 仲志余,徐承隆,胡维忠.长江中下游水文学洪水演进模型研究[J].水科学进展,1996(4):75-81.

[41] 叶敏,毛红梅,王维国.荆江河段河道冲淤变化及影响分析[J].人民长江,2003,34(1):41-42.

[42] 韩剑桥,孙昭华,黄颖,等.三峡水库蓄水后荆江沙质河段冲淤分布特征及成因[J].水利学报,2014,45(3):277-285.

[43] 樊咏阳,张为,韩剑桥,等.三峡水库下游弯曲河型演变规律调整及其驱动机制[J].地理学报,2017,72(3):420-431.

[44] 袁文昊,李茂田,陈中原,等.三峡建坝后长江宜昌—汉口河段水沙与河床的应变[J].华东师范大学学报(自然科学版),2016(2):90-100.

［45］朱玲玲,许全喜,熊明.三峡水库蓄水后下荆江急弯河道凸冲凹淤成因[J].水科学进展,2017,28(2):193-202.

［46］杨云平,张明进,孙昭华,等.三峡大坝下游水位变化与河道形态调整关系研究[J].地理学报,2017,72(5):776-789.

［47］朱勇辉,黄莉,郭小虎,等.三峡工程运用后长江中游沙市河段演变与治理思路[J].泥沙研究,2016(3):31-37.

［48］方馨蕊,黄远洋,吴胜军,等.三峡工程蓄水前后坝下游河段河道演变趋势分析[J].三峡生态环境监测,2018,3(1):1-6.

［49］韩其为,何明民.三峡水库修建后下游长江冲刷及其对防洪的影响[J].水力发电学报,1995(3):34-46.

［50］殷瑞兰,陈力.三峡坝下游冲刷荆江河段演变趋势研究[J].泥沙研究,2003(6):1-6.

［51］卢金友,黄悦,宫平.三峡工程运用后长江中下游冲淤变化[J].人民长江,2006,37(9):55-57.

［52］董耀华,卢金友,范北林,等.三峡水库运用后荆江典型河段冲淤变化计算分析[J].长江科学院院报,2005,22(2):9-12.

［53］许全喜.三峡水库蓄水以来水库淤积和坝下冲刷研究[J].人民长江,2012,43(7):1-6.

［54］卢金友,黄悦,王军.三峡工程蓄水运用后水库泥沙淤积及坝下游河道冲刷分析[J].中国工程科学,2011,13(7):129-136.

［55］陈立,周银军,严霞,等.三峡下游不同类型分汊河段冲刷调整特点分析[J].水力发电学报,2011,30(3):109-116.

［56］魏立鹏,张卫军,渠庚.三峡工程运用后荆江河道冲淤变化分析[J].水利科技与经济,2013,19(12):6-8.

［57］张为,高宇,许全喜,等.三峡水库运用后长江中下游造床流量变化及其影响因素[J].2018,29(3):331-338.

［58］闫金波,唐庆霞,邹涛.三峡坝下游河道造床流量与水流挟沙力的变化[J].长江科学院院报,2014,31(2):114-118.

［59］陈栋,余明辉,朱勇辉.三峡建库前后下荆江有效流量研究[J].水科学进展,2018,29(6):788-798.

［60］李义天,郭小虎,唐金武,等.三峡水库蓄水后荆江三口分流比估算[J].天津大学学报,2008,41(9):1027-1034.

[61] 李义天,邓金运,孙昭华,等.输沙量法和地形法计算螺山汉口河段冲淤积量比较[J].泥沙研究,2002(4):20-24.

[62] 袁晶,许全喜,董炳江.输沙量法与断面法差别原因及其适用性研究——以三峡水库为例[J].水文,2011,31(1):87-91.

[63] 董耀华.输沙量法与地形法估算河道冲淤量的对比研究[J].长江科学院院报,2009,26(8):1-5.

[64] 元媛,张小峰,段光磊.输沙量法计算长江宜昌至监利河段河道冲淤量的修正研究[J].水力发电学报,2014,33(4):163-169.

[65] 中国水利水电科学研究院.三峡水库汛期水位变化对库区泥沙淤积影响计算分析,2009年2月